生活を支えるコンピュータ技術

生活を支えるコンピュータ技術（'25）

©2025　葉田善章

装丁デザイン：牧野剛士
本文デザイン：畑中　猛

s-37

まえがき

　皆さんはコンピュータをどのように使っていますか？　スマートフォンが普及し，生活に役立つさまざまなサービスを手元で得ることができるようになりました。背景として，インターネットに蓄積された大量のデータであるビッグデータをコンピュータで分析し，生活に役立つ情報が提供されるようになったことがあります。

　身の回りに置かれたコンピュータを搭載したモノがネットワークに接続されて連携して動作し，私たちの生活を支援するとともに，さまざまなデータを収集し，快適な生活を実現するために活用される IoT 社会に変化しつつあります。コンピュータの役割も，さまざまな機器を制御するだけでなく，データを分析して活用するための道具に変化しつつあります。

　本テキストは，「コンピュータの動作と管理（'17）」の後継科目であり，現在のコンピュータを取り巻く状況を踏まえて内容を見直し，現在の IoT 社会で用いられるコンピュータのしくみについて考える科目です。

　コンピュータは，さまざまな応用がなされていますが，基本的には命令実行を行う装置です。数多くの工夫によって，私たちの生活で取り扱うさまざまなデータの取り扱いを可能にしています。中身がわからないけれど，操作をすれば使うことができるブラックボックスとして使いがちですが，その中身を少しでも理解していただくことを目指した構成としました。

　ソフトウエアの動作を理解するには，ハードウエアの動作について理解があると楽になります。OS の基本的な働きをできるだけ無理なく学

ぶことができるように，ハードウエアのしくみから，プロセッサーが命令実行を行うしくみ，プログラム実行を行うしくみ，OSの種類や開発，利用面などの紹介という，普遍的で基礎と思われる話題を中心として幅広く学べる構成としました。

近年のコンピュータは，AIプロセッサーが搭載されるようになりつつあり，将来のIoT社会のサービスは，これまで以上に大幅にデータを活用するものとなりそうです。コンピュータの中でもスマートフォンの性能が高まり，モバイル向けに作られた技術が，PCなどさまざまなコンピュータに展開されるようになりました。従来はPCから開発が始まっていましたが，モバイルから始まるモバイルファーストという動きが進んでおり，提供されるサービスも変化しつつあります。提供するサービスに応じて半導体が開発されて搭載されることも増えており，搭載されたハードウエアが提供するサービスを左右するようにもなっています。

機械の製造，ワクチンや新薬の製造，素材や材料の開発，植物や動物の品種改良など，さまざまな物質や事象をデータに基づいて，コンピュータで取り扱うようになりました。ネットワークに存在する膨大なデータを使って，コンピュータの中でシミュレーションを行うことで，経験や勘，知識やスキルに頼らずに最適解を検討して探すことが可能となりつつあります。コンピュータを搭載した機器の開発も，ソフトウエアで定義して開発を進めるように変化しつつあります。利用者の使用状況のデータを踏まえて改善を図っていくようなしくみであり，コンピュータにおいてソフトウエアの重要度が増すようになりました。

本テキストが変革を迎えた情報化社会を支えるツールである，コンピュータについて理解する道しるべとなりましたら幸いです。

2025年春

葉田善章

目次

まえがき　葉田善章　3

1 コンピュータの進化と変革　9

1.1　コンピュータによるサービス　9
1.2　サービスを構成する仮想世界　16
1.3　モノに搭載されるコンピュータ　20

2 演算装置のしくみ　26

2.1　命令実行のしくみ　26
2.2　演算回路のしくみ　31
2.3　演算装置と命令実行　37

3 演算装置における命令実行　41

3.1　命令実行と機械語　41
3.2　命令実行の流れ　44
3.3　命令の種類と実行の高速化　48

4 主記憶装置と周辺機器　56

4.1　主記憶装置のしくみ　56
4.2　コンピュータと周辺機器　60
4.3　周辺機器　70
4.4　記憶装置　73
4.5　メモリーインターリーブ　81

5 | プログラム実行のしくみ　86

5.1　プログラミング言語と命令実行　86
5.2　プログラムの実行　90
5.3　割り込みのしくみ　97

6 | コンピュータの種類と OS　109

6.1　コンピュータの種類とソフトウエア　109
6.2　プログラム実行と計算機資源　114
6.3　OS による計算機資源の抽象化　118

7 | OS の構造と周辺機器の管理　128

7.1　ソフトウエアと抽象化　128
7.2　OS とコンピュータの動作　133
7.3　周辺機器の管理　137

8 | プログラム実行の管理　144

8.1　OS によるプロセスの実行　144
8.2　プロセスの実行と OS　148
8.3　プロセス実行を管理するしくみ　157

9 | プロセスの協調動作　163

9.1　プロセスの協調動作　163
9.2　メモリー空間の管理　172
9.3　プログラム実行と仮想メモリー　181

10 │ コンピュータの動作 187

10.1 コンピュータの初期動作 187

10.2 コンピュータの起動と終了 190

10.3 コンピュータの種類と動作 195

11 │ 多様化したコンピュータ 204

11.1 コンピュータの種類と多様化 204

11.2 状況の変化に伴う OS の変革 208

11.3 プログラム実行のスケジューリング 213

12 │ サービス提供と演算装置 219

12.1 プロセッサーと命令 219

12.2 プロセッサーの命令セット 225

12.3 組み込みコンピュータの開発 232

13 │ 記憶装置と半導体 236

13.1 さまざまな記憶装置 236

13.2 補助記憶装置とデータ 242

13.3 半導体の種類と製造工程 247

14 │ 計算機資源の保護とシステム開発 255

14.1 計算機資源の保護 255

14.2 システム開発 260

14.3 プログラムの動作環境 265

14.4 高度になったシステム 268

15 | 今後の展望 275

15.1 仮想化技術　275

15.2 コンピュータの多様化と仮想世界　279

15.3 IoT 社会への対応　289

あとがき　295

演習問題解答例　296

索引　329

1 | コンピュータの進化と変革

《目標＆ポイント》 IoT 社会とコンピュータの役割，本科目の概要について
述べる。本科目の位置付けとして，私たちの生活を支えるようになったコン
ピュータが提供するサービスについて整理し，モノを構成するコンピュータ
のしくみや，サービスを提供するプラットフォームについて学ぶ。そして，
コンピュータによって構成される仮想世界と実世界の関係について述べ，五
大装置を中心としたコンピュータの構成を説明する。
《キーワード》 IoT 社会，モノのインターネット，IoT，プラットフォーム，
仮想世界

1.1 コンピュータによるサービス

　コンピュータとはどのようなモノだろうか。計算を行う道具だったコン
ピュータは，今や私たちの生活を支援するさまざまな情報を取り扱う
道具となった。コンピュータの進化や変革について考えよう。

1.1.1 生活を支えるコンピュータ

　コンピュータは，望むと望まざるとにかかわらず，現代に生きる私た
ちの生活を支える道具となった。多くの仕事はコンピュータを使って行
われるようになり，情報の取り扱いによって業務が行われる。生活にお
いても，多くの人がスマートフォンを持ち，ネットワークを介して，い
つでもどこでも生活に役立つ何らかの情報が得られるだけでなく，さま
ざまな形で人と人とのコミュニケーションが取れる情報化社会となった。

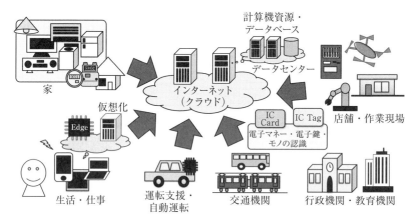

図1.1　コンピュータが支える私たちの生活

モノのインターネット（IoT: Internet of Things）と呼ばれる，全てのヒトとモノがインターネットにつながることで周りにある他の多くのコンピュータと連携し，さまざまなサービスが提供される社会である。さまざまな知識や情報が共有され，今までにない新たな価値を生み出すことで，さまざまな課題や苦難を克服することを目指す社会である。図1.1を見ながら，コンピュータについて考えてみよう。

私たちの周りにあるさまざまなモノはネットワーク機能によってインターネットに接続され，クラウドのコンピュータにさまざまなデータが集約される。さまざまなデータを蓄積した多数の巨大なデータベースも存在し，さまざまなモノから得られたデータの分析や，有益なデータを提供するための処理で用いられる。クラウドのコンピュータは，**仮想マシン**（**VM**: Virtual Machine）であることが多く，データセンターに存在する計算機資源（computational resource，コンピュータ資源）の一部を使って構成される。仮想マシンは，行われる処理に応じて必要なときに構築され，不要になると破棄される。

モノとしてデータを提供するのは，家に置かれた生活家電，ガスや電力のメーターだけでなく，自動車や交通機関，行政機関や教育機関，店舗や作業現場といったさまざまな場所に置かれた端末や機器である。端末や機器に搭載されるコンピュータは，何らかの装置などに内蔵され，センサーなどから置かれた状況を判断して適切な動作を実現する制御のために用いられる。

　このほか，実世界のヒトやモノを仮想世界で取り扱う工夫として，IC カードや IC タグを用いた電子マネーや会員カード，身分証明書，電子鍵，モノのトレーサビリティや管理，認識といったサービスもある。コンピュータに接続したカードリーダーで，カードやタグに書き込まれた ID（識別子：IDentifier）を読み取ることで機能が提供される。

　私たちの身近にあるコンピュータは，スマートフォンやタブレット，PC（Personal Computer，パソコン）である。家電などと異なり，提供されるさまざまな**アプリケーション**（application，**アプリ**：app）の導入によって動作を多様に変化できる汎用性を持つ端末であり，さまざまなデータの取り扱いを可能とする。近年では，端末の近くでさまざまな処理を行う**エッジコンピューティング**（edge computing）の広がりとともに，AI 技術を中心としたデータ処理を円滑に行うプロセッサーが搭載されることも増えている。**AI エッジ**（AI edge）とも呼ばれる。

　近年のコンピュータは，複雑化，かつ，高度化するサービスに対応できるよう，適するプロセッサーが組み合わされて用いられることも増えてきた。複数の異種プロセッサーを組み合わせて用いる**ヘテロジーニアスコンピューティング**（heterogeneous computing）である。実行環境の都合などによって，コンピュータの上にコンピュータを作り出す仮想化を使ってアプリケーションを動作させることもある。提供するサービスに応じて，計算機資源を柔軟に組み合わせて必要な機能を構築するこ

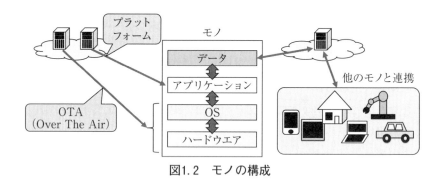

図1.2 モノの構成

とが増えつつある。

1.1.2 モノのしくみ

次に,コンピュータを搭載したモノのしくみについて考えよう。コンピュータは,図1.2のように階層構造で整理される。コンピュータを構成する物理的な要素を**ハードウエア**(hardware)という。そして,ハードウエアの上で**ソフトウエア**(software)が動作する。コンピュータの基本的な動作を担当する**OS**(Operating System,基本ソフトウエア)と,目的の動作を実現する**アプリケーション**(application,アプリ)に分けることができる。近年では,他のモノとデータをやりとりするネットワーク接続が一般的となり,アプリケーションの上にデータの層が追加されるようになった。つまり,電源を入れるとOSが実行されて基本的な機能が提供され,その上で目的の動作に対応するアプリケーションを切り替えながら実行し,アプリケーションが作成したデータを他のモノと交換することで目的の動作を行う装置がモノといえる。

PCは,OSやインストールするアプリケーションを利用者が自由に交換できるだけでなく,USB等のインターフェースを使って必要な

ハードウエアの追加も可能である。さまざまな用途に対応させやすく，汎用性が高いコンピュータといえる。ノートPCのように個人的に利用することや，装置の制御などに幅広く用いられている。

スマートフォンやタブレットは，搭載されるOSによって操作性など基本的な機能が提供される。メーカーにより更新されたOSが提供され，利用者は任意のOSを入れることができない。動作させるアプリケーションは，ネットワーク上にあるアプリケーションを提供する**アプリストア**（app store）から自由に選択して**インストール**（install）できる。異なるOSであっても同一サービスを提供するアプリケーションによって，ハードウエアやOSにかかわらず同じ機能が利用できる。スマートフォンやタブレットは，持ち運びが容易であり，利用者の最も身近にあるモノである。利用者が必要なアプリケーションだけをインストールして使用でき，個人情報も多く保存された，**個別最適化**（personalization）を実現した端末である。

モノのネットワークへの接続が一般的となり，OSやアプリケーションの更新がネットワーク経由で提供されるようになった。セキュリティー対策やバグ修正，周辺機器の動作に必要となる**デバイスドライバー**（device driver）の取得や更新が主な目的である。OSの更新によって見た目や操作性の変更，機能追加も行われる。ネットワークで提供されるサービスの進化に伴い，モノに必要となる機能をその時々の変化に対応させることといえる。

1.1.3 モノとプラットフォーム

スマートフォンの普及とともに，PCの利用の仕方も変化しつつある。PCは，OSに対応したアプリケーションを利用者の責任の下で利用してきたが，スマートフォンと同様にアプリストアによってインストール

するアプリケーションも増えつつある。アプリストアで提供されるアプリケーションは，動作が運営者によって審査され，セキュリティー面での問題が少なく，バージョン管理もストア経由で行われる。また，セキュリティー対策として，アプリケーションのために OS の動作に影響を及ぼしにくい専用の仮想環境を構築して実行する OS もある。

アプリストアのように，何らかのサービスを提供するクラウド上にあるしくみを，**プラットフォーム**（platform）という。提供されるサービスとしては，アプリケーション配信や，ソフトウエアやハードウエアにより何らかのサービスを構築する（1）コンピュータ基盤を提供するサービス，記事や電子書籍，動画といった（2）コンテンツ提供，何らか機能を持った SNS（Social Networking Service）等の（3）ユーザー同士を仲介するサービス，IoT や人工知能など（4）何らかの機能の提供などがある。

ところで，スマートフォンは，携帯電話網や Wi-Fi に接続するネットワーク機能を持つ。アプリストアに接続して必要なアプリケーションを取得するだけでなく，不具合やその時々の技術背景に基づいた機能追加や UI（User Interface）変更を行う OS 更新も行われるようになった。スマートフォンの OS は，ハードウエアに組み込まれたスマートフォンそのものの制御を行うソフトウエアであり，メーカーが提供する更新データを使用しない限り，利用者が自由に更新することはできない。ハードウエアとソフトウエアの中間に位置するハードウエアに近いソフトウエアであることから，「硬い」という意味がある firm を使って，**ファームウエア**（firmware）という。

無線通信によりデータを送受信することを **OTA**（Over The Air）といい，OTA を使ってモノの更新を行うことを **OTA アップデート**（OTA up-date）という。SOTA（Software Updates OTA）や

エフオーティーエー
ＦＯＴＡ（Firmware update Over The Air）ともいう。スマートフォンの OS 更新で行われているように，機能追加や操作方法が大幅に変化することからわかるように，ハードウエアの性能を踏まえつつ，ソフトウエアの更新で動作変更が可能となった。つまり，利用者の手に渡ってからも，ハードウエアに依存する機能を除き，部品の交換をしなくてもソフトウエアだけで機能を変化させることが可能になったといえる。

　次に，さまざまなモノのしくみについて考えよう。モノは，もともと物理的なしかけを使って何らかのしくみが構築されていたが，より適切な動作を実現するためにコンピュータが搭載された。ハードウエアがうまく動作するようにソフトウエアを作成することで，装置の制御に用いられていたといえる。制御のしかたが進み，IoT の考え方が普及し，ネットワークに接続して他のモノと連携して動作するようになると，モノからのデータをネットワーク経由で収集，解析，管理し，ソフトウエアで柔軟に性能を変化できるつくりに変化するようになった。ハードウエアを柔軟に制御できるようにしてソフトウエアの比重を上げ，モノの性能をソフトウエアで上げていくことといえる。ソフトウエアでハードウエアを定義することから**ソフトウエア定義**（**ＳＤｘ**：Software
エスディーエックス
Defined anything）といわれる。OTA アップデートと組み合わせることで，スマートフォンと同様に，モノに対してもあとから性能を改善していくことができる。

　ソフトウエア定義によるモノは，ハードウエアの状態を把握するためのセンサーを搭載し，動作状況を収集できるようになっている。収集されたデータをクラウドで処理することで，モノの動作の改善や，他のサービスとの組み合わせを実現するなど，あとからサービスを提供することができる。

　例えば，モノの例として自動車を考えてみよう。電動化が進むように

なった自動車は，さまざまな部分がコンピュータで制御され，ネットワークにより情報交換しながら動作するようになった。現在の自動車は，自動運転や安全運転支援機能，燃費性能の向上など，さまざまな課題が存在する。ユーザーの手に渡ったあとにも不具合の修正が必要となることや，技術の移り変わりとともに必要となる機能が変化することもある。ネットワークに接続されるコネクティッドカーの普及とともに，OTAアップデートができる自動車が増えつつある。ソフトウエアによって制御の変更ができるため，自動車によっては後日，エンジンの性能を向上させるアップデートが登場することもあるほか，走行データを分析してチューニングするパーソナライズのサービスが提供されることもある。また，納車後に運転支援のセンサーを追加するなど，システムの変更を伴うハードウエア変更にも対応する。

1.2　サービスを構成する仮想世界

　コンピュータがデータを使って構成する世界を仮想世界と整理し，コンピュータによるサービスの高度化について考えよう。

1.2.1　実世界のモノと仮想世界

　私たちの周りにあるモノがネットワークに接続されるようになり，さまざまな情報がクラウドに送信されるようになった。また，モノとモノが高度に連携する，よりよいサービスが提供されるようになった。モノのしくみの変化とともに，不足するデータや計算機資源をネットワーク上の資源で補うことで，高度な処理が可能となったためである。図1.3にあるように，**実世界**（real world）の情報を，ネットワークにある膨大な計算機資源を使って処理を行う。データセンターにある計算機資源のデータによって構成された世界であるため，**仮想世界**（virtual

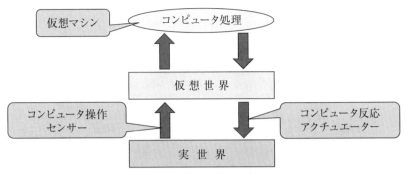

図1.3　実世界と仮想世界

world）という。

　仮想世界は，図1.4にあるように，実世界にあるコンピュータが取り扱うことができるさまざまな種類のデータを収集し，仮想世界に存在する計算機資源に蓄積することでさまざまな目的のためにデータを活用する世界である。さまざまな情報が集まった膨大なデータが仮想世界には存在し，**ビッグデータ**（big data）という。各データの形式もきれいに定まっておらず，データの組み合わせ方法や，分析のしかたが試行錯誤されている。膨大なデータの中から，キーワードなどを使って目的のデータを取り出すことや，種類の異なるデータを組み合わせた分析，何らかの判断や予測，情報の可視化などを通して何らかの課題解決に用いることができる。さまざまなデータを取り扱い，課題解決を行う方法を定義した**モデル**（model）が数多く作られ，サービスが提供されるようになっている。

　仮想世界を使った実世界へのサービスの展開は，**コンテキストアウエアネス**（context awareness）を踏まえて行う必要がある。コンテキスト（context）は状況や文脈を，アウエアネス（awareness）は意識や認識を表す言葉であり，コンテキストアウエアネスは「状況を認識す

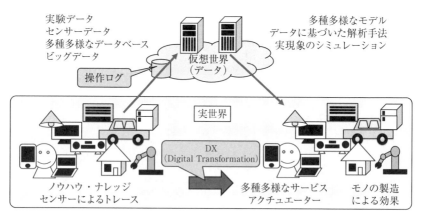

図1.4　仮想世界を活用した社会

る」という意味である。つまり，ヒトやモノがおかれた環境や状況を認識し，その時その場で必要とするサービスを提供することが求められる。

　分析では，一つ一つ確認することができないほど，データの数が膨大なデータ群を扱うため，**統計解析**（statistical analysis）や**機械学習**（machine learning），**人工知能**（**AI**: Artificial Intelligence）といった大量のデータを取り扱うことができる手法を用いて行われる。分析結果は，視覚的に変化が捉えやすいグラフのような形で表示することで，膨大なデータの変化を視覚的に理解するものとなる。仮想世界は，さまざまな課題解決で使う多種多様なモデルを用意し，その時々の課題に適切なモデルを選び，計算機資源を使って解決を図るしくみといえる。

1.2.2　仮想世界から実世界への展開

　仮想世界は，データとして取り扱う課題だけでなく，実在するモノについても用いられる。例えば，**CAD**（Computer Aided Design，**コンピュータ支援設計**）を使うと，コンピュータ上で図形の取り扱いが可能

となる。2DCADによる平面図の製作だけでなく，3DCADを使って立体像の**モデリング**（modeling）を行い，曲面や複雑な形状の可視化ができる。つまり，CADを使うことで実世界の建築土木，服飾デザインなど，モノの設計や製図製作にコンピュータが使用でき，データとして管理，共有，修正ができる。

　CADで作成した図面を基に，モノを加工することを**ＣＡＭ**（Computer Aided Manufacturing，コンピュータ支援製造）という。工作機械の制御自動化で用いる**NC**（Numerical Control，数値制御）プログラムなどをコンピュータ上で設計することである。NCは，**CNC**（Computerized Numerical Control，コンピュータ数値制御）ともいう。CADのデータから，CAMのツールを使って制作する。CADとCAEをまとめたツールもあり，**CADCAM**という。工作機械を使って加工を行うために必要となるNCプログラムを作成するツールともいえ，コンピュータ上で検討した結果を踏まえたモノを作成できる。NC加工ができる工作機械として，NC工作機械，NC旋盤，3Dプリンターなどがあり，NCプログラムに基づいて動作する。

　CADで設計したあと，CAMを用いることで実際のモノを作ることができる。CADの上でモノの形状などは検討できるが，モノの動作は実際にモノを作らないと確認できない。コンピュータ上で実際の動作に近い確認を行うことが**CAE**（Computer Aided Engineering，コンピュータ支援エンジニアリング）である。物理現象の計算や，風洞試験など，物体内外に生じる目に見えない現象のシミュレーション，解析によって知りたい現象の可視化を行い，CADの設計やCAMで作成するNCプログラムの検証や改善で利用できる。

　CAEは，CADやCAMを使って作ろうとしているモノの仮想試作，仮想試験といった実世界の代わりの実験環境の構築であり，シミュレー

ションや解析を行って計算機上にあるモノの検証を行うことである。計算機能力の向上とともに，試作したモノを使った検証の代用となるような高度なシミュレーションが実現されつつある。つまり，コンピュータの上で，データの処理だけでなく，モノを設計し，検証を行ったあとに，実世界に実際の形を持った実体としてもたらすことが可能となった。

　仮想世界を使ったさまざまな課題解決が行われるようになった。モノづくりの変化も進むようになり，技術変革，**デジタルトランスフォーメーション**（D X: Digital Transformation）が注目されるようになった。デジタル技術を活用した業務プロセスの効率化や最適化を踏まえたコンピュータ利用方法の変革である。コンピュータ技術の進展によるサービスの高度化とともに，コンピュータの活躍は今後も拡大するといえるだろう。

1.3　モノに搭載されるコンピュータ

　次に，モノに搭載されるコンピュータについて考えよう。

1.3.1　コンピュータ制御の広がり

　コンピュータ制御が用いられる以前，モノの制御は，専用の回路をアナログ回路や論理回路を使って設計することで構築されていた。手順の変更を行う場合は回路そのものを変更することが必要であったが，コンピュータ制御に置き換わることで，回路を変更することなく，実行するプログラムを変更することで制御方法の変更や，機能追加が可能となった。また，コンピュータの低価格化によって，さまざまなモノがコンピュータにより構成されるようになった。時計，タイマー，電卓，計器など，さまざまなモノに用いられている。

　モノに使われるコンピュータについて考えよう。例えば，PC は，コ

ンピュータの機能をさまざまな用途に適応できる装置であり，使う人に
よって使用する目的が異なる，汎用性を持ったシステムである。目的に
応じてプロセッサーや記憶装置など，コンピュータの性能を強化したり，
機能を追加することができる。PCの他にワークステーション，スー
パーコンピュータなど，さまざまな用途や機能を実現できるように構築
されたコンピュータであり，**汎用コンピュータ**（general-purpose
computer）という。OSやアプリケーションといったソフトウエア，
ハードウエアを目的に応じて変更して目的の機能を構築する。

　一方，多くのさまざまなモノは，**組み込みコンピュータ**（embedded
computer）である。スマートフォンや家電製品，自動車，工作機械な
ど特定の用途に向けて設計され，作り込まれたシステムであり，目的と
する用途に必要な能力を持つハードウエアで構成される。汎用コン
ピュータと比べると，特定用途に特化した性能や構成となっているほか，
拡張性や変更できる範囲が限られるといった制約がある。

　コンピュータの心臓部となるプロセッサーは，いくつか種類がある。
PCに搭載されるプロセッサーは，**マイクロプロセッサー**（microproces-
sor）という。プロセッサーを集積回路に実装したものであり，必要と
なる性能に見合った周辺機器を組み合わせることでコンピュータを構築
する。家電などのモノは，プロセッサーを中心に制御に用いられる機能
を集めた**マイクロコントローラー**（microcontroller）が用いられる。プ
ロセッサー，記憶装置，タイマー，入出力機能などがまとまっており，
コンピュータ制御を実現するコンピュータを構成する部品が少なくでき
る。

　近年では，スマートフォン，自動車用コンピュータといった高性能の
プロセッサーを必要とする組み込みコンピュータは，構成するために必
要なプロセッサーやコントローラー，記憶装置などの回路がまとまった

SoC（System-on-a-chip）が用いられるようになった。汎用コンピュータである PC においても，ハードウエアの拡張性が低くてもよく，小型軽量を優先するようなノート型などは部品点数削減のために SoC が用いられるようになった。小型化を優先するようなモノには，SiP（System in Package）という形態も増えてきた。記憶装置や周辺機器などの IC を別々に作り，IC を積み重ねたり，平面的に並べたりすることでコンピュータを作る方法である。

　モノが提供するサービスが多種多様となり，コンピュータも変化しつつある。アプリやサーバーで動作させるプログラムの実行は **CPU**（Central Processing Unit，中央演算処理装置），画像や動画のようなデータ処理は **GPU**（Graphical Processing Unit，画像処理装置），AI 処理に特化した **AI プロセッサー**（**NPU**: Neural Processing Unit）といった種類がある。データセンター内でデータを取り扱うための DPU（Data Processing Unit）のように，特定用途のサービスで用いるプロセッサーも登場するようになった。

1.3.2　コンピュータの構成

　サービスを実現するモノで用いられるコンピュータの基本的なしくみについて考えよう。モノを構成するコンピュータは，図1.5に示したように，（A）**コンピュータ本体**（main frame）と（B）**周辺機器**（peripheral equipment, peripheral device）に分類される。コンピュータは，演算を行うコンピュータ本体に，周辺機器が組み合わさった装置である。

　コンピュータ本体を構成する要素は，プログラムを実行する頭脳に相当する（1）**中央演算処理装置**（**CPU**: Central Processing Unit，**プロセッサー**: Processor），CPU がプログラムやデータを読み書きする

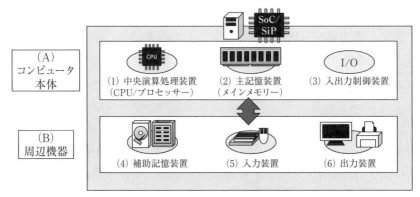

図1.5　コンピュータの基本構成

（2）**主記憶装置**（main memory），周辺機器を接続する窓口となる（3）**入出力制御装置**（input-output controller）の3種類がある。

　周辺機器は，プログラムやデータを保存する（4）**補助記憶装置**（auxiliary storage），コンピュータにデータを入力する（5）**入力装置**（input device），コンピュータで処理した結果を出力する（6）**出力装置**（output device）で構成されている。

　コンピュータ本体を構成する要素の働きについて考えよう。（1）中央演算処理装置（CPU）は，命令を解釈して実行の制御を行う**制御装置**（control unit）と，実際に演算を行う**演算装置**（arithmetic unit）で構成されている。（2）主記憶装置は，CPUで実行する命令の集まりであるプログラムやデータを記憶し，CPUの演算とともに必要となるデータをCPUに渡すことや，CPUの演算結果の保存を行う装置である。（3）入出力制御装置は，入出力コントローラーとも呼ばれ，コンピュータに接続された入出力装置を効率よく制御する装置である。装置間のデータ通信を高速化するなどの働きを持つ。入出力装置は，周辺機器や **I/Oデバイス**（I/O device），**入出力デバイス**，単に，**デバイス**と

呼ばれることがある。

　次に，周辺機器を構成する要素について考えよう。（4）補助記憶装置は，**SSD**（Solid State Drive）や，ハードディスクドライブ（**HDD**: Hard Disk Drive），ＣＤ／ＤＶＤ／ＢＤ-ROMドライブのように，主記憶装置とは異なる別の記憶装置である。**ストレージ**（storage）とも呼ばれる。主記憶装置よりも動作速度は低速であるものの，多くは電源を切っても記憶された内容が消えない**不揮発性**（non-volatile）の性質を持つ記憶装置である。**リムーバブルメディア**（removable media）と呼ばれるコンピュータからメディアを取り外しできる装置もあり，記録したデータを持ち運ぶために用いられる。（5）入力装置は，キーボードやマウス，トラックパッド，センサーなど，コンピュータに情報を入力する装置である。（6）出力装置は，モニターやプリンター，音源のように，コンピュータの処理結果を出力する装置である。

　コンピュータ本体と周辺機器を構成する要素のうち，演算装置，制御装置，主記憶装置と補助記憶装置を合わせた記憶装置，そして，入力装置，出力装置という5つの装置を，**コンピュータの五大装置**という。

演習問題 1

【1】モノのインターネット（IoT）を実現する技術について調べ，私たちの生活のどこに影響が及ぼされて便利になるのか，自分の生活を例に説明しなさい。

【2】クラウド上にあるプラットフォームは，スマートフォンやPCの利用に大きな影響を与える理由を説明しなさい。

【3】 コンピュータに搭載されるプロセッサーの種類を調査し，整理しなさい。

【4】 スマートフォンが私たちの生活で広く活用されるようになった理由を，提供されるサービスを踏まえて説明しなさい。

【5】 CAD，CAM，CAE について調査し，モノづくりにおいてどのように活用されているか説明しなさい。

【6】 コンピュータの五大装置を全てあげ，各装置の働きを説明しなさい。

参考文献

一見大輔『入門 NC プログラミング』（オーム社，2011年）

内田孝尚『バーチャル・エンジニアリング―周回遅れする日本のものづくり』（日刊工業新聞社，2017年）

内田孝尚『バーチャル・エンジニアリング Part 2　危機に直面する日本の自動車産業』（日刊工業新聞社，2019年）

内田孝尚『バーチャル・エンジニアリング Part 3　プラットフォーム化で淘汰される日本のモノづくり産業』（日刊工業新聞社，2020年）

内田孝尚『バーチャル・エンジニアリング Part 4　日本のモノづくりに欠落している"企業戦略としての CAE"』（日刊工業新聞社，2023年）

内田孝尚『バーチャル・エンジニアリング Part 5　バーチャルモデルで変貌したモノづくりが世界を席巻する』（日刊工業新聞社，2023年）

小田徹『コンピュータ開発のはてしない物語起源から驚きの近未来まで』（技術評論社，2016年）

桑津浩太郎『2030年の IoT』（東洋経済新報社，2015年）

高橋義造『計算機方式』（コロナ社，1985年）

三菱総合研究所（編）『IoT まるわかり』（日本経済新聞出版社，2015年）

2 | 演算装置のしくみ

《目標&ポイント》 演算装置であるプロセッサーのしくみを直感的に説明するとともに，プロセッサーの構成や演算回路，命令実行について理解する。演算装置の命令実行を理解するために必要となる電子回路の動作やクロック，記憶素子であるレジスターについて説明し，命令実行のしくみについて学ぶ。
《キーワード》 論理回路，算術論理演算回路，レジスター，クロック，命令実行

2.1 命令実行のしくみ

コンピュータの頭脳である，演算装置の基本的なしくみについて学ぼう。

2.1.1 計算機資源とハードウエア

コンピュータは，よく知られているようにハードウエアの上でソフトウエアが動作する装置である。モノ，スマートフォン，パソコン，クラウドにあるサーバーのように，さまざまな形態があるが，1.3.2で学んだコンピュータの五大装置の組み合わせが異なっている。

ハードウエアを構成する物理的な**計算機資源**（computational resource）について注目してみよう。**物理的資源**（physical resource）という。**資源，リソース**（resource）ともいい，コンピュータが何らかの処理を行うために必要となるものを表す言葉であり，ハードウエアで実際の処理が行われる。

実際のハードウエアのしくみは、技術の移り変わりとともに複雑なものとなり、詳細を短時間で理解することは困難となった。ハードウエアは論理回路により構成され、その理解のためには、論理回路に関する知識が必要となる。本テキストは、プロセッサーの動作や構成を簡略化したものを用いて、直感的に捉えることで理解を目指す。詳細の理解を目指さないため、論理演算など電子回路についての説明は最低限にとどめる。関心がある方は、参考文献を参照して理解を深めてほしい。まず、計算機資源の一つである、演算装置の基本的なしくみを考えよう。

2.1.2 演算装置と命令実行

演算装置は、第1章で学んだように、コンピュータの基本構成で中央演算処理装置と表記される。コンピュータで行われる処理の中心、全般に関わる装置である。**CPU**（Central Processing Unit）や**プロセッサー**（processor）と呼ばれる装置である。

演算装置は、図2.1のように、実際の演算を行う**算術論理演算回路**（**ALU**: Arithmetic and Logic Unit）と、演算を行う命令実行を管理する制御装置という2つの装置を持つ。コンピュータを構成する全ての要素は**バス**（bus）により接続されており、演算装置を介してやりとりするしくみとなっている。つまり、主記憶装置は演算装置からバスを介して直接読み書きを行い、その他の装置もまた、バスを介して接続された入出力装置（I/O: Input/Output）を介して操作やデータの受け渡しを行う構成になっている。

演算装置に備わる算術論理演算回路は、プログラムを構成する命令を一つ一つ順番に実行する装置である。プロセッサーが実行できる全ての命令を集めた集合は、**命令セット空間**（instruction set space, instruction repository）という。単に**命令セット**（instruction set）ともいう。

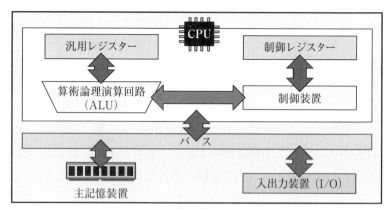

図2.1　演算装置の構成

　プロセッサーで実行できる命令は，回路の設計や構造の基本的な骨組みである**アーキテクチャー**（architecture）によって異なる。

　プロセッサーは，命令の実行を行い，動作の管理を行うために，高速に読み書きできる記憶素子の一種である**レジスター**（register）をいくつか持つ。プロセッサーにあるレジスターは，大きく分けて，命令実行の制御のために用いる**制御レジスター**（control register）と，命令実行の際に演算で用いる**汎用レジスター**（general purpose register）の2種類がある。レジスターの値は，その時々のプロセッサーの動作を反映しているため，「文脈」という意味があるコンテキスト（context）という単語を使って，**コンテキスト空間**（context space）と呼ばれる。ここで，コンピュータに関する**空間**（space）は，処理を行う上で必要となる何らかの集合や領域をまとめたものをいう。演算装置に限らず，それぞれの装置や用途によってさまざまな空間がある。

　プロセッサーは，主記憶装置上に置かれた命令の塊であるプログラムを実行する装置である。プロセッサーから読み書きできる主記憶装置の

記憶領域は，**アドレス**（address，番地）が割り当てられており，プロセッサーは，アドレスが指定されることで目的とする命令やデータの読み書きができるようになっている。主記憶装置上で演算装置が次に実行する命令は，制御レジスターである**プログラムカウンター**（PC: Program Counter）に記憶されたアドレスである。プログラムカウンターは，**命令カウンター**（instruction counter）や命令ポインター（instruction pointer）ともいう。

　プロセッサーは，命令実行の動作を管理をする制御レジスターを持ち，その時々の動作状況を**プロセッサー・ステータス・ワード**（PSW: Processor Status Word）というレジスターで管理する。機能の状況が真（true）か偽（false）の2種類で表現された，**フラグ**（flag）と呼ばれる値の集合である。

　汎用レジスターは，算術論理演算回路による命令実行で用いられる。**データレジスター**（data register）ともいう。プロセッサーによって数個から数十個と個数は異なるが，命令実行時の演算で用いられる。

2.1.3　電子回路の動作とクロック

　プロセッサーは電子回路で構成されている。トランジスターによる電子回路は，それぞれの回路が独立して動作しているのではなく，**クロック**（clock）と呼ばれる信号に基づいて動作する。クロック信号は，水晶振動子（quartz crystal unit，crystal unit）や，発振回路（electronic oscillator）により生成される規則的な信号である。クロック信号を生成する素子や装置を，**クロックジェネレーター**（clock generator）という。

　クロック信号は，**パルス信号**（pulse signal）と呼ばれる周期を持った信号であり，図2.2に示すような，電圧の高い状態と低い状態を交互

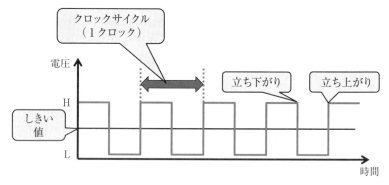

図2.2　クロック信号の波形

に繰り返す信号である。電子回路は，クロック信号が急激に変化するタイミングをきっかけに回路全体がタイミングを合わせて状態を変化させ，演算処理を進める。

　コンピュータはクロックに基づいて動作するため，一定時間にクロックが変化する回数は，命令処理の進捗に影響を与えるためプロセッサーの性能を表す指標の1つとなる。**クロック周波数**（clock frequency）や**動作周波数**（operating frequency）と呼ばれる値である。単位は1秒間当たり何回クロックが発生したかを意味するHz（ヘルツ）である。例えば，クロック周波数が1 GHz（ギガヘルツ）（1,000,000,000 Hz）のプロセッサーの演算処理は，毎秒当たり10億回のクロックを刻むタイミングで進められる。同一回路のプロセッサーであれば，クロック周波数が高いほど短い時間で命令が処理されることになる。

　プロセッサーが1回のクロックで行う処理の期間を**クロックサイクル**（clock cycle），1命令を実行するのに要する期間を**命令サイクル**（instruction cycle）という。命令サイクルは，いくつかのクロックサイクルから構成される。プロセッサーの1つの命令を実行するために必

要となるクロックサイクル数は，**CPI**（Cycles Per Instruction）という。クロック周波数が同じであれば，1命令の実行に必要となる平均 CPI（平均クロックサイクル数）の小さいプロセッサーほど，高速に命令実行を行うことができる。

クロック信号の変化について考えよう。信号が電圧低（L: Low）から電圧高（H: High）に変化することを**立ち上がり**といい，逆にHからLに変化することを**立ち下がり**という。実際のクロック信号の波形は，図2.2に示すような理想的な波形にならず，歪んだ波形となるため，しきい値（threshold level）と呼ばれる電圧を定め，その電圧よりも高ければH，低ければLと見なして利用する。クロック信号は電圧で表現されているため，しきい値は，**しきい値電圧**（threshold voltage）とも呼ばれる。

2.2 演算回路のしくみ

電子回路で構成され，プログラムに含まれる命令を実行するプロセッサーにある演算回路のしくみについて考えよう。実際のコンピュータで用いられているプロセッサーは命令の種類も多く，しくみも複雑であるため，ここでは，1 bitのNOT演算を行うプロセッサーの実装を例に考えよう。

2.2.1 記憶素子と演算

プロセッサーの演算は，**レジスター**（register）という記憶素子を使って行われる。レジスターは，**トランジスター**（transistor）で構成された電子回路であり，**D型フリップフロップ**（D-FF: D flip flop）を用いて構成される。電子回路の記号として，図2.3を用いる。D型フリップフロップは，クロック信号に基づいて動作し，記憶素子として

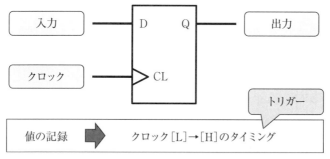

図2.3　D型フリップフロップ（1bit 記憶素子）

1bit の情報を記憶するはたらきがある。

1bit は，コンピュータが取り扱う最小単位の情報であり，値でいうと，0と1のどちらかを表現できる。電子回路では，電圧の高低という2つの状態を0と1に対応づけることで表現する。値と電圧をどのように対応づけるかは回路の設計に基づくが，本テキストでは捉えやすさに配慮し，電圧高（H）の状態を1，電圧低（L）の状態を0に対応づけることとする。

D型フリップフロップへの値の記憶は，入力Dに記憶させたい値に対応した電圧を加え，クロック信号がLからHに変化するタイミングで行われる。写真を撮るとき，撮影するタイミングをシャッターボタンを押してカメラに伝えることと似ている。記憶素子に値を記憶させるなど，電子回路に何らかの動作を行わせるきっかけとなるタイミングの条件を，**トリガー**（trigger）という。クロック信号は周期的に変化するため，記憶素子に記憶させた値を継続して使用したい場合は，出力Qの値を入力Dに入力し，自身の値で値を更新することで記憶を継続させる必要がある。

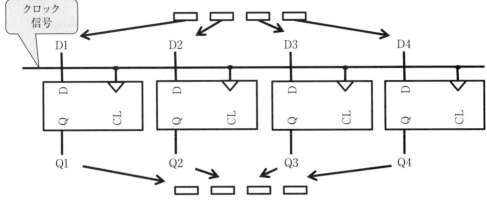

図2.4 D型フリップフロップを使った4bitレジスター

2.2.2 演算のための汎用レジスター

　演算装置に搭載された汎用レジスターについて考えよう。プロセッサーは，32bit，64bitのような種類がある。数値は汎用レジスターのサイズを示していることが多く，32bitプロセッサーは，汎用レジスターのサイズが32bitということを表している。汎用レジスターは命令実行時の演算で用いられるため，サイズが大きいほど，1回の演算で大きなデータを取り扱うことが可能であり，同じクロック周波数であっても性能が高いことになる。

　レジスターは，D型フリップフロップを使って構成される。1個のD型フリップフロップは，1bitの値しか取り扱えないため，レジスターとしてn bitの値を扱いたい場合は，n個の記憶素子を組み合わせて用いる。

　4bitプロセッサーで用いられる4bitのレジスターを考えよう。4bitの値は，2進数で4桁の値であるため，図2.4のように，それぞれの桁の値を分割し，4個のD型フリップに記憶させることで対応する。

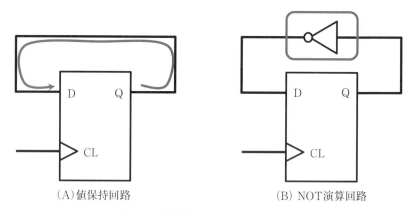

(A)値保持回路　　　　　(B) NOT演算回路

図2.5　値保持と NOT 演算の回路

値の出力では，各桁の値をそれぞれのD型フリップフロップから読みだし，組み合わせて4bitの値を構成する。

　レジスターのサイズが32bit，64bitと大きくなるほど，性能は向上するが，レジスターとして使用するD型フリップフロップの数が増え，使用するトランジスタや線の数が多くなるために回路の構成が複雑となる。このため，性能を追求する上で，レジスターのサイズも大きくなってきた。なお，本章は，1bitのNOT演算を行う演算装置を例にプロセッサーの動作を考えるため，演算で用いる汎用レジスターは，D型フリップフロップ1個で構成される。

2.2.3　レジスターの値を保持する回路

　記憶素子の値は，2.2.1で説明したように，クロックの立ち上がりをトリガーとして入力Dの値に更新される。例として考える1bit演算の回路は単純であるため，1クロックで演算結果が出るが，実際のプロセッサーは，2.1.1の命令サイクルで学んだように，1つの命令実行で

第2章　演算装置のしくみ　｜　**35**

あっても，演算を行うために数回のクロックが必要となることもある。

　演算途中であっても，D型フリップフロップにクロック信号が入力されると，値は更新される。更新される値は入力Dの値であり，明示的に入力される値がないと，いったん記憶された値が，クロック信号が入力されるたびに変化することになる。このため，回路設計でレジスターの値が意図したように変化するしくみにしておく必要がある。

　演算途中や，何らかの命令実行を行っている間のように，記憶した値の変更を行いたくない場合は，トリガーとなるクロック信号が入力されても，値が変更されないように回路を作っておく必要がある。この場合，図2.5（A）のように，出力Qの値を入力Dに入力することで対応する。レジスターに記憶された自身の値で更新することで，見かけ上，変化していない状態を保つ方法である。演算の待機中などでも記憶された値が変更されないように，同様の回路が用いられる。

2.2.4　レジスターに記憶された値を NOT 演算する回路

　次に，レジスターに記憶された値を NOT 演算する回路を考えよう。2進数で表現された値に対して NOT 演算を行うと，0の値は1に，1の値は0に変化する。プロセッサーの命令実行は，レジスターに記憶された値に対して行う。プロセッサーで任意の値に対して NOT 演算を行うには，プロセッサーに搭載された命令の都合によって，主記憶装置などから演算させたい値をレジスターに記憶させる命令を実行したあとに，NOT 演算を行う命令を実行するという2段階の命令実行となる。

　レジスターに記憶された値を NOT 演算する回路は，NOT 演算回路を出力Qと入力Dの間に置いた，図2.5（B）となる。値保持の回路である図2.5（A）の出力Qと入力Dの間に，NOT 演算回路を追加した構成となっている。

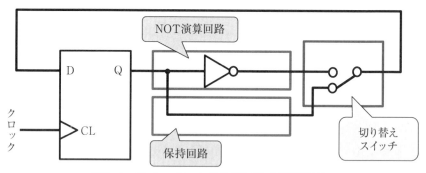

図2.6 スイッチによる演算回路の切り替え

　コンピュータはクロック信号に基づいて演算処理を進めるため，図2.5（B）は，クロックが入力されるたびにレジスターに記憶された値に対してNOT演算が行われる回路となっている。このため，記憶素子に記憶される値は，クロックとともに0と1の値が交互に入れ代わることになる。

2.2.5　命令による演算回路の切り替え

　プロセッサーは，命令実行を行う演算装置であり，多数の命令を持つ。それぞれの命令で行う演算処理に対応した演算回路が用意されており，対応する演算回路に切り替わりながら命令実行が行われる。1 bit のレジスターの値に対して，NOT演算を行うか，何もせずに値を維持するという命令を実行する機能を持ったプロセッサーを例に，演算装置のしくみを考えよう。

　図2.5（A，B）は，それぞれ独立して動作する別々の演算回路であり，切り替える場合は，回路を物理的に操作する必要がある。レジスター1個を対象に2つの演算回路をスイッチで切り替えて実行できるように回路を作り直すと，図2.6のようになる。レジスターの入力Dは，

第 2 章 演算装置のしくみ | **37**

表2.1 プログラムの例

アドレス	命令
0	レジスターに値 7 を記憶する
1	レジスターの値に 8 を加算する
3	レジスターの値を NOT 演算する
4	レジスターの値から 6 を減算する
...	...

上側の NOT 演算と，下側の値保持のどちらかの値に，物理的なスイッチで切り替えできる構成になっている。

　コンピュータは，プログラムを構成する命令実行とともに演算回路を切り替えながら処理を行うため，物理的なスイッチは使用できない。このため，実際の演算装置は実行する命令を解釈し，対応する回路に切り替える論理回路を使って，演算回路の切り替えを行う。

2.3　演算装置と命令実行

　次に，演算装置による命令実行を考えよう。プロセッサーの状況が記憶される制御レジスターであるプログラムカウンターを使って行われる。1.2.1で学んだように，制御レジスターは，汎用レジスターとは別に用意され，命令実行を行うプロセッサーの管理で用いられる記憶素子である。

2.3.1　演算装置による命令実行

　主記憶装置に配置されたプログラムは，プロセッサーで実行できる命令セットを用いて記述される。演算装置が主記憶装置上に置かれたどの

命令を実行するかは，**プログラムカウンター**（PC: Program Counter）を使って管理する。電源を入れた直後の初期値（最初の値）は０であり，命令実行を進めるとともに，プログラムカウンターの値が実行中のアドレスに変化していく。

プログラムを構成する命令は，主記憶装置上に実行する順に配置されており，日本語で命令を表現すると，表2.1のようなものである。アドレスの小さなものから命令実行が行われ，命令の実行完了とともに，プログラムカウンターの値は，次の命令のアドレスに更新される。命令の長さは，命令によって異なることがあるため，単純に＋１とはならず，＋２や＋３となることもある。命令の長さのことを，**命令長**（instruction length）と呼ぶ。

命令実行において，プログラムカウンターが変更されるタイミングについて考えよう。プロセッサーの演算回路は，2.2.4で学んだように，レジスターの出力Qのあと，入力Dに値を転送する前に回路が置かれている。このため，命令の実行完了は，レジスターに演算結果が入力され，値の記憶が完了したあとになる。レジスターに値が記憶されるタイミングは，最初のクロックの立ち上がりであり，このとき，プログラムカウンターの値を更新するタイミングとなる。プログラムカウンターの値を更新することを，**カウントアップ**（count up）という。

2.3.2 命令実行とプログラムカウンター

プロセッサーによる命令実行は，主記憶装置に置かれたプログラムを構成する命令のうち，基本的にアドレスの小さなものから，１つずつ順に行われる。しかしながら，プログラムの作り方によって，同じ命令群を繰り返すことや，実行中に変化する値などの条件によって，特定アドレスにある命令から実行する場合もある。つまり，プログラムの構成に

よっては，プログラムカウンターの値を変更し，特定のアドレスにある
命令を実行したいこともあるため，演算だけでなく，命令の実行を変化
させる命令もプロセッサーには必要となる。

　例えば分岐命令（ジャンプ命令）は，無条件にプログラムカウンター
の値を更新し，目的の命令が存在するアドレスから実行を行う命令であ
る。判断で用いられる条件判定は，**フラグ**（flag）を使って条件を満た
していれば分岐命令と同様の処理を行う命令である。フラグは，演算な
どの処理結果に基づいてレジスターなどに状態を記憶した値である。

2.3.3　演算装置のリセット

　実行している命令のアドレスを表すプログラムカウンターは，命令実
行のたびに更新され，プログラムを実行していく。しかしながら，ハー
ドウエアの動作を安定させるため，任意のタイミングで初期状態にした
いことや，ソフトウエアの問題などで，利用者の手で初期状態に戻した
いことがある。

　ハードウエアの動作中に，初期状態にすることを**リセット**（reset），
初期化という。リセットが行われると，ハードウエアを構成する電子回
路にリセット信号が入り，レジスターの値が初期値に戻され，初期状態
に戻される。プログラムカウンターも 0 に戻され，電源を入れた直後と
同様の状態になる。第 5 章で学ぶ**割り込み**（interrupt）の，リセット
割り込みにより対応される。

演習問題 2 ————————————————————

【1】 クロック周波数は，コンピュータの性能指標の1つとなる理由を説明しなさい。

【2】 汎用レジスターと制御レジスターの違いを説明しなさい。

【3】 プログラムカウンターの値が示すことを説明しなさい。

【4】 主記憶装置に記憶された命令と，プロセッサーに搭載された演算回路の関係を説明しなさい。

【5】 プロセッサーのコンテキスト空間を構成する要素を説明しなさい。

参考文献

岡部洋一『コンピュータのしくみ』（放送大学教育振興会，2014年）

蒲池輝尚，水越康博『はじめて読むPentiumマシン語入門編』（アスキー，2004年）

渋谷道雄『マンガでわかるCPU』（オーム社，2014年）

高橋義造『計算機方式』（コロナ社，1985年）

渡波郁『CPUの創りかた～初歩のデジタル回路動作の基本原理と製作』（毎日コ
　　ミュニケーションズ，2003年）

中島康彦（編著）『コンピュータアーキテクチャ』（オーム社，2012年）

中森章『マイクロプロセッサ・アーキテクチャ入門第5版』（CQ出版社，2009年）

Hisa Ando『プロセッサを支える技術～果てしなくスピードを追求する世界』（技術
　　評論社，2011年）

Hisa Ando『高性能コンピュータ技術の基礎』（毎日コミュニケーションズ，2011
　　年）

3 | 演算装置における命令実行

《目標＆ポイント》　演算装置であるプロセッサーにおける命令実行について学ぶ。まず，命令の構成や，プロセッサーに処理の指示を出すために用いる機械語，機械語を記述するニーモニックについて学ぶ。そして，命令実行を行うために演算装置で行われる命令サイクルについて説明する。そのあと，演算装置で実行する命令の種類や，命令実行を高速化するために行われる工夫について見る。

《キーワード》　機械語，命令サイクル，命令の種類，命令実行の高速化

3.1　命令実行と機械語

　コンピュータは，よく知られているように，アプリケーションの動作によってさまざまな動作が可能である。このときの演算装置は，アプリケーションを構成する命令を一つ一つ解釈して実行している。命令は，アプリケーションで実現したい内容を演算装置に示すプログラムの最小単位であり，演算装置は命令に従って演算回路が選択され，結果として命令実行が行われる。

3.1.1　命令の構成
　コンピュータの命令や，演算で用いられる何らかのデータは，2進数の数値を使って表現される。0と1のように何らかの2つの状態を表現するビット（bit: binary digit の略）が基本単位である。人間が取り扱う情報は，文字や数字のように，ある一定単位の情報がまとまった表現

を用いることが多く，1ビット単位で値を取り扱うと，表現できる情報が限られることになる。このため，複数のビットを組み合わせて桁数を増やし，コンピュータで取り扱う数字，文字，画像，音声，映像など，ありとあらゆる情報を表現する。プログラムを構成する命令もコンピュータで取り扱う情報の1つである。値として取り扱うために組み合わせたビットの数を，**ビット長**（bit length）という。

コンピュータで一度に取り扱うビットの集まりは，**ワード**（word, 語）という。ワードのビット数は**ワード長**（word length）という。ワード長はプロセッサーによって異なるが，2進数と16進数の対応が容易であることから，8 bit の倍数が用いられることが多い。データのビット長は，**データ語長**（data word length）という。

3. 1. 2　命令語と機械語

プロセッサーに処理の指示を出す，プログラムを構成する命令は，図3.1に示すような，**命令語**（instruction word）によって表現される。命令語は，演算装置で実行する処理を指示する**命令部**（instruction part）と，演算で必要となるデータを置く**オペランド部**（operand part）の2つから構成される。オペランドは，命令の実行で必要となるデータそのものや，演算の対象となるデータが置かれた主記憶装置のアドレスを表す部分である。

命令部は，演算装置が持つ命令を全て表現できるだけのビット長を持った値となる。オペランド部は，データが置かれる部分であり，命令によって必要なデータのビット長や数，種類が異なる。このため，命令の長さは，同じプロセッサーの命令であっても，オペランド部の有無や演算の対象とするレジスターによって異なることがある。命令の桁数である長さを，**命令語長**（instruction length）という。

第3章 演算装置における命令実行　43

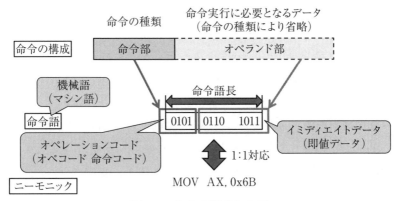

図3.1　命令の構成と表記

　命令部は処理を行う命令の種類を指定する部分であり，命令部とオペランド部を組み合わせて数値で表現したものを，**機械語**（machine code, machine language）という。**マシン語**と呼ばれることもある。コンピュータで処理を行う2進数との対応が行いやすいため，16進数の数値で表現されることが多い。

　機械語で表された数値のうち，命令部を表すものを，**オペレーションコード**（operation code），または命令コード（instruction code）という。略して**オペコード**（opcode: OPeration CODE）ともいう。オペランド部を表す数値を，**イミディエイトデータ**（immediate data），または，**即値データ**という。

3.1.3　機械語を記述する言語

　機械語は，2進数で表すと桁数が多くなる。16進数の1桁は，2進数の4 bit をひとまとめに扱え，桁数を減らしつつ数値として表現しやすいため，命令やオペランドの表現においてよく用いられる。

　数値で表現される命令は人間にとって覚えにくく，機械語を人間が見

て命令を理解することは一般的に困難であるため，**ニーモニック**（mnemeonic）という命令の一部を記号で表されることが多い。ニーモニックと機械語は 1 : 1 で対応する。ニーモニックは，プロセッサーが実行できる命令の種類を表すオペレーションコードに対して，命令を意味する英単語の一部などを対応させた符号である。例えば，レジスターなどに値を書き込む命令は move（移動）から mov，加算の命令はadd から add のような符号を用いる。ニーモニックを使うことで，数字で構成される機械語そのものを記述するよりも，プログラムが理解しやすくなり，動作の確認もしやすくなる。

3.2 命令実行の流れ

コンピュータはさまざまなことができるが，演算装置に注目すると，プログラムを構成する命令を逐一実行していく装置といえる。命令の実行は，主記憶装置上に配置された命令を逐一読みだして演算装置が解釈し，命令部を理解するとともに，演算で必要となるデータを読みだして演算回路を選択して演算を行い，結果を指定された個所に書き込むことといえる。2.1.1で学んだ，1命令を実行するのに要する期間である命令サイクルの間に行われる命令実行のしくみについて考えよう。

3.2.1 命令実行と命令サイクル

プロセッサーで1つの命令を実行するために行われる**命令サイクル**（instruction cycle）は，1あるいは数クロックサイクルを組み合わせた意味のある処理の単位の組み合わせで構成される。**マシンサイクル**（machine cycle）ともいう。

命令サイクルは，命令の種類によって演算処理や必要となるデータが異なるため，命令によって一部サイクルの省略や，重複するサイクルが

存在する場合もあるが，図3.4（A）のように，順々に処理を行い，命令実行を進める。命令サイクルは，図5.3にあるように，（1）**命令フェッチサイクル**（IF: Instruction Fetch cycle），（2）**デコードサイクル**（DE: DEcode cycle），（3）**オペランドフェッチサイクル**（OP: OPerand fetch cycle），（4）**演算サイクル**（EX: EXecute cycle, operation cycle），（5）**書き込みサイクル**（WB: Write Back cycle, write cycle）という5つのサイクルで構成される。なお，本章では割り込みサイクルの説明をしないため，図5.3は，割り込み処理がない場合として参照してほしい。

　プロセッサーによって，複数の命令サイクルをまとめて命令実行を2〜4のサイクルで行うことや，細分化して多くのサイクルで命令実行することもある。（1）命令フェッチサイクルと（2）デコードサイクルをまとめて（A）**フェッチサイクル**（fetch cycle），（3）オペランドフェッチサイクル，（4）演算サイクル，（5）書き込みサイクルをまとめて（B）**実行サイクル**（execute cycle）という。

3.2.2　フェッチサイクル

　演算装置が命令を実行するために行う命令サイクルのうち，図3.2を見ながら，（A）フェッチサイクルについて考えよう。最初に行われる（1）命令フェッチサイクルは，プロセッサーで実行される命令を読みだすサイクルである。主記憶装置からプログラムカウンターで示された番地にある機械語を読みだし，**デコーダーユニット**（decoder unit）に送ることである。デコーダーユニットは，**命令解読器**（operation decoder）とも呼ばれる。命令を主記憶装置から読みだす処理を，**命令フェッチ**（instruction fetch）という。

　命令フェッチが終了するとデコードサイクルの処理に移る。デコード

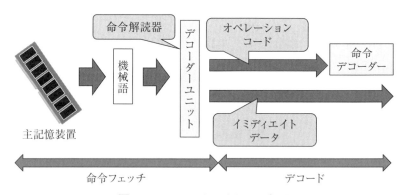

図3.2　フェッチサイクルの処理

サイクルでは，命令をオペレーションコードとイミディエイトデータに分ける。そして，オペレーションコードを演算で用いる回路を選択するために用いる信号を出力する**命令デコーダー**（instruction decoder）に渡す。命令デコーダーは，オペレーションコードや直前の演算でALU（算術論理演算回路）から出力された**キャリーフラグ**（carry flag）の値などから，演算で必要となる装置を選択する信号を出力する論理回路である。

3.2.3　実行サイクル

フェッチサイクルが終わると，実行サイクルの処理に移る。図3.3を見ながら考えよう。

オペランドフェッチサイクルは，オペランドとして置かれたデータが主記憶装置のデータを参照する場合は読みだしを行い，プロセッサーの算術論理演算回路である**ALU**（Arithmetic and Logic Unit）に出力する処理である。オペランドフェッチサイクルは，イミディエイトデータが存在しない命令では省略される。

次に演算サイクルの処理が行われる。プロセッサーは複数の汎用レジ

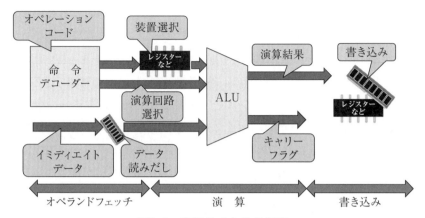

図3.3 実行サイクルの処理

スターを持つが，ALUで演算を行った結果をどのレジスターに保存するか，オペレーションコードを踏まえて選択する必要がある．このため，演算で利用するレジスターを選択するために**データセレクター**（data selector）を使って判断を行い，演算結果を保存するレジスターを選択する．データセレクターは，**マルチプレクサー**（multiplexer）とも呼ばれ，論理回路で構成された命令の値から複数の対象となるレジスターを切り替えるスイッチといえる．コンピュータでは，演算装置に限らず，さまざまなところで何らかの値を論理演算し，必要となる回路や装置を選択して用いる．

ALUは，命令デコーダーの信号に基づいて演算に必要となるレジスターなどを選択し，命令に基づいてイミディエイトデータを使って演算する装置である．レジスターは，32bitや64bitのように表現できる値の範囲が決まっており，桁上がりの発生など，演算を行うとレジスターで表現できない値になることもある．このため，演算結果の状況を補助的に示す値として，**キャリーフラグ**（carry flag，Cフラグ）があり，あ

とに実行する命令の処理で生じた結果について対応できるようになっている。演算結果の値が，桁上がりのようにレジスターで表現できない値になると，キャリーフラグが真（1）となり，それ以外は偽（0）となる。このことで，演算の終了後に値の演算が適切に行われたか確認できる。

　演算が終わると，結果をレジスターや主記憶装置に書き込む命令実行の最後の処理である書き込みサイクルとなる。命令デコーダーの信号を使って結果を書き込むレジスターを選択し，対象のレジスターや主記憶装置の指定されたアドレスに対して値を書き込み，命令実行が終了となる。

3.3　命令の種類と実行の高速化

　次に，プロセッサーが備える基本的な命令の種類や，命令実行の高速化について考えよう。

3.3.1　命令の種類

　プロセッサーは，コンピュータを動作させるために複数の命令を持つ。全ての命令を集めた集合を，**命令セット空間**（instruction set space）という。命令セット空間に含まれる命令の数はプロセッサーによって異なるが，おおまかに表3.1のような種類がある。値を転送する命令，演算する命令，命令の実行順序を変化させる命令，プロセッサーやOSの動作を変化させる命令，周辺機器を操作させる命令などである。

　プロセッサーの基本的な命令である，**転送命令**（data transfer instruction）を考えよう。演算などで，値を操作する準備のためにプロセッサーのレジスターに値を保存する場合や，主記憶装置に演算結果を保存する場合に用いられる命令である。対象となる転送先は，レジスターや主記憶装置，複数のレジスターや，連続した主記憶装置のアドレスとさまざまである。プロセッサーが持つレジスターは複数存在するため，イミ

第3章 演算装置における命令実行 | **49**

表3.1 命令の種類

種類	内容
転送	レジスターや記憶装置に記憶された値を別のレジスターや記憶装置に保存する命令
論理演算	ビット列に対する1bit ごとの演算に関する命令
算術演算	加減乗除という四則演算に関する命令
シフト	ビット単位（2進数単位）の値操作（シフト）に関する命令
順序制御	ジャンプの分岐やサブルーチンなどプログラムの実行順序に関する命令
連結	サブルーチンを呼ぶ call とメインルーチンに戻る return に関する命令
制御	プロセッサー動作や OS の制御に関する命令
外部回路操作	入出力装置とのやりとりに関する命令

ディエイトデータの形でレジスターに転送させたい値を直接，指定することもある。プロセッサーが持つ命令は，転送先に応じて回路を用意する必要があり，転送命令だけでも複数の命令が用意されている。

　転送命令を実行すると，転送元（source）の値は，指定された転送先（destination）に記憶される。命令実行で行われる動作は値の転送だけであるため，転送元のデータは，命令実行後もそのまま残ることになる。

　次に，演算である。**論理演算**（logic operation）である。ビット列に対して1 bit ごとの and，or，xor といった論理演算を行う命令である。**算術演算**（arithmetic operation）は，値に対する四則演算を行う命令である。通常の四則演算のほか，値に1 を加減算する命令やキャリーフラグと組み合わせた命令もある。

　シフト命令（shift instruction）は，論理演算と同様，ビット列を操

作する命令である。レジスターに記憶された値に対し，2進数で表現したときに各ビットを指定されたビット数だけ右や左にずらす命令である。左右はビットをずらす方向を表しており，右にずらすことを右シフト，左にずらすことを左シフトという。値をビット列として扱う場合は，プラスかマイナスかを表す最上位1bitの符号ビットの取り扱いに注意が必要である。このため，シフト命令は，符号ビットを変化させずに演算する算術シフトと，符号ビットを特別扱いしない論理シフトがある。また，シフトによって追い出されるビットをキャリーフラグで表現する場合はキャリー出力と呼び，シフトによって空いたビットにキャリーフラグを当てはめることをキャリー入力という。2個のレジスターを連結してシフトするような命令もある。

順序制御命令（sequence control instruction）は，命令の実行順序を変化させる働きを持った命令である。値などの条件によって実行する命令の流れを変化させたい場合に用いる。無条件分岐命令や，キャリーフラグなどを使った条件付き分岐命令がある。プログラムの塊のような，何らかの機能がまとまったサブルーチン単位で命令実行の流れを制御する命令も含まれる。

プログラムは**サブルーチン**（subroutine）やサブプログラム（subprogram）と呼ばれる，小さなプログラムを組み合わせて作成されることが多い。さまざまなプログラムで共通に利用できる機能を実現した処理や，プログラム中で何回か処理を行う，全体の一部分の処理などが記述されたプログラムであることが多い。サブルーチンを用いることで，同じような処理を行うプログラムを新たに書き起こす手間を省くことができる。また，プログラムを機能ごとの流れで扱うことも可能となり，開発効率の向上にもつながる。

連結命令（link instruction）はサブルーチンを扱う命令である。プロ

グラム本体から必要な機能を持ったサブルーチンを call 命令を使って呼び出し，必要な処理を行ったあと，呼び出したサブルーチンに含まれる return 命令でサブルーチンを呼び出した次の命令の実行に戻る，サブルーチンを使いやすくする機能を提供する。call 命令が実行されると，プログラムカウンターやレジスターなど，call 命令が呼ばれるまでのプロセッサーの実行状態を示す値一式を，**スタック**（stack）と呼ばれる記憶領域などに格納し，新たに呼ばれるサブルーチンが実行される。そして，呼ばれたサブルーチンで return 命令が呼ばれると，記憶領域から以前の状態に戻すための値を取り出し，プログラムカウンターなどを呼ばれる前の状態に戻して命令実行を再開する。

制御命令（control instruction）は，停止命令，割り込みの禁止，解除命令，割り出し命令といったプロセッサーや OS の動作に関する命令である。**割り込み**（interrupt）や**割り出し**（trap）は，命令の実行に重要なしくみであり，第 5 章で説明する。

外部回路操作命令（external circuit operation instruction）は，コンピュータに接続された機器である周辺機器，入出力装置を操作する命令である。周辺機器は，キーボードやモニター，マウス，音源，ストレージなどの入出力装置である。コマンド送信のように周辺機器への指示や，データ送受信の対応，動作状況などのステータスを読み書きする命令である。周辺機器に備わる操作パネルの表示ランプの点灯や，データスイッチの設定を読みだす処理などにも関係する。

実際のプロセッサーが実行できる命令の種類は，表3.1を基本とする数百程度である。しかしながら，命令を組み合わせて命令列を作って順に実行することで，現在のコンピュータを見てわかるように，さまざまな処理が実現されるという柔軟性がある。命令の並べ方は，何らかの問題を解決する手順であり，**アルゴリズム**（algorithm）と呼ばれる。

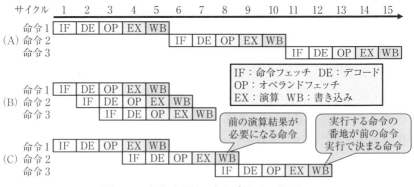

図3.4 命令実行とパイプライン処理

3.3.2 命令実行の高速化

次に，命令実行の高速化について考えよう。処理速度を高速化する方法は，クロック周波数を上昇させることや，演算回路の構成を見直すといった，演算装置そのものを高速化するという方法もあるが，命令実行を工夫することによる高速化も行われている。

初期の演算装置は，図3.4（A）のように，サイクルを一つ一つ実行し，命令の実行が完了してから次の命令を読みだして実行を行っていた。それぞれのサイクルは，回路が独立しているため，実行していない場合は使われない。このため，図3.4（B）のようにできるだけ回路を休ませないで流れ作業で効率的に実行する，**パイプライン処理**（pipeline processing）が行われるようになった。3.2.1で学んだ，命令をいくつかのサイクルに分割して実行する方法である。

効率的にパイプライン処理を行うには，それぞれのサイクルで必要となるクロックサイクルを揃える必要がある。パイプライン処理は，一番時間の要するサイクルを処理の単位として用いる。1回のサイクルの実行に要する時間を**サイクルタイム**（cycle time）という。クロックサイ

クルとマシンサイクルが同一とすると，**クロック周波数**（clock frequency）は，サイクルタイムの逆数の1秒間に何サイクル入るかを表す数字と等しくなる。

　1GHzのクロック周波数で動作するプロセッサーの1サイクルは1ns（nano-second，ナノ秒）であり，毎秒10億回のマシンサイクルが実行されることになる。プロセッサーの内部構造が同じであれば，クロック周波数が高くなるほど，1秒間に多くのマシンサイクルを実行できるため，多くの命令が実行できることになる。

　近年のプロセッサーは，パイプライン処理によって，1つの命令を実行するために必要となる平均サイクル数を大きく減少させ，プロセッサーの性能を向上させている。しかしながら，命令の種類によってはパイプライン処理がうまくいかず，パイプライン処理の実行を開始するタイミングが本来よりもずれる場合がある。

　代表的な例を図3.4（C）を見ながら2つ考えよう。まず，直前に実行した命令の演算結果が命令実行に必要となる場合である。命令フェッチ（IF）とデコード（DE）は演算結果がなくても実行できるが，演算結果を取得するオペランドフェッチサイクル（OP）は，直前に実行された命令の書き込みサイクル（WB）の完了後に行う必要がある。このほか，直前の命令実行で次に実行する命令が決まる場合もある。順々に命令実行を行う場合は，次に実行する命令は主記憶装置の連続した次のアドレスであるために，命令フェッチが機械的に行える。しかしながら，条件分岐命令は，演算（EX）の結果で次に実行を行う主記憶装置に置かれた命令のアドレスが決まる。このため，前の命令の演算（EX）が完了しないと，次に実行する命令が決定しないため，次の命令を読み込むことができないことになる。

　本章では，5サイクルで行われる基本的なパイプライン処理を考えた

が，近年のプロセッサーは，マシンサイクルを細分化し，14〜19サイクルでパイプライン処理を行うなど，高速化のためにさまざまな工夫がなされるようになった。例えば，複数の命令を同時に解釈して実行する**スーパースカラー**（superscalar，スーパースケーラー）である。命令の依存関係を解釈するスケジューラーを導入し，なるべく命令を同時に実行できるように並び替えて高速化を図る方法である。

　このほか，直前の演算結果を使う命令を後回しにして，先に実行できる命令を実行する **out-of-order 実行**（OOO: out-of-order execution）もある。実行前の他の命令と依存関係がなく，必要なデータが揃っている命令を実行順に関係なく，先に実行する命令実行の方法である。プロセッサー内部で命令実行の効率を上げるために行われる命令実行の**最適化**（optimization）である。単純なパイプライン処理では命令実行の都合で待ちとなっていたタイミングに，先に実行してもよい命令実行を済ませるしかけといえる。演算結果は一時的に**バッファー**（buffer）と呼ばれる記憶装置に保管し，本来の命令実行のタイミングが来ると結果を反映させるという制御が行われる。なお，プログラムの順番どおりに命令を実行する方法を，**in-order 実行**（in-order execution）という。近年では，パイプライン処理で効率が低下する原因となっていた，命令に含まれる条件分岐などの結果をプロセッサーが予想して命令実行を進める**投機的実行**（speculative execution）も行われている。過去の実行履歴などに基づいて命令実行の予想を行い，分岐命令などの予想が当たると高速に処理が行える一方で，予想が外れると実行した命令の結果を破棄して新たにやり直すことになる。しかしながら，予想が外れても通常のパイプライン処理で待機した場合と同じ状態からのスタートであり，予想の的中確率が向上するほど，全体として命令実行の高速化につながるという利点がある。

第3章　演算装置における命令実行 | **55**

演習問題 3

【1】 プロセッサーの bit 数がコンピュータに与える影響を説明しなさい。

【2】 プロセッサーに搭載された命令で実現されることを説明しなさい。

【3】 キャリーフラグが意味することを説明しなさい。

【4】 命令実行をパイプライン処理するために必要な条件を説明しなさい。

【5】 高速化を目的として行われる命令実行の工夫について説明しなさい。

参考文献

岩永信之『コンピュータープログラミング入門以前』（毎日コミュニケーションズ，2011年）

岡部洋一『コンピュータのしくみ』（放送大学教育振興会，2014年）

坂井弘亮『熱血！アセンブラ入門』（秀和システム，2014年）

高橋義造『計算機方式』（コロナ社，1985年）

渡波郁『CPU の創りかた〜初歩のデジタル回路動作の基本原理と製作』（毎日コミュニケーションズ，2003年）

中森章『マイクロプロセッサ・アーキテクチャ入門第5版』（CQ 出版社，2009年）

Hisa Ando『プロセッサを支える技術果てしなくスピードを追求する世界』（技術評論社，2011年）

Hisa Ando『コンピュータアーキテクチャ技術入門高速化の追求×消費電力の壁』（技術評論社，2014年）

Takenobu Tani『プログラマーのための CPU 入門 CPU は如何にしてソフトウェアを高速に実行するか』（ラムダノート，2023年）

4 ┃ 主記憶装置と周辺機器

《目標＆ポイント》　コンピュータで命令実行を行うために必要となる主記憶装置と，外部とのやりとりを行うために接続される周辺機器について学ぶ。主記憶装置を構成する ROM や RAM，I/O 空間といったメモリー空間を構成する要素や，高速化のための工夫であるメモリーインターリーブ，コンピュータに接続される周辺機器の種類や接続方法，バスなどの制御方法，PIO や DMA によるデータ転送について学ぶ。データ転送に関連し，データ転送を調整するために用いるバッファーやキャッシュメモリーについて学ぶ。
《キーワード》　主記憶装置，記憶装置，周辺機器，メモリー空間，I/O 空間，バス，DMA，キャッシュメモリー

4.1　主記憶装置のしくみ

　これまでに，演算装置による命令実行のしくみについて見てきた。第4章では，演算装置で実行する命令や取り扱うデータを記憶するための主記憶装置に注目してみよう。

4.1.1　主記憶装置と記憶装置

　コンピュータに接続される記憶装置はいくつか種類があるが，主記憶装置は，**メインメモリー**（main memory），単に**メモリー**とも呼ばれる記憶装置である。「主」「メイン」とあるように，コンピュータ処理の中心となる，プロセッサーがデータを直接読み書きする記憶装置である。

　主記憶装置は，読み書き可能の **RAM**（Random Access Memory）と，

読みだし専用の**ROM**（Read Only Memory）という 2 種類の半導体メモリーにより構成される。RAM は，プロセッサーからの読み書きが容易であることから，コンピュータの作業領域と呼ばれる。ハードディスクや SSD（Solid State Drive），ネットワークなどから処理内容に応じて読みだされたプログラムやデータが置かれ，随時プロセッサーが使用する。また，プロセッサーがプログラム実行した結果を書き込み，必要に応じてハードディスクや SSD に書き込みを行ったり，ネットワークで送信することで使用される。RAM は電源を切ることで記憶された内容が失われる。一方，主記憶装置を構成する ROM は，電源を切っても記憶されている内容が失われないため，起動時に実行するなど，コンピュータの基本動作を決定するプログラムや，フォントなどのデータがおかれる。

　ところで，スマートフォンやタブレットは，補助記憶装置として NAND フラッシュメモリーという ROM の一種である半導体記憶装置が用いられているため，4.4.5で学ぶ補助記憶装置である**内部記憶装置**（internal storage，内部ストレージ）を指す言葉として，「ROM」を用いる場合があることに注意が必要である。主記憶装置の ROM は，起動時に実行するプログラムである**ファームウエア**（firmware）や，必要なデータが書き込まれているが，読みだしに限定されており，RAM のようなアプリケーションやコンテンツを読み書きする用途では用いられない。一方で，内部記憶装置は，主記憶装置より大容量であり，ふだんは使わない，撮影やダウンロードにより手に入れた写真や動画などコンテンツなどのデータや，プログラムを蓄積するために用いられる。内部記憶装置である ROM は，必要に応じて主記憶装置に読みだして用いられるデータやアプリケーション，アプリケーションにより作成された主記憶装置上にあるデータを保存するために用いられ，プロセッサーから直接読み書きできない記憶装置である。なお，主記憶装置に用いられ

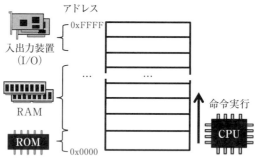

図4.1　主記憶装置の構造

るROMであっても，書き換えが可能であるフラッシュメモリーが用いられるが，特殊なモードにしないと内容の書き換えができず，通常の動作ではROMとして振る舞うことに注意が必要である。

4.1.2　主記憶装置とメモリー空間

　主記憶装置は，図4.1に示すように，理解する上で層状に捉えることができる記憶領域である。主記憶装置として読み書きできる記憶領域を，**メモリー空間**（memory space）という。記憶できる場所は，アドレスという識別番号が割り振られており，各アドレスで記憶できるデータの最小単位は1バイト（byte）＝8ビット（bit）である。主記憶装置は，**アドレス**（address）という2進数の値で読み書きする部分を管理しているともいえる。アドレスは**番地**ともいう。

　あるアドレスに，1バイトよりも大きいデータを書き込みたい場合は，記憶領域を連続する上位のアドレスに繰り上げ，組み合わせて記憶領域を構成することで実現する。主記憶装置に記憶された内容は，プロセッサーの命令実行で対象としたい命令やデータが置かれたアドレスを指定すると，プロセッサーはすぐに読み書きできる。記憶領域に対し，任意

アドレスのデータが読み書き可能であることを，**ランダムアクセス**（random access）という。

　主記憶装置のアドレスは，コンピュータでは2進数の値であるが，人間が扱う場合は，できるだけ短い数値で表現でき，2進数との対応が容易である16進数の数値を使って表現されることが一般的である。メモリー空間のアドレスは，プロセッサーで取り扱うビット数に依存する。動作させるOSのビット数によってプロセッサーで扱うアドレス長が変化し，OSによって取り扱うメモリー空間の最大値は異なる。例えば，32bit OS は $0 \sim 2^{32}-1$，64bit OS は $0 \sim 2^{64}-1$ のアドレス空間となる。

4.1.3　主記憶装置とI/O空間

　コンピュータは，周辺機器を制御するために，入出力装置の制御やデータ交換の窓口となる**I/O 空間**（Input/Output space）が構築される。I/O空間は，人間とコンピュータの間を取り持ち，情報の入出力を担う周辺機器の制御やデータをやりとりする窓口であり，**I/O ポート**が割り当てられた領域である。

　なお，ポートは，周辺機器のように他の機器との接続を行う部分を，船が接岸する「港」に例えた言葉である。周辺機器だけでなく，ソフトウエアの接続や通信を行う末端部分を表す。このため，I/O ポートは，USBコネクターのように，コンピュータで取り扱う値を電気的に入力（Input）や出力（Output）を行う入出力端子（Input and Output terminal, I/O terminal）である。コンピュータの内部には，コネクターの有無にかかわらず，入力された電圧をプロセッサーで取り扱う値として認識する入力端子や，コンピュータで取り扱う値を電圧として出力する出力端子があり，接続された周辺機器とのやりとりを実現している。I/O ポートで一度に入出力できるビット数は，コンピュータの設計によ

り異なる。

I/O 空間は，図4.2のように，プロセッサーの設計によって，（A）主記憶装置とアドレス空間を同一とする（a）**メモリーマップドI/O**（memory mapped I/O），主記憶装置とは別の，I/O ポートだけで独立したアドレス空間を構築した（B）I/O ポート空間に割り当てる**ポートマップドI/O**（port mapped I/O，I/O マップドI/O）という2種類の方法がある。

I/O 空間は，主記憶装置のメモリー空間に割り当てられる RAM や ROM の代わりに，**I/O ポート**が割り当てられた領域である。（a）メモリーマップドI/O は，主記憶装置のアドレス空間を共有するため，I/O 空間の領域が増えるほど，主記憶装置に割り当てられるメモリー空間が減少することになる。I/O 空間へは，主記憶装置を操作する命令を使ってアクセスするため，プログラミングにおいて高級言語でも取り扱うことができる。一方，（b）ポートマップドI/O は，I/O ポート空間のアドレス空間が独立しているため，主記憶装置に影響を与えることはない。アクセスは専用命令を使うため，通常はアセンブリ言語によるプログラミングが必要となる。

4.2　コンピュータと周辺機器

次に，コンピュータに接続される周辺機器について考えよう。I/O ポートを用いて接続された機器に命令を送信する方法や，演算した結果を周囲に影響させるための機器の操作に必要となる機能について注目する。

4.2.1　周辺機器の必要性

コンピュータは，演算装置と主記憶装置があれば，主記憶装置に記憶されたプログラム（命令列）を読みだして実行し，その結果となるデータがあれば主記憶装置に格納する。しかし，演算装置や主記憶装置は電子回

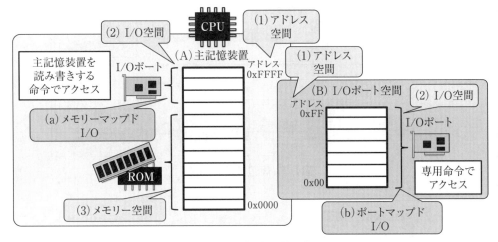

図4.2 I/O 空間の割り当て

路であり，人間が動作の確認や演算結果を確認することができない。このため，**周辺機器**（peripherals）が接続され，コンピュータの中で行われている動作が実世界に反映され，実世界での操作ができるように構築される。

周辺機器の種類は，目的に対応する機能や形態によってさまざまである。周辺機器のほとんどは，入力装置と出力装置が組み合わさっていることが多く，**入出力装置**（input/output device, I/O device）となっている。**入力装置**（input device）は，コンピュータに何らかのデータを入力する装置である。人間の操作や周囲の状況を把握するセンサーからの情報など，実世界の何らかの情報を取得するために用いられる。**出力装置**（output device）は，コンピュータで取り扱うデータを何らかの形で表現して出力する装置である。コンピュータの処理結果やデータなどを，実世界で人間が理解できるように表示や音などで表現したり，アクチュエーターにより物理的な動作に変換して対象とするモノを目的の状態にするために用いられる。

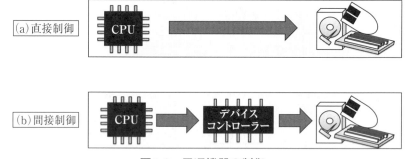

図4.3 周辺機器の制御

4.2.2 周辺機器の制御

周辺機器の制御方法は，図4.3のように2種類ある。単純な周辺機器は，プロセッサーが直接制御する（a）直接制御が用いられる。しかし，制御する方法は周辺機器ごとに異なり，複雑になることが多いため，制御を担当する専用プロセッサーであるデバイスコントローラーを周辺機器に搭載し，プロセッサーからは動作の指示を出して，デバイスコントローラー経由でデータのやりとりを行う，（b）間接制御が一般的である。コンピュータに接続されるデバイスコントローラー（device controller，I/O controller）は，制御のために用いる複数のレジスターがI/Oポートに割り当てられる。このため，周辺機器の制御は，プロセッサーの命令実行によって，I/Oポートに割り当てられたデバイスコントローラーのレジスターを読み書きすることで行われる。

コンピュータ内部における周辺機器の接続は，図4.4のように，2種類の方法がある。（a）**個別ポート**（individual port）は，プロセッサーに設ける専用の入出力ポート（I/Oポート）に，それぞれの周辺機器を接続し，コンピュータと個別にやりとりする方法である。一方，（b）**バスシステム**（bus system）は，全ての周辺機器が接続される

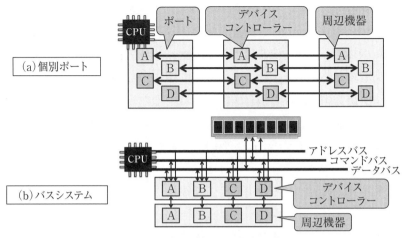

図4.4 周辺機器の接続方法

共有の信号線である**バス**（bus）を用いてプロセッサーと通信する方法である。プロセッサーと通信するために，さまざまな周辺機器が接続される様子を，さまざまな人が同じ目的地に向かって乗り込んで移動する公共交通機関の乗合バスになぞらえた表現である。

4.2.3 周辺機器を接続するバス

バスシステムは，図4.5のように，プロセッサーとやりとりする全ての周辺機器を，バスという共有の信号線に接続して制御するしくみである。バスは，周辺機器とやりとりを行うために必要となる一束の信号線であり，アドレスバス，コマンドバス，データバスという，3種類の信号線を中心として構成される。**アドレスバス**（address bus）は，主記憶装置やI/Oポート空間でアクセスしたいアドレスを指定する信号線の組である。バスに接続された機器は，割り当てられたアドレスのみに機能を有効にする（C-1）デコーダー回路を持つ。**コマンドバス**（com-

mand bus）は，接続された機器で実行したい動作を指定するコマンド
を送信する信号線の組である。**制御バス**（control bus）や，**コント
ロールバス**ともいう。機器によって固有のコマンドが定義されている。
データバス（data bus）は，コマンドに応じて周辺機器とやりとりする
データが出力される信号線の組である。それぞれの信号線は，コン
ピュータの設計で定められた値が表現できるよう，複数の信号線で構成
されている。コンピュータの性能向上とともに，プロセッサーや主記憶
装置の動作が高速化することに対応するため，コンピュータは，時とと
もに登場する新しいバスの規格に切り替わりながら求められる伝送容量
に対応してきた。

　プロセッサーと周辺機器を結ぶバスは，コンピュータに何らかの機能
を追加しやすくする工夫といえ，大きく3種類に分類できる。プロセッ
サー内部にある演算回路などを接続する**内部バス**（internal bus），コン
ピュータ内に設置されるメモリーやSSDなどの周辺装置を接続する**外
部バス**（external bus），コンピュータの外部にある周辺機器を接続す
るUSBのような**拡張バス**（extension bus）がある。内部バスは，プロ
セッサー内部にあることからデータのやりとりは最も高速となる。演算
装置や，レジスター，キャッシュなど，プロセッサーの動作に関係する
回路が接続される。一方で，外部バスや拡張バスのように，プロセッ
サーから遠い場所に位置する，コンピュータの利用者に近いバスほど，
データのやりとは低速になる。SSDのように内部に接続され，コン
ピュータの動作に不可欠となる記憶装置は比較的高速とすることが多い
が，キーボードやマウスのような人間の操作に対応する入力装置やプリ
ンターのような出力装置は，コンピュータよりも遅い処理速度で対応で
きるため，低速のバスとなっている。

第4章 主記憶装置と周辺機器 | 65

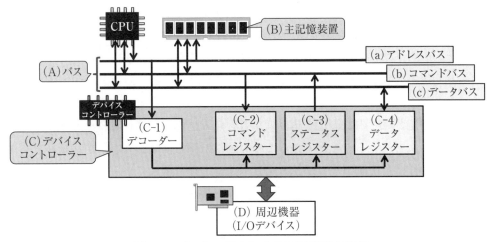

図4.5 バスシステムによる周辺機器の接続

4.2.4 主記憶装置と周辺機器のデータ転送

バスを使った主記憶装置とのデータのやりとりについて，図4.5を見ながら考えよう。プロセッサーの命令実行によって，（B）主記憶装置に値の書き込みを行う場合，（1）プロセッサーの命令実行によって，（c）データバスに書き込みたい値を出力し，主記憶装置への書き込み命令を（b）コマンドバスに出力する。そののち，（2）（a）アドレスバスに書き込みたいアドレスを出力すると，該当アドレスの主記憶装置に値が書き込まれる。バスには複数の周辺機器が接続されているが，各周辺機器に搭載されたデコーダーによってアドレスの識別が行われ，アドレスが割り当てられた機器のみが動作する。

主記憶装置に保存された値を読みだす場合は，プロセッサーの命令実行でコマンドバスに読みだすコマンドを出力する。そして，（a）アドレスバスに読みだしたいアドレスを出力すると，主記憶装置が読みだしコマンドを実行し，該当アドレスの値を読みだす動作を行う。このとき，

「読みだしが完了すると，データを送信する」という応答を（b）コマンドバスに出力し，（c）データバスに読みだしたデータを出力する。そののち，プロセッサーが実行した読みだし要求の結果であることを確認したあとに，（c）データバスの値を読みだすことで命令実行が完了となる。

　主記憶装置への値の書き込みは，書き込みコマンド実行時に出力されている値を用いることができるため，動作に待ちは発生しないが，読みだす動作は，主記憶装置が読みだしコマンドを解釈してから実際に読みだしの動作を実行するため，実際に読みだしか可能となるまで時間を要する。主記憶装置とプロセッサーとの間でデータを受け渡しするタイミングの調整が必要となることから，待ち時間が発生する。命令実行において，待ち時間の発生を，**ウエイト**（wait）という。

4.2.5　プロセッサーと周辺機器のデータ転送

　バスシステムを使ったプロセッサーと入出力装置の間におけるデータのやりとりは，主記憶装置と同様の方法で行われる。入出力装置の制御は複雑であるため，プロセッサーによる直接制御は行わず，動作の管理を担当するデバイスコントローラーを介して制御することが一般的である。デバイスコントローラーは，コマンドレジスター，ステータスレジスター，データレジスターというプロセッサーが制御するために用いる３種類のレジスターを持つ。それぞれのレジスターは，１つとは限らず，動作が複雑な入出力機器では複数持つこともある。デバイスコントローラーのレジスターは，図4.6のように，メモリーマップドI/Oでは主記憶装置，ポートマップドI/OではI/Oポート空間のアドレス空間に割り当てられ，I/O空間のアドレスにI/Oポートが設置される。

　目的とする周辺機器の制御は，主記憶装置の値の読み書きと同様に，

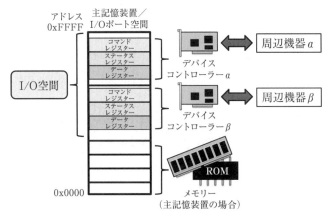

図4.6　デバイスコントローラーと I/O 空間

プロセッサーの命令実行によりデバイスコントローラーのレジスターを読み書きすることで行う。デバイスコントローラーは，図4.5のように，アドレスバスを監視し，入出力装置に割り当てられたアドレスであれば動作を行うための（C-1）デコーダーを持つ。アドレスバスに割り当てられたアドレスが出力され，（C-2）**コマンドレジスター**（command register）に目的の動作を行うコマンドが書き込まれると，周辺機器は目的の動作を行う。コマンドレジスターのコマンドに対応する動作の完了やエラーなどの実行結果は，（C-3）**ステータスレジスター**（status register）に書き込まれるため，必要に応じてステータスレジスターの値を読みだすことで入出力装置の状況を把握する。そして，（C-4）**データレジスター**（data register）は，コマンド実行の際にデータの入出力が伴う場合に使用される。

入出力装置へのデータ入力は，プロセッサーの命令実行によって行われる。データレジスターにデータを書き込んだのち，コマンドレジスターにデータ入力のコマンドの値を出力することで行う。また，入出力

装置からのデータ出力は，コマンドを書き込んだのちにステータスレジスターの値を監視し，動作完了の値に変化したのち，データレジスターの値を読みだすことで行われる。単に，コマンドを送るだけの命令の場合は，コマンドレジスターに値を書き込むだけでよく，データレジスターは使用されない。

I/O ポートを使った入出力装置の制御を，**PIO**（Programmed I/O，プログラム入出力方式）という。プロセッサーの命令実行によって周辺機器を制御する方法である。周辺機器の動作を操作するだけでなく，データのやりとりもプロセッサーの命令実行により行うため，転送するデータが大きくなると，プロセッサーが実行する命令の中でデータ転送を行う命令の割合が多くなり，プロセッサーに命令実行の負荷がかかることになる。このため，周辺機器にデータ転送を担当するプロセッサーを搭載し，主記憶装置と周辺機器の間でひとかたまりのデータを転送する，ＤＭＡ（Direct Memory Access）による読み書きが行われることが多い。

コンピュータに接続される周辺機器は，PIO や DMA の複数のデータ転送モードに対応することがある。転送モードの設定ができる周辺機器は，デバイスドライバーの動作設定において，転送モードの指定が可能である。

4.2.6　データ転送と DMA

DMA を使ったデータ転送は，**DMA 転送**（DMA transfer）という。周辺機器に搭載されたデータ転送を担当するプロセッサーは，**DMA コントローラー**（ＤＭＡＣ: DMA Controller）という。

DMA を使ったデータ転送について，図4.7を見ながら考えよう。コンピュータは，プロセッサーの（ａ）命令実行により動作しており，（ｂ）主記憶装置に記憶された命令やデータを使い，命令実行の結果を

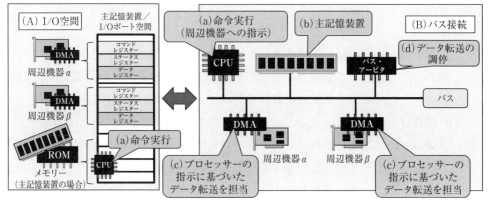

図4.7　DMAを使ったデータ転送

主記憶装置に書き込むことで動作が行われる。命令実行の中で、DMAによる周辺機器のデータが必要になったとき、プロセッサーの命令実行で（c）周辺機器にDMA転送を行う指示を出す。周辺機器は、搭載されたDMAコントローラーによって目的のアドレスのデータを読み書きする。データ転送が完了すると、第5章で学ぶ**割り込み**（interrupt）によりプロセッサーに通知される。

　DMA転送を使ったデータ転送は、プロセッサーがデータ転送以外の命令実行に専念できることになり、結果として命令実行の高速化につながる。特に消費電力の低減を優先するプロセッサーは性能が低くなりがちであり、コンピュータの処理速度を総合的に向上させるためにDMA転送は重要である。DMA転送を行う周辺機器は、大量のデータをやりとりするハードディスクドライブやSSDのような記憶装置や、ネットワークカードなどである。バスを制御してデータ転送を行うプロセッサーやDMAコントローラーを**バスマスター**（bus master）という。バスを制御する機能を持たない周辺機器は、**バススレーブ**（bus slave）

という。データ転送を行う際は，バスマスターに対して受動的な動作となる。

　DMA 転送に限らず，プロセッサーと全ての周辺機器は，バスを使ってデータのやりとりを行う。全ての周辺機器が PIO 転送を行う場合は，プロセッサーがデータ転送に責任を持つため，バスを使用する周辺機器の調整は不要である。しかし，DMA 転送を行うバスマスターとなる周辺機器がバスに接続されていると，プロセッサーや周辺機器が同時にバスを使ったデータ転送を開始する可能性があるため，どのデバイスがバスを使ったデータ転送を行うかという，**バス調停**（bus arbitration）を行う，（d）データ転送の調停のための機能が必要となる。バス調停を行う装置を，**バスアービタ**（bus arbiter）という。

4.3　周辺機器

　次に，コンピュータに接続される周辺機器，入出力装置について考えよう。

4.3.1　周辺機器の種類

　コンピュータに接続される周辺機器は，機能や形態が異なるさまざまなデバイス（device，機器）がある。データ転送の単位であるデータ型（data type）によって分類され，キャラクター型デバイスとブロック型デバイスの 2 種類がある。

　キャラクター型デバイス（character type device）は，文字や任意のバイト単位のデータを逐次的に転送するデバイスである。キーボードやマウス，周辺機器とコンピュータをつなぐシリアルインターフェス（シリアル通信）のように，データの読みだしや書き込みが一方向で，ランダムアクセスができないデバイスである。

ブロック型デバイス（block type device）は，決められた複数 bytes のデータとなる，ブロック（block）単位でデータ転送を行うデバイスである。任意の場所にあるデータを読み書きするランダムアクセスが可能であり，データ整合性を保ち，キャッシュの役割を担う**バッファー**（buffer）が存在する。このため，データの読み書きは，処理とともに行う同期モードだけでなく，非同期モードにも対応する。非同期モードでは，読みだしにおいてデータの先読み，書き込みにおいて一定時間経過後に書き込みを行う遅延書き込みに対応する。また，機器によってはRAW 入出力という，バッファーを使用しないデータ転送を行うこともある。

ブロック型デバイスは，ハードディスクドライブや SSD，光学ドライブである CD/DVD/BD，USB メモリーのように，主にファイルをやりとりする記憶装置や，ネットワークカード，グラフィックカード，サウンドカードなど，継続的にコンピュータ本体とデータがやりとりされる機器である。コンピュータに接続されるデバイスは，ブロック型転送を行うデバイスが多く，DMA を用いたデータ転送が多く用いられている。

4.3.2　データ転送を調整するバッファー

周辺機器は，一般的に処理速度が遅く，プロセッサーの命令実行を進める際に待ち状態の原因となることがある。バッファーは，コンピュータと周辺機器の間における処理速度やデータ転送速度の差を補い，周辺機器との入出力データを調整する働きを持つ装置である。日本語で緩衝装置ともいう。**FIFO**（First In First Out，先入れ先出し）という，最初に入ったデータを最初に出す一時的な記憶装置が使われることが多い。

バッファーの動作について，図4.8を見ながら考えよう。（a）バッファーなしの場合，周辺機器はコンピュータから受け取った命令の実行

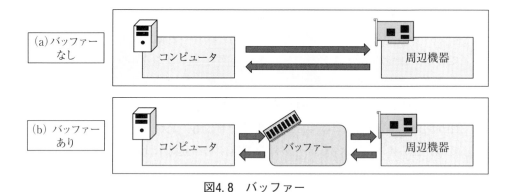

図4.8　バッファー

をそのつど行い処理結果を返す。周辺機器側で処理に時間を要する命令や大きいデータの転送では，すぐに周辺機器が応答を返すことができないため，コンピュータ側が周辺機器からの応答を待機する待ち時間が発生する。一方，(b) バッファーありの場合は，コンピュータはバッファーを介して周辺機器の操作を行う。コンピュータから周辺機器への命令をバッファーが代わりに受け取り，バッファーが周辺機器の代わりにコンピュータに返答を行う。つまり，バッファーがコンピュータの代わりに周辺機器の対応を行うため，周辺機器の処理が完了しなくても，コンピュータが次の処理に移ることができる。バッファーは，周辺機器のハードウエアに搭載されることも，OSなどソフトウエアの機能として実現されることもあるが，利用者に存在を意識させることなく動作する。

　現在は，OSの機能が高度化し，プリンターやストレージなど，処理に時間を要する周辺機器のバッファー機能がOSに搭載されるようになった。バッファーがコンピュータの代わりに時間を要する周辺機器の対応を行うことで，コンピュータは待ち状態なく次の命令が可能となり，結果として効率的に計算機資源が利用できることになる。

4.3.3 周辺機器とレガシーデバイス

周辺機器の機能高度化とともに，複雑な操作のコマンド（command, 指令）やレスポンス（response, 応答）を持つデバイスが多くなった。例えば，さまざまな機能を搭載したデバイス接続に対応する，汎用インターフェースである USB（Universal Serial Bus）は，ネットワーク通信で用いられるような，データの塊である**パケット**（packet）をデータ通信で用いる。

レガシーデバイス（legacy device）は，近年のコンピュータで用いられなくなった周辺機器を意味する言葉である。レガシーデバイスは，それぞれ個別の専用インターフェースを用いて接続されていたが，省スペース化や実装コストなどの面から，USB のように，さまざまなデバイスを接続でき，コンピュータに接続したあとの利用開始までの設定を自動で行う**プラグアンドプレイ**（P n P: Plug and Play）機能を持ったインターフェースに置き換わるようになった。レガシーデバイスを接続するインターフェースを持たないコンピュータを**レガシーフリー**（legacy free）という。レガシーフリーは，過去の資産に縛られず，最新の技術に対応できる状態となったコンピュータといえる。

4.4 記憶装置

コンピュータで用いられる記憶装置について注目しよう。

4.4.1 記憶階層と記憶装置の役割分担

コンピュータで用いられる記憶装置に注目しよう。コンピュータを構成する記憶装置は，主記憶装置だけでなく，キャッシュメモリー，ハードディスクや SSD，USB メモリーなど，いくつか種類がある。

コンピュータで用いられる記憶装置は，高速に動作するほど，同じ記

憶容量では値段が高くなることが一般的である。このため，コンピュータは，**記憶階層**（storage hierarchy）という考え方を取り入れ，用途に応じて記憶装置を使い分け，コンピュータ全体での動作に必要となる速度と記憶容量を実現している。

　記憶装置や記憶階層について，図4.9を見ながら考えよう。まず，コンピュータを構成する基本的な記憶装置に注目しよう。コンピュータの中で最も高速な記憶装置は，演算装置であるプロセッサーの中に存在し，演算に使用される**レジスター**（register）である。1サイクルでアクセスできる高速な記憶装置である。多くのプロセッサーは8個～32個程度のデータが記録できるレジスターを持つが，コンピュータとして格納できるデータの数が少ないため，必要なデータを主記憶装置に格納し，必要に応じて出して使用する。

4.4.2　記憶装置の動作とキャッシュメモリー

　記憶装置の動作速度に注目すると，主記憶装置は読み書きに数百サイクル必要であり，レジスターのアクセス速度に比べると低速である。レジスターと主記憶装置の速度の差が大きくなるほど，主記憶装置へのアクセス時間で制限を受け，プロセッサーの性能を生かすことができなくなる。このため，プロセッサーで使用頻度の高いデータを，数サイクルから数十サイクルでアクセスできる，ある程度の記憶容量を持った一時的な記憶装置に格納することで，主記憶装置の読み書き速度による性能低下を防ぐ工夫が行われる。

　異なる動作速度の差を緩和させるために用いる記憶装置を，**キャッシュメモリー**（cache memory，緩衝記憶装置）という。キャッシュメモリーは，4.3.2で学んだバッファーの一種であり，コンピュータ処理速度向上の制約となる**ボトルネック**（bottle neck）を解消する手段の

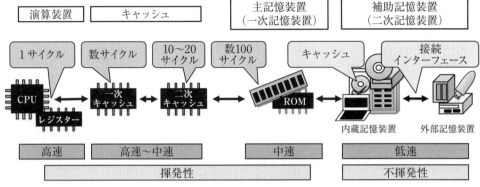

図4.9 記憶装置と記憶階層

一つである。

「キャッシュ」は，貴重品の隠し所という意味がある。使用頻度の高い貴重品を隠す，ということを使用頻度の高いデータを格納することになぞらえて名付けられている。なお，キャッシュメモリーは，主記憶装置のアドレス空間の中で，I/O空間が割り当てられている領域は対象外となる。I/O空間は周辺機器のレジスターや記憶装置との通信の目的で使用されるため，周辺機器の動作の指示や，データのやりとりに支障が出るためである。

近年のプロセッサーは，図4.9のように，階層構造を持たせたキャッシュメモリーとすることも多い。レジスターの次に，数サイクル程度でアクセスできる4～64KBの**L1キャッシュ**（Level 1 cache，一次キャッシュ），次に10～20サイクル程度でアクセスできる数百KB～数MBの**L2キャッシュ**（Level 2 cache，二次キャッシュ），さらに，より大容量の**L3キャッシュ**（Level 3 cache，三次キャッシュ）を用意することもある。プロセッサー内部に使われる高速動作を行うキャッシュメモリーは，**SRAM**（Static Random Access Memory）という半

導体メモリーが用いられる。階層構造とすることで，多くはレジスター
を用いて処理を行い，必要に応じて一次キャッシュ，二次キャッシュへ
の読み書きのように，主記憶装置との読み書き頻度を低下させることが
可能となる。結果としてプロセッサーの命令実行の時間が短縮され，性
能向上につながる。

　コンピュータは，普段使用しないデータやプログラムを，ハードディ
スクドライブや SSD のように，主記憶装置より低速であるが，コスト
が低く，大容量の記憶装置に保存する。プロセッサーと主記憶装置の間
や，ハードディスクドライブや SSD と主記憶装置の間に，対象とする
記憶装置よりも高速に動作するバッファーやキャッシュを設置する工夫
によって，アクセス速度は低速であるが，大きい記憶容量を持つ装置を
利用しながら，全体として記憶装置の高速化を図っている。

　キャッシュメモリーに格納されるデータは，レジスターと主記憶装置
の間の読み書き速度を高速化する目的で使用されるため，命令実行を行
うソフトウエアから，データの格納場所やその動作は見えない。つまり，
プロセッサーは，通常の命令実行を行うように見えるが，主記憶装置の
データの読みだしを行うと，読みだしたいデータがキャッシュメモリー
にあればキャッシュメモリーから読みだし，存在しなければ主記憶装置
から読みだす処理が自動的に行われる。キャッシュメモリーの容量は限
界があるため，格納したデータについて主記憶装置の対応するアドレス
を記録しておき，不要となったデータは削除し，頻繁に使用されるデー
タのみを残す機能を持つ。

4.4.3　キャッシュメモリーの動作

　アクセスされるデータの予測に使われるアルゴリズムはいくつかある
が，**LRU**（Least Recently Used）がよく用いられる。LRU は，

キャッシュメモリーに残されたデータの中で，近い過去に使われたデータを残し，キャッシュメモリーがいっぱいになると，長く使われていない古いデータを削除するという方法である。最近参照された要素は，近い将来に参照される可能性が高いという，**時間的局所性**（temporal locality）に基づき，頻繁に使われるデータがキャッシュに残るアルゴリズムとなっている。

　キャッシュメモリーに格納されたデータへの書き込みは，キャッシュメモリーと実際の記憶装置に置かれたデータの間で，整合性を取るための処理が必要になる。キャッシュの対象を読みだしのみとする方式を，**ライトスルーキャッシュ**（write through cache）という。主記憶装置に書き込むタイミングでキャッシュメモリーのデータも更新する方式であり，複数のプロセッサーや周辺機器から読み書きがあってもデータの一貫性は保たれる。しかしながら，書き込みの頻度が高くなると，キャッシュメモリーの効果が低くなる欠点がある。

　プロセッサーがキャッシュメモリーを参照したときに，要求されたデータが既に格納されており，読みだしが可能となることを，**キャッシュヒット**（cache hit）という。主記憶装置を参照せずにデータを読みだせ，プロセッサーの待ち時間が少なくなる。一方，キャッシュメモリーを参照したときに，要求されたデータがないことを，**キャッシュミス**（cache miss）という。キャッシュメモリーが要求されたデータを格納している割合を，**キャッシュヒット率**（cache hit rate）という。数式4.1により計算でき，値が大きいほどパフォーマンスが高くなる。

キャッシュヒット率（%）＝（キャッシュヒットの回数／全体のデータ要求の回数）×100

（数式4.1）

読みだしだけでなく書き込みも対象にしたキャッシュは，**ライトバックキャッシュ**（write back cache）という。主記憶装置への書き込みがあったときに，キャッシュメモリーだけに書き込みを行う方式である。主記憶装置への書き込みは，キャッシュメモリーからデータが削除されるタイミングで行う。

　ライトバックキャッシュは，書き込み時にもキャッシュメモリーの効果が得られるが，一時的にキャッシュメモリーと対応した主記憶装置に存在するデータが異なることになるため，複数のプロセッサーや周辺機器が，主記憶装置に同時に読み書きを行うコンピュータでは，データの一貫性を保つための制御が複雑になる。現在ではごく一般的となった，**マルチタスク OS**（multi-task OS）の動作や，**マルチプロセッサー**（multi-processor）で構成されるコンピュータの制御に該当する。

4.4.4　記憶装置の種類と特性

　主記憶装置は，命令実行を行うプロセッサーから直接，読み書きできる記憶装置である。プロセッサーは，実行を行う命令，プログラム実行で必要となるデータ，プログラム実行に伴い作成されるデータを随時読み書きしている。演算装置から見て，記憶装置として近い位置にあることから，主記憶装置を**一次記憶装置**（primary memory）という。

　コンピュータの動作で用いられる主記憶装置は，ランダムアクセスが可能で，読み書きができる半導体メモリーである DRAM（Dynamic Random Access Memory）が用いられる。記憶を維持するために電気が使われるため，電源を切ると記憶されていた内容が消去される**揮発性**（volatile）という性質を持つ。主記憶装置を，単に**RAM**（Random Access Memory）と呼ぶことがあるのは，主に構成される半導体メモリーの種類から来ている。

第4章　主記憶装置と周辺機器　｜　**79**

　補助記憶装置は，入出力装置，周辺機器の一種であり，I/O ポートや何らかのデータ通信を行うインターフェースを介して接続される。プロセッサーから補助記憶装置に記憶されたプログラムやデータを使用したい場合は，主記憶装置に読みだす作業が必要になるため，**二次記憶装置**（secondary memory）ともいう。プログラム実行とともに必要に応じてデータを読み書きすることから，主記憶装置の記憶を補助すると捉えることができるため，**補助記憶装置**（external storage）ともいう。磁気ディスクや半導体メモリーなどに物理的に記憶を行う装置が多く，電源を切っても書き込まれたデータが消去されない，**不揮発性**（non-volatile）の性質を持つ装置が多い。このため，コンピュータの電源を入れてから動作させる OS など，コンピュータの動作に不可欠なプログラムや，使用するアプリケーションなど，消えては困るプログラムや，作成したデータを保存するために用いられる。

4.4.5　周辺機器とキャッシュ

　キャッシュメモリーは，プロセッサーと主記憶装置の間だけでなく，周辺機器と主記憶装置の間でのデータのやりとりでも動作速度の差を緩和するために用いられる。周辺機器は，主記憶装置よりも低速のアクセス速度となるため，内部にキャッシュメモリーが搭載されていることも多いが，コンピュータの動作を高速化するため，OS 側にも，キャッシュ機能の搭載が不可欠となっている。ハードディスクドライブのようなディスクを使った記憶装置のキャッシュメモリーを，**ディスクキャッシュ**（disk cache）という。

　補助記憶装置は，コンピュータに内蔵されることも，USB などの接続インターフェースを使って外付けされることもある。内蔵されるハードディスクドライブや SSD のような記憶装置を，**内部記憶装置**（internal storage，内部ストレージ）という。一方，コンピュータの外に USB 等で接続する記憶装置は，**外部記憶装置**（external storage，外部ストレージ）という。外部記憶装置を接続するインターフェースは，内部記憶装置を接続するインターフェースよりもデータの転送速度が遅い場合があることに注意が必要である。

　OS により提供される補助記憶装置を目的としたキャッシュメモリーは，プロセッサーのキャッシュメモリーと同様の働きを行う。内部記憶装置は取り外しを考慮しないため，性能を優先したライトバックキャッシュが用いられる。USB メモリーなどコンピュータから取り外し可能である記憶装置を，**リムーバブルメディア**（removable media）というが，誤って取り外した場合を考慮して，一般的にライトスルーキャッシュとすることが多い。リムーバブルメディアでライトバックキャッシュを有効にした場合に取り外しを行う場合は，利用終了後，OS で明示的に記憶装置を取り外す手続きが必要となる。

　補助記憶装置であるストレージは，ハードディスクドライブから半導体を用いたより高速の SSD に移行しつつある。ハードディスクドライブの読み書き速度では，近年の大容量コンテンツを使用した一部アプリケーションの動作が困難になったためである。ハードディスクドライブを搭載したコンピュータも多くあることから，DirectStorage[1] のようにバッファー機能などを使って，データの読み書きを高速化する機能が OS に搭載されるようにもなった。このほか，SSD はハードディスクドライブよりもデータの読み書き速度が高速であることから，記憶階層の考え方に基づき，**SSD キャッシュ**（SSD cache）という，ハードディスクドライブのキャッシュメモリーとして用いられることもある。

---

1 ）　https://learn.microsoft.com/ja-jp/gaming/gdk/content/gc/system/overviews/
directstorage/directstorageoverview

4.5　メモリーインターリーブ

　主記憶装置の読み書きを高速化する工夫である，メモリーインターリーブについて考えよう。

4.5.1　主記憶装置とメモリーインターリーブ

　コンピュータの命令実行で用いられる主記憶装置は，**DRAM**
（Dynamic Random Access Memory）という，電子回路で構成された半導体メモリーで構成される。プロセッサーと同様に，クロックに同期して動作する。スマートフォンやタブレットは DRAM が基板に直接取り付けられており，交換ができないデバイスが多い。しかし，デスクトップパソコンやノートパソコンは，マザーボードというコンピュータを構成する基板に，複数の**メモリースロット**（memory slot）が設けられており，DRAM が複数個搭載されたメモリーモジュールをスロットに取り付けることで，主記憶装置が構成される。ゲームや動画，VR，AR など負荷の高い処理を取り扱う場合は，多くの記憶容量を必要とする場合があり，動作改善のために主記憶装置の増設を行うことがある。基本的には，空きスロットにメモリーモジュールを増設することで対応するが，スロットに空きがない場合は，より大きなモジュールに置き換えることで主記憶装置の増量に対応する。

　命令実行の速度は，主記憶装置の読み書き速度に影響を受けるため，コンピュータの性能向上を行うために，プロセッサーだけでなく，主記憶装置を構成する DRAM の性能向上が求められるようになった。しかしながら，プロセッサーの性能向上のペースは DRAM よりも早いことから，性能を求めるコンピュータでは，DRAM へのアクセス方法によるデータ転送の工夫が行われることがある。

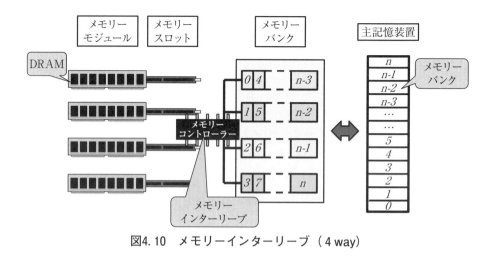

図4.10 メモリーインターリーブ（4 way）

　コンピュータで用いられる主記憶装置の性能は，読み書き速度に結びつく，1秒当たりにどれだけのデータを転送できるかで示される。つまり，メモリーモジュール1枚で転送できるデータ量である**メモリーバンド幅**（memory bandwidth，メモリー帯域）は決まっているため，メモリーモジュールを並列に使用すると，組み合わせた枚数だけデータ転送量を増やすことができる。

4.5.2　メモリーインターリーブのしくみ

　複数のメモリースロットに搭載されたメモリーモジュールを組み合わせて，主記憶装置の読み書きを高速化させる方法として，**メモリーインターリーブ**（memory interleaving）がある。複数のメモリーモジュールを並列にアクセスすることで，データ転送速度を向上させる方法である。図4.10のように，主記憶装置を複数のDRAMで構成し，それぞれのDRAMにアドレスを交互に割り当てて読み書きを分散させることで，

転送にかかる処理時間を短縮する工夫である。メモリーモジュールは，読み書きの動作の切り替えなど，目的のデータを読み書きできる状態になるために一定のクロックサイクルを要する。並列に使うことで，あるモジュールがデータの読みだしを行う間に，他のモジュールで読みだし準備を行うといった対応ができるため，メモリーアクセス速度が総合的に向上する。

メモリーインターリーブは，メモリーを管理するメモリーコントローラーの管理単位である**メモリーバンク**（memory bank）により構成される。メモリーバンクは，主記憶装置を複数の区間に分割したそれぞれの領域である。IDが割り当てられ，コントローラーで管理される。メモリーインターリーブを使わない場合は，メモリーバンクはメモリーモジュール単位で連続的に割り当てられる。メモリーインターリーブを使う場合は，使用するモジュール全てにメモリーバンクを交互に割り当てる。

図4.10は，メモリーモジュール4枚による4ウェイインタリーブ（4 way interleaving）の例である。主記憶装置の連続するアドレスが4個のメモリーモジュールに対して交互に割り当てられる。このため，n個のデータを連続したアドレスに書き込むと，メモリーモジュール4枚に分散されて書き込まれることになる。

4.5.3　メモリーインターリーブとメモリーモジュール

メモリーインターリーブは，連続的なアドレスへのデータの読み書きを高速化する。近年の大量のデータを取り扱うアプリケーションで有効な機能といえる。このため，大量のデータを高速に処理するために用いられるサーバーや，データが大きいゲームや映像などのコンテンツを取り扱うアプリケーションをスムーズに動作させるため，高性能なパソコ

ンではメモリーインターリーブが実装されていることがある。メモリーインターリーブを利用するには，同一仕様のメモリーモジュールを決められた枚数用意し，これを一組として増設する必要がある。パソコンのカタログなどに記載された主記憶装置の仕様に，デュアルチャネル（dual channel），トリプルチャネル（triple channel），クアッドチャネル（quad channel）と書かれていることがあるが，メモリーインターリーブとして動作させる場合は，同一のメモリーモジュールが，それぞれ2枚，3枚，4枚必要であることを示している。このため，図4.10は，クアッドチャネル対応主記憶装置の動作例と考えることができる。

演習問題 4 ─────────────

【1】 コンピュータに搭載される記憶装置を全てあげ，記憶階層を踏まえて役割を説明しなさい。

【2】 RAM と ROM の役割を説明するとともに，主記憶装置や補助記憶装置を構築するために用いられる理由を役割を踏まえて説明しなさい。

【3】 主記憶装置はアドレスが存在するが，補助記憶装置には存在しない理由を説明しなさい。

【4】 I/O 空間の役割とともに，メモリーマップド I/O とポートマップド I/O の違いを説明しなさい。

【5】 周辺機器は，バスを使って接続される理由を説明しなさい。

【6】 データの転送は，DMA 転送が用いられることが多い理由を説明しなさい。

【7】 記憶装置とコンピュータとのデータのやりとりにおいて，バッファーやキャッシュメモリーが用いられることが多い理由を説明しなさ

い。

【8】 コンピュータに求める性能によってメモリーインターリーブが用いられる理由を説明しなさい。

参考文献

岡部洋一『コンピュータのしくみ』（放送大学教育振興会，2014年）

高橋義造『計算機方式』（コロナ社，1985年）

渡波郁『CPU の創り方～初歩のデジタル回路動作の基本原理と製作』（毎日コミュニケーションズ，2003年）

山本秀樹『トランジスタ技術 SPECIAL for フレッシャーズ No.101徹底図解マイコンのしくみと動かし方』（CQ 出版社，2008年）

5 | プログラム実行のしくみ

《目標＆ポイント》 コンピュータにおけるプログラム実行について説明する。まず，プログラムを作成するために用いるプログラミング言語と，プログラミング言語による実行方法の違いについて説明する。そののち，プログラムの基本的な構成について説明し，繁忙待機，割り込みを使ったプログラミングについて学ぶ。そして，コンピュータのハードウエアに備わる割り込みのしくみについて学ぶ。

《キーワード》 プログラミング言語，繁忙待機，割り込み，命令サイクル

5.1 プログラミング言語と命令実行

プログラムの構造や，効率的にプログラム実行を行う機能に注目して，コンピュータで実行するプログラムの基本的な構造について考えよう。

5.1.1 プログラミング言語の種類

コンピュータは，実行されるプログラムによってさまざまな動作が可能である。コンピュータで実行されるプログラムは，解釈に曖昧さがないプログラミング言語により記述される。プログラミング言語は同じ動作を複数の表現で書くことはできるが，動作の記述に曖昧さがない言語であり，コンピュータで処理させたい内容を人間が理解しやすい記号や規則を使って記述する，人間によって作られた**人工言語**（artificial language）である。人工言語は，機械語や機械語に近いアセンブリー言語といった**低級言語**（low-level programming language，低水準言語）も

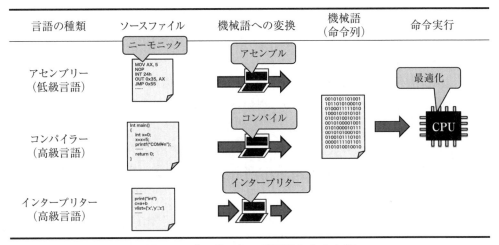

図5.1　プログラミング言語と命令実行

あるが，多くの言語は，低級言語よりも人間が使う言葉に近い**高級言語**（high-level programming language，高水準言語）であり，コンピュータで行う処理の内容が記述しやすくなるように設計されている。

　プログラミング言語は多数あるが，目的とするコンピュータの動作に対する記述しやすさ，目的とするアプリケーションの作りやすさなど，言語が得意とする分野などの得手不得手を踏まえて使い分けられる。プログラミング言語の選択は，記述者の得意とする言語や，目的とする内容の記述しやすさなどの要因を踏まえて選択される。

5.1.2　プログラミング言語と実行方法

　図5.1を見ながら，プログラミング言語で書かれたプログラムの実行について考えよう。人間がプログラミング言語を使って記述したプログラムは，**ソースファイル**（source file）というテキストファイルの形でコンピュータに保存される。ソースファイルには，プログラムのコード

であるソースコード（source code）が書かれている。プロセッサーは機械語のみ実行できるため，ソースファイルはプロセッサーで実行する前に機械語へと変換される。

アセンブリー言語（assembly language）は，低級言語や低水準言語といい，命令を記述するために用いるニーモニックと機械語が1:1対応となるため，容易に機械語に変換できる言語である。アセンブリー言語のソースファイルを機械語に変換することを**アセンブル**（assemble）という。アセンブルを行うために用いるプログラムは，**アセンブラー**（assembler）という。

アセンブリーという言葉は「機械の組み立て」という意味があり，アセンブリー言語は，一般的に用いられるプログラミング言語よりも，コンピュータの動作そのものを記述することに適している。プロセッサーが実行する命令そのものを直接記述できるため，プロセッサーのレジスター，主記憶装置や周辺機器の操作などハードウエアに依存した処理が記述しやすく，うまくハードウエアの動作を理解してプログラムを作成することで，プログラムのパフォーマンスを高めやすいという利点がある。しかしながら，ハードウエアを直接操作できる特定の機種しか動作しない依存性が高いプログラムになりやすいことや，プログラマーがハードウエアの仕様や動作を理解することが求められるため，習得しにくいという欠点もある。

高級言語であるコンパイラー言語は，ソースファイルを**コンパイラー**（compiler）というプログラムを使って，実行する前に機械語のプログラムに翻訳する言語である。コンパイラーを使ってソースファイルを機械語に変換する作業を，**コンパイル**（compile）という。コンパイルによって，**実行形式**（executable form）と呼ばれる，対応したプロセッサーでそのまま実行できる機械語のファイルが作成される。

コンパイラーは，プログラム全体を見て内容の解釈を行うため，プログラムの実行速度の向上や作成される機械語のサイズを小さくすることを目的とした，プログラムに含まれる冗長性や無駄などを排除する**最適化**（optimization）を行う機能を持つ。このため，プログラミング言語と機械語がうまく対応しないこともあるが，プログラマーが意図した動作になるものの，プロセッサーで実行される命令は，コンパイラーによって最適化されたプログラムの流れを持った機械語となる。

　最後にインタープリター言語である。インタープリター言語は，プログラマーが書いたソースファイルをそのまま，　**インタープリター**（interpreter，通訳者，解釈者）というプログラムを使って，実行時に逐次機械語に翻訳して実行する言語である。コンパイルが不要であり，機械語への翻訳を実行時に行うため，プログラムの最適化が行いにくく，実行する環境にもよるが，コンパイラー型の言語よりも動作速度が遅くなることがある。しかしながら，作成したプログラムをすぐに実行できるため，記述した結果をすぐに確認でき，不具合が発生した際にエラーが確認しやすいという利点があり，コンパイラー言語と使い分けられている。

　インタープリター言語と似た言語として，**スクリプト言語**（scripting language）がある。インタープリター言語と比べて開発や学習の難易度が低く，さまざまな機能を提供するライブラリーが豊富に提供されていることが多い。プログラミング言語の一種であり，プログラムの可読性や，書きやすさが重視された簡易的な言語である。インタープリター言語はコンパイラー言語と同様に，プログラム実行を考慮した言語であるが，スクリプト言語は簡易的なプログラムを記述し，実行するために用いられる言語という違いがある。

　高級言語を使ったプログラムによって，プログラマーはコンピュータ

が行う命令実行の様子を意識することなく，考えたプログラムの動作に注目して処理を書くことができる。しかしながら，プロセッサーやハードウエアに依存する処理の記述が必要になる場合もあり，**インラインアセンブラー**（inline assembler）というコンパイラーの機能を使って，高級言語の中に部分的にアセンブリー言語の記述を行うこともある。CやC＋＋といった言語に搭載されており，プログラムの動作アルゴリズムで性能に影響する部分をアセンブリー言語で記述したり，高級言語では対応できないハードウエアやプロセッサー固有の特殊な命令を記述する場合に使用される。

5.1.3　プロセッサーの命令実行と最適化

機械語は，プログラミング言語で書かれたプログラムに基づいた命令の連なりである。プロセッサーによる命令実行は，主記憶装置に書き込まれた機械語の命令列を，アドレスの小さい命令から大きな命令に向かって，一つ一つ読みだして実行していると捉えることができる。しかしながら，実行時には3.3.2で学んだプロセッサーにおいて命令実行を高速化する工夫である**パイプライン処理**（pipeline processing）や，**out-of-order 実行**（out-of-order execution），**投機的実行**（speculative execution）が行われた上で実行される。つまり，プロセッサーが実際に実行する命令の並びは，さまざまな**最適化**（optimization）が行われており，プログラミング言語で人間が記述した内容と対応させることが困難であるものの，コンピュータは人間が意図した内容を実行しているといえる。

5.2　プログラムの実行

プロセッサーは，プログラムとなった命令列を実行する装置である。

実行されるプログラムは，データ演算のように，コンピュータ内部に限定された，プロセッサーだけで完結する命令列だけではない。コンピュータのプログラム実行には同期しない，周辺機器の動作や人間からの操作など，他の要素を考慮しながらプログラム動作を行う必要がある。基本的なプログラムの構成について考えたのちに，繁忙待機と割り込みという2つのプログラム実行について学ぼう。

5.2.1 プログラムの基本的な構成

コンピュータで実行されるプログラムは，全ての機能を1つの大きな塊として構築されることは少なく，ある機能を持った小さなプログラムを組み合わせて構築される，複雑な構造となっていることが一般的である。プログラマーが作成するプログラムは，メンテナンス性が考慮された，実現する機能が明確となった小さなプログラムの集合となっていることが多い。ある機能を持った小さなプログラムを組み合わせて目的とする機能が構築されるため，プロセッサーは，主記憶装置に配置された小さなプログラムに実行を移しながら命令実行して行くことになり，規模が大きなプログラムほど命令実行において，主記憶装置のアドレスの動きが複雑になる。

コンピュータで行われる基本的なプログラム実行は，プロセッサーが主記憶装置にある命令列を1つずつ読みだしながら順に実行していくことである。命令実行では，接続されている周辺機器から必要な情報を得つつ，周辺機器などの対象を，目的の状態になるように制御していくことも含まれる。データの演算だけでなく，マウスやキーボードのような人間が操作する入力装置の状態を確認し，実行結果を出力する画面などの出力装置に指示を出す処理が行われる。データが必要になれば補助記憶装置からの読みだしや，作成したデータの保存が必要になれば補助記

憶装置に書き込みを行うなど，プログラム実行には周辺機器とのやりとりが不可欠である。

　コンピュータで実行される基本的なプログラムについて，図5.2（a）を見ながら考えよう。主記憶装置に配置された機械語のプログラムは，アドレスの小さい場所にある命令から，大きい場所にある命令に向かって，一つ一つプロセッサーで実行される。プログラムの流れは，図5.2（a）の上から下に向かって進む矢印のようなイメージとなる。

　コンピュータや接続された周辺機器は，実行を開始したプログラムから見て，目的の処理を行うために適した状態となっていないことが一般的である。このため，プログラムの実行が開始された直後は，初期設定（initialization）として，コンピュータや周辺機器の状態を整える命令を実行し，目的とするプログラム動作に必要となるデータの初期値の設定や，コンピュータの動作設定，周辺機器の初期状態を整えるための対応を行う。

　初期設定が終わると，プログラムで目的とする処理を行うメインプログラム（main program）に移る。実行される命令によっては，**サブルーチン**（subroutine）というプログラムに命令実行が移され，特定の機能を実行したあとに，メインプログラムに戻って続きの命令実行が行われることもある。サブルーチンは，よく使う特定の機能を持ったプログラムをあらかじめ用意しておき，呼び出して使うというプログラム構築の工夫である。

　主記憶装置に配置された命令が全て実行されるとプログラム実行が完了となり，コンピュータの動作そのものが終了となる。プログラムの実行が終了すると，コンピュータの動作が止まるため，再びプログラム実行を行う対応をしない限り，コンピュータを使い続けることができなくなる。

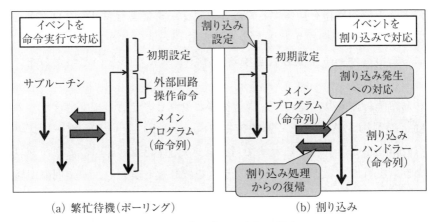

図5.2 プログラム実行の流れ

単純な演算を行うプログラムであれば，1回実行して終了でよい場合もあるが，周辺機器の状態確認や，状況変更を行うプログラムは，目的の状態になる前に終了となってしまうと，周辺機器を制御することができなくなる。このため，メインプログラムを構成する一連の命令実行が終わると，表3.1にある順序制御命令を使って，メインプログラムの最初に戻り，再び同じプログラムを実行することで対応することが一般的である。つまり，メインプログラムは何度も繰り返し実行される構造になっており，周辺機器の制御や，利用者の応答などを受け付けて必要な対応を行うしくみとなっている。

5.2.2 繁忙待機によるプログラム

コンピュータによる命令実行と周辺機器への対応について考えよう。コンピュータで動作させるプログラムは，演算を行うだけでなく，コンピュータに接続された周辺機器の操作も行う。コンピュータに接続・搭載された周辺機器は，コンピュータの命令実行にかかわらず独立して動

作する。周辺機器を操作するのはコンピュータで実行されるプログラム
であるが，周辺機器がどのような状態になっているかは，命令実行に
よってI/Oポートを読み書きするタイミングにならないとわからない
ことになる。

　命令実行の流れに沿って，周辺機器とやりとりを行ってプログラムの
動きを制御する方法を，**繁忙待機**（busy wait）という。**ポーリング**
（polling）ともいう。これまで考えてきた，図5.2（a）のようなプロ
グラム実行である。メインプログラムを繰り返し実行し，一定間隔で順
繰りに周辺機器の状況を確認してプログラムで対応する方法である。い
つ発生するかわからない，周辺機器の変化である**非同期イベント**
（asynchronous event）を監視する方法の一つである。

　周辺機器の操作は，メインプログラムに記述されるI/Oポートを読
み書きする外部回路操作命令により行われる。周辺機器によって異なる
コマンドを，I/Oポートに書き込むことで制御を行う。周辺機器はコン
ピュータの命令実行とは独立して動作するため，動作の切り替えなどで
命令を受付できないタイミングもある。動作の命令を出したのちに，目
的の状態になるまで待つ（wait）対応を含め，目的の動作状態になって
いるか確認しながら行われる。メインプログラムでは，キーボードやマ
ウス，カードリーダーなど入力装置であれば対象とする装置からの値を
得る，プリンターなど出力装置であれば書き込む値を出力する，といっ
た処理を継続して行い，命令実行によってプログラムが目的とする動作
を実現する。

　周辺機器とのやりとりは，第4章で学んだ入出力ポートやバスを用い
る。

　繁忙待機による周辺機器の制御は，プログラマーにより書かれた命令
の流れに沿って行われるため，コンピュータで行われる命令実行の流れ

がプログラマーには理解しやすい。しかしながら，周辺機器への確認間隔が長くなるほど反応速度が遅く，リアルタイム性が低くなるという欠点があるため，周辺機器で発生する変化が取り込めない**取りこぼし**（data missing）の発生を考慮する必要がある。

　繁忙待機による周辺機器の制御では，外部回路操作命令が実行されるその時の状態を反映する値を基に処理が行われる。つまり，値を取得する間隔によっては，次に値を得るまでの間に監視しているイベントが終了し，プログラム上で変化がないと判断されることがある。このため，周辺機器の連続した変化を取得する場合は，とびとびの値になることに注意が必要である。

5.2.3　割り込みを使ったプログラム

　プログラム実行において，何かイベントが発生した場合に対応するもう1つの方法である，**割り込み**（interrupt）について考えよう。図5.2（ b ）にあるように，コンピュータでプログラム実行中に何かイベントが発生すると，プログラム実行を一時中断してイベントに対応したプログラムに実行を移し，対応が終了すると，中断したプログラムの実行に戻るという対応である。ソフトウエアだけで実現される繁忙待機と異なり，メインプログラムに周辺機器の状態を確認する命令を含める必要がなく，コンピュータのハードウエアにより対応が行われる。

　割り込みは，ハードウエアで実現される通知機能により対応するため，コンピュータで発生したイベントへの対応が確実にできる。割り込みの通知は，4.2.3で学んだ，制御バスに含まれる**割り込み信号**（interrupt signal）が用いられる。

　割り込みを使ったプログラムの流れについて，図5.2（ b ）を見ながら考えよう。割り込みは，ハードウエアにより提供される機能であるた

め，プログラムとして監視したいイベントについて，初期設定の部分で割り込みの設定を行う。割り込みが発生したイベントに対応するプログラムは，プログラマーが**割り込みハンドラー**（interrupt handler）として用意し，初期設定で対応づけを行う。ハンドラーは「扱う（handle)」という単語から来ており，割り込みハンドラーは「割り込みを扱うプログラム」という意味がある。このため，**割り込み処理ルーチン**（interrupt handling routine）ともいう。

　メインプログラムの実行は，割り込み設定が終了後に行われる。繁忙待機と比べると，目的の機能を実現するために必要に応じてサブルーチンに処理が移ることは同様であるが，周辺機器を操作する処理が除かれており，プログラムで実現したい機能のみが繰り返し実行される。そして，プログラムの実行中に対象とするイベントが発生すると，プロセッサーに割り込みが通知され，プロセッサーはプログラム実行を一時中断し，対応する割り込みハンドラーを実行したのち，割り込み処理からの復旧が自動的に行われる。つまり，メインプログラムから見ると，知らない間にイベントへの対応が自動的に行われることになる。割り込みに対応したプログラムは，複数のプログラムの流れが途中で発生することを考慮し，実行が途中で中断されても支障がないようにプログラムを作成する必要がある。

　割り込みでは，イベントの発生によってプロセッサーが実行するプログラムの流れが変化する。実行したい処理を順にプログラムとして記述する繁忙待機と比べると，プログラムの構造や実際の動作が複雑となり，命令実行の動きが理解しにくくなることが多い。しかしながら，任意のタイミングで発生する数多くのイベントに，確実にリアルタイムで対応できるというメリットがあり，コンピュータのハードウエアを最大限に活用するために広く用いられている。

5.3 割り込みのしくみ

割り込みは，ハードウエアや，コンピュータを使う上での基本ソフトウエアとなる OS，その上で動作するプログラムの動作に深く関わっている。割り込みの種類や実現方法について考えよう。

5.3.1 割り込みの種類

コンピュータは，プログラムの実行によってさまざまな処理を行う装置であり，プログラムの実行では，周辺機器の状態変化などへ対応を行う。コンピュータで発生するハードウエアやソフトウエアによる何らかの変化を，**イベント**（event）という。周辺機器や実行するソフトウエアで発生する，さまざまな変化であるイベントに対応しつつ，コンピュータを効率的に動作させるための機能として，ほとんどのコンピュータに，**割り込み**（interrupt）という機能がハードウエアに用意されている。

コンピュータで発生するイベントは，割り込みによって対応が行われることが多い。割り込みは，周辺機器などハードウエアが原因となって発生する**外部割り込み**（external interrupt）と，プロセッサーの命令実行が原因となって発生する**内部割り込み**（internal interrupt）の2種類がある。プロセッサーや OS によって対応できる割り込みは多少異なるが，表5.1に示した割り込みについて考えよう。

外部割り込みは，プロセッサー外部にある周辺機器などからのイベントを通知する用途で用いられる。ハードウエアにより発生するため，**ハードウエア割り込み**（hardware interrupt）ともいう。ハードウエアは電子回路で構成されるため，電気信号である割り込み信号によって発生したイベントがプロセッサーに通知される。

表5.1 割り込みの種類

割り込みの種類		イベントの例
外部	リセット	動作を初期状態に戻す
	機械チェック	主記憶装置の障害，電源異常，ハードウエアの故障
	入出力	周辺機器の入出力処理の終了
	タイマー	設定時間の経過
	コンソール	キーボードやマウスなどの操作
内部	プログラム	0による除算，不正な命令コード，記憶保護例外，ページフォルト，セグメンテーションフォルト
	SVC（スーパーバイザーコール）	プロセッサーのモード切り替え命令の実行や，OSを介した入出力処理の要求

　命令実行でハードウエアに関する対応を行うために用いられるリセット割り込みは，システムの初期化，デバイスの初期化などを行う割り込みである。プログラム実行中のトラブル対応などで用いられる。このほか，コンピュータに発生したハードウエアそのもののトラブルに対応する機械チェック割り込み，時間を要する周辺機器のデータのやりとりに関する入出力割り込み，時間経過に基づいた対応を実現するタイマー割り込み，キーボードやマウスなど，人間がコンピュータを操作するために用いるＨＩＤ（Human Interface Device）の変化を得るコンソール割り込みなどがある。プログラム実行を円滑に行うための周辺機器に関するイベントへの対応のために用いられる。

　一方で，内部割り込みは，**例外**（exception）や，**割り出し**（trap）ともいう。プログラム割り込みは，演算できない命令や不正な命令コードの実行など，命令実行中の予想できない事象，エラーという，プログ

ラム実行中に発生する例外を通知するためである。ソフトウエアが原因となる割り込みであるため，**ソフトウエア割り込み**（software interrupt）ともいう。

プログラム割り込みはさまざまな種類がある。コンピュータは，表現できる範囲が限定された変数を使って数値を扱う。プログラムの実行に伴って行われる演算によって，表現できない値になってしまうオーバーフロー（overflow）のような取り扱う値が不正となる場合の対応や，0による除算のように，演算できない計算を実行したことへの対応のためにプログラム割り込みが用いられる。また，実行するプログラムの中に，命令として定義されていない，未定義のオペレーションコードが実行された場合の対応も必要である。このほか，第9章で学ぶ，論理メモリーや仮想メモリーの管理で用いられ，アクセスが許可されていない主記憶装置へのアドレス参照により発生する**記憶保護例外**（protection exception）や，**セグメンテーションフォルト**（segmentation fault），**ページフォルト**（page fault）などの要因によっても発生する。プログラム割り込みは，プログラム実行に伴って生じる例外に対応するためのイベントといえる。

内部割り込みは，命令実行の中で意図的に発生させることもある。割り込みの1種である割り出しは，制御命令の1つである割り出し命令を使って，プログラムの実行中に意図して発生させる割り込みであり，割り込みを使って，通常とは異なる状態で強制的に処理を行うためのしくみである。OS の機能を呼び出す SVC（SuperVisor Call）割り込みで用いられる。OS を介して周辺機器に入出力処理を要求する場合や，いくつかの動作モードを持つプロセッサーの動作モードを切り替える命令の実行に用いられる。

SVC 割り込みは，プログラム制作において，OS が持つ機能を呼び出すために用いる**システムコール**（system call）を実行するためにも用

いられる。システムコールは，周辺機器の操作を含めたコンピュータ利用のための基本的な機能を提供し，OS 上で動作する全てのプログラムが共通で利用できることから，プロセッサーの**命令セット空間**（instruction set space）を拡張する命令と捉えることもできる。

割り込みは，ハードウエアで実現されるため，定義されていないイベントは対応できない。割り込みを発生しないイベントは，ソフトウエアによる繁忙待機によって対応することになる。

5.3.2　入出力割り込みとデータ転送

次に，割り込みのイベント発生と，イベントに対応するしくみについて考えよう。割り込みの種類は表5.1のようにいくつかあるが，対応方法は種類にかかわらず同様に行われるため，入出力割り込みを例に考えよう。

入出力割り込みは，コンピュータに接続された周辺機器から発生する。周辺機器は，コンピュータに接続されているものの，プロセッサーによる命令実行とは独立して動作する。一方，コンピュータは，周辺機器の動作を踏まえて命令実行を行う必要があるため，連携を取るしくみとして割り込みという機能がコンピュータに備わっている。周辺機器とコンピュータは，4.2.3で学んだように，バスを介して接続されており，コマンドバスに存在する割り込み信号線を用いて割り込みの発生がプロセッサーに伝えられるようになっている。

周辺機器が補助記憶装置の場合，主記憶装置と補助記憶装置の間でデータ転送が行われる。このとき，プロセッサーの命令実行において，記憶装置が読み書きできる状態になるまで待機し，読み書きできる状態になればデータを送信する，という処理が繰り返される。4.2.5で学んだ，**PIO**（Programmed I/O，プログラム入出力方式）によるデータ転

送である。

　入出力割り込みを使ったデータ転送は，通常のプログラムを実行している間に，記憶装置が読み書きできる状態になったら入出力割り込みとしてプロセッサーに通知を行い，割り込みハンドラーでデータ転送の処理を行うことである。つまり，プログラムの初期設定で，記憶装置から入出力割り込みとして読み書きができる状態になったら通知されるように設定し，割り込みハンドラーとしてデータ転送の処理を行うプログラムを準備することで，入出力割り込みを使ったデータ転送が実現される。割り込みを使うことで，PIOでは必要であった待機時間を減少させることができるため，より高速にデータ転送を行うことができる。

　データ転送を行う装置は，高速化を期待して，4.3.2で学んだバッファーが用いられることが多い。バッファーを利用しない場合は，図4.8（a）のように，周辺機器が対応できる範囲内でコンピュータとのデータ送受信が行われる。一度にやりとりできるデータ量が少ないことが多く，データ転送の高速化に限度がある。

　図4.8（b）のようにバッファーを使う場合は，周辺機器とコンピュータの間で読み書きするデータを，一定量になるまでバッファーで蓄えて転送を行う。バッファーを使うことで，細切れのデータ転送を行うことが少なくなり，時間を要する周辺機器とのデータ転送の回数を減らすことが可能となり，データ転送の高速化が期待できる。さらに，4.2.6で学んだ，**DMA転送**（DMA transfer）を用いることで，より高速のデータ転送が可能となる。

5.3.3　命令実行と割り込み処理

　次に，プロセッサーの命令実行で行われる，割り込み処理の動作について考えよう。プロセッサーによる命令実行は，3.2で学んだ命令サイク

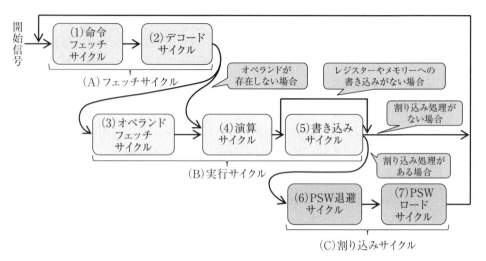

図5.3　命令サイクルの構成

ルに基づき行われ，図5.3に示されたように，通常の命令実行は，(A)フェッチサイクルと(B)実行サイクルの2段階により対応される。

　割り込み処理は，実行中の命令実行を中断して行うため，現在実行中の命令実行の状態を保存しておき，割り込み処理が終わったあとに復旧するための処理が必要となる。このため，実行中の命令実行を中断し，割り込み処理を実行する準備を行う，(C)**割り込みサイクル**（interrupt cycle）が(B)実行サイクルのあとに追加され，実行中のプログラムの中断と，割り込み処理のためのプログラム実行が開始される。

　割り込み処理の実行について，命令サイクルの流れとともに考えよう。プロセッサーがプログラムの命令実行中に何らかの割り込みが発生すると，プロセッサーの動作状況を記憶する制御レジスターである**PSW**（Processor Status Word）にある，割り込み発生を管理する割り込みフラグがセットされる。そして，(B)実行サイクルの処理が終わると，

割り込みフラグの値が調べられ，セットされていない場合は次の命令の（A）フェッチサイクルに，セットされている場合は（C）割り込みサイクルに移る。割り込み処理によってプログラムの実行は中断された場合でも，命令実行は中途半端に行われないようになっている。なお，セットはフラグを真の値（1）にすることを表し，フラグを立てるともいう。

（C）割り込みサイクルは，実行中のプログラム実行の状態を保存する（6）PSW 退避サイクルと，発生した割り込みに対応する，新しく実行されるプログラムの実行で必要となる環境を作成する，（7）PSW ロードサイクルという2つのサイクルから構成されている。

（6）**PSW 退避サイクル**は，1であった割り込みフラグをリセット（偽，0）する。そして，割り込み処理が終了したのちに，一時中断したプログラムの実行に戻ることを可能にするため，PSW やプログラムカウンター，汎用レジスターといった，プロセッサーでプログラム実行を行う環境を表現する値を，割り込み処理のための特殊レジスターや**スタック**（stack）と呼ばれる主記憶装置の領域などに格納する。ここでスタックは，最後に入ったデータを最初に出す，**LIFO**（Last In First Out，後入れ先出し）と呼ばれる動作を行う記憶装置である。4.3.2で学んだ**FIFO**（First In First Out，先入れ先出し）といった記憶装置の一種である。

PSW ロードサイクルは，新しく実行されるプログラムの実行環境を整えるサイクルである。PSW を新しく実行するプログラムに適した値に変更し，割り込みプログラムの開始番地をプログラムカウンターに書き込むといった実行環境の変更が行われる。

PSW ロードサイクルの実行後，発生した割り込み要因に対応したプログラムである割り込みハンドラーの実行が行われる。割り込みハンド

ラーの実行が終了したあと，一時中断したプログラムへの復旧は，制御命令の1つである復帰命令の実行により行われる。復帰命令の実行が終わると，PSW退避サイクル実行の際に保存したPSWやプログラムカウンター，汎用レジスターといった一時中断した実行環境を構成する値がスタックから読みだされ，プログラム実行を行う環境の復旧を行い，一時中断したプログラムの次の命令から実行が再開される。割り込み処理は，プログラムの実行状況などによって，PSWにある**割り込みマスクレジスター**（interruption mask register）の値の書き換えを行うことで，禁止（disable）や解除（enable）ができる。割り込み処理の禁止や解除は，複数ある割り込み全体を対象とすることや，特定の割り込みを対象にすることができる。つまり，PSWの値はプロセッサーの動作を表すとともに，変更することで動作の変更を行うことができる。

5.3.4　割り込みハンドラーと割り込み要因

　割り込みは，表5.1にあるように，さまざまな要因で発生する。プログラム実行で発生する割り込みは，割り込みの要因を調べて対応する必要がある。まず，割り込みの要因となる，コンピュータに接続された周辺機器であるデバイスに，**割り込み番号**（interrupt number）を割り当て，割り込みの処理を行う**ベクター割り込み**（vector interrupt）という方法に注目しよう。

　プログラム実行は，図5.4（A）のような流れと考えるが，実際には，（B）のように主記憶装置の連続的な領域に記憶された命令列が実行されている。プログラムの実行中に割り込みが発生すると，コマンドバスの割り込み信号を介して，割り込み番号とともに割り込み発生がプロセッサーに通知される。そして，メインプログラムが一時中断され，（A）のように対応する割り込みハンドラーで対応する処理が行われる。

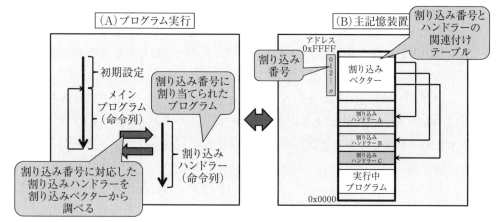

図5.4　プログラム実行と割り込み

割り込みハンドラーは，実際には，（B）のように，主記憶装置のメインプログラムとは異なるアドレスの領域に，要因に対応したプログラムがとびとびに記憶されている。

割り込みハンドラーは，割り込みベクターという領域で管理されている。**割り込みベクター**（interrupt vector）は，図5.4（B）にあるように，割り込み番号に対応する割り込みハンドラーを管理する主記憶装置に存在する領域である。割り込み番号と割り込みハンドラーが，表計算ソフトのように，行と列で管理されたテーブルという構造になっており，割り込みベクターテーブルともいう。

割り込みベクターは，割り込み番号に対応する割り込みハンドラーの開始アドレスや必要な情報が記憶され，割り込み処理を行う際に，割り込みベクターを参照することで，割り込み番号に対応する割り込みハンドラーが記憶されたアドレスなど，すぐに必要な情報が取り出せるテーブル構造となっている。

プログラム開始時に実行される初期設定では，対象とする割り込みハンドラーの登録が行われるなど，プログラム実行とともに割り込みベクターの内容は変化するため，割り込みベクターは，随時更新が行われながら管理されている。

　ベクター割り込みに対応しないプロセッサーは，**ポーリング割り込み**（polled interrupt）による対応が行われる。ポーリング割り込みは，割り込みが発生すると要因にかかわらず1つの割り込みハンドラーが呼び出される。

　ポーリング割り込みで割り込みの要因を特定するには，対象となる全デバイスの様子を順に調べる**ポーリング**（polling）が行われる。繁忙待機によるプログラムの実行と同様，全てのデバイスを順に確認して割り込み要因となる周辺機器を特定し，割り込み要因に対応したプログラムを実行して対応を行う。

　ベクター割り込み方式であっても，接続されるデバイスの数が多くなると，複数のデバイスが同一の割り込み番号を共有する場合がある。割り込み番号が共有されている場合は，ポーリング割り込みと同様，該当する割り込み番号の割り込みハンドラーにてポーリングを行って割り込み発生の要因となったデバイスを判別してから，割り込み要因への対応を行う。

　割り込みハンドラーは，要因に対応する処理を確実に行うため，割り込みハンドラーの実行中は，別の割り込みが発生するのを避ける必要があることも多い。割り込み発生を禁止することを，**割り込み禁止**（interrupt disabled）という。

　また，割り込みハンドラーは，メインプログラムの実行に伴い発生するイベントへの対応を行うプログラムであり，使用できない命令があるほか，長時間の処理や待ち状態になるような処理を行うことはできない。

5.3.5　割り込みレベル

　次に，割り込みハンドラーの実行中に割り込みを発生させることについて考えよう。割り込み処理は，周辺機器の変化への対応よりも，プログラム実行にすぐに影響するハードウエアエラーのように，プログラム実行に影響のある要因を優先させて対処したほうがよい場合がある。割り込み要因に対応の優先度を割り当て，複数の割り込みが同時に発生した場合に，優先処理する割り込みの判断を行い，優先度の高い割り込みから対応することがある。割り込みの優先度は，**割り込みレベル**（interrupt level）という。

　割り込みレベルに基づく割り込み処理の実行は，発生タイミングと割り込みレベルの組み合わせで実行の判断が行われる。例えば，複数の割り込みが同時に発生した場合は，単純にレベルの高いものから順に実行される。一方で，レベルが低い割り込みハンドラーの実行中に，レベルが高い割り込みが発生した場合は，レベルの高い割り込みの処理に実行を移し，処理が完了したのちにレベルの低い割り込みの実行を再開することで対応する。また，レベルの高い割り込みを実行中にレベルの低い割り込みが発生した場合は，実行中のレベルの高い割り込みハンドラーを継続して実行したのちに，レベルの低い割り込みの実行を行う。このように，デバイスに割り当てた優先度のレベルによって実行の制御を行う割り込みを，**多重レベル割り込み**（multi-level interrupt）という。

　多重レベル割り込みによる割り込みハンドラーの実行中は，実行中のハンドラー以下の優先度を持つ割り込みを割り込み禁止にすることが一般的である。一時的にレベルの低い割り込みを見えなくすることから，割り込みのマスク（mask）という。5.3.3で学んだ制御レジスターPSW にある割り込みマスクレジスターの値の書き換えである。マスクされた割り込みはプロセッサーへの通知は行われず，マスク解除ととも

に割り込みの通知が行われ，割り込み処理が行われる。

演習問題 5

【1】 コンピュータが直接理解できる機械語を用いず，用途に応じてさまざまなプログラミング言語を用いてプログラミングが行われる理由を説明しなさい。

【2】 プロセッサーで行われる命令実行と，プログラミング言語の記述が対応しなくても問題ない理由を説明しなさい。

【3】 FIFO と LIFO の違いを説明するとともに，日常生活で行われる対応の例を示しなさい。

【4】 私たちの日常生活で発生する割り込みの例をいくつかあげ，どのような対応が必要となるのか説明しなさい。

【5】 繁忙待機と割り込みの違いについて説明し，割り込みがコンピュータを管理するための基本となる理由を説明しなさい。

参考文献

岩永信之『コンピュータープログラミング入門以前』（毎日コミュニケーションズ，2011年）

大澤範高『オペレーティングシステム』（コロナ社，2008年）

高橋義造『計算機方式』（コロナ社，1985年）

山本秀樹『トランジスタ技術 SPECIAL for フレッシャーズ No.101徹底図解マイコンのしくみと動かし方』（CQ 出版社，2008年）

6 | コンピュータの種類とOS

《目標＆ポイント》 組み込みコンピュータと汎用コンピュータという2種類のコンピュータを例に，実行されるプログラム，ソフトウエアについて考える。そして，コンピュータの性能向上とともに変化してきたOSの変遷について述べ，シングルタスク，マルチタスクといったプログラムの実行について説明する。そののち，マルチタスクOSにおける，割り込みに基づくコンピュータの動作や，プログラム実行のスケジューリング，計算機資源の管理，計算機資源の抽象化について学ぶ。
《キーワード》 組み込みコンピュータ，汎用コンピュータ，OS，シングルタスク，マルチタスク，スケジューリング，計算機資源の管理と抽象化

6.1 コンピュータの種類とソフトウエア

これまで，プロセッサーで実行される命令実行について考えてきた。私たちが使うコンピュータは，プロセッサーで実行される命令実行を意識することなく，さまざまな処理を行っている。コンピュータを起動すると，OSが起動し，OSを操作することでプログラムを実行している。

まず，コンピュータの種類とソフトウエアについて考えよう。

6.1.1 コンピュータの種類

コンピュータは，プログラム実行によって動作する装置である。プログラム実行は，プロセッサーでプログラムを構成する命令列を一つ一つ実行しながら，独立して動作する複数の周辺機器と同期を取りつつ，コ

ンピュータを構成するハードウエアを動作させることといえる。私たち
の身近にあるコンピュータを搭載した家電などの機器は，あらかじめ作
り込まれたプログラムがコンピュータの中に内蔵されており，電源を入
れることで決められた動作が行われるしかけになっている。**組み込みコ
ンピュータ**（embedded computer）と呼ばれる，特定の機能を実現す
る**専用コンピュータ**（special purpose computer）といえる。組み込み
コンピュータを用いて構築された機器を，**組み込み機器**（embedded
device）という。家電のような特定用途向けに特化させ，限定した機能
を果たすことを目的とした機器である。

　パソコンは，Windows や macOS，Linux といった OS（Operating
System）というプログラムが搭載されている。接続された周辺機器の
管理が行われ，対応するアプリケーションやデータの運用が可能となる
環境が提供される。利用目的は利用者によって異なり，多種多様の周辺
機器やアプリケーションの動作に対応する，さまざまな用途に利用でき
る**汎用コンピュータ**（general purpose computer）である。

　汎用コンピュータはさまざまな種類がある。科学技術計算などに用い
られる高い計算能力を持つスーパーコンピュータ，メインフレーム
（mainframe）とも呼ばれる大型コンピュータ，ネットワーク上で何ら
かのサービスを提供するサーバーも汎用コンピュータに分類される。た
だし，特定用途の計算に限られるようなスーパーコンピュータは，専用
コンピュータと分類されることもある。

　スマートフォンやタブレットは，OS を取り替えることはできないと
いう専用コンピュータの要素を持つものの，ネットワーク経由でアプリ
ケーションを取得してさまざまな用途で活用できる汎用コンピュータで
ある。コンピュータ技術の進展により普及した，**クラウドコンピュー
ティング**（cloud computing）で活用される端末である。

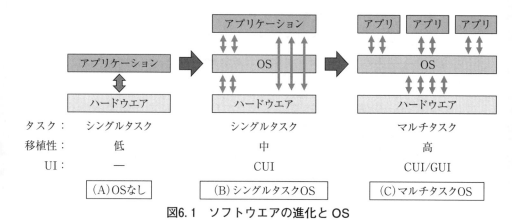

図6.1 ソフトウエアの進化と OS

専用コンピュータや汎用コンピュータは，どちらもプロセッサーによる命令実行に基づいて動作するが，求められるハードウエアの機能によってソフトウエアの動作が異なる．

6.1.2 ソフトウエアと OS の変遷

現代において，さまざまな用途に用いられているコンピュータは，目的とする機能やサービスを快適に動作させるために，ハードウエアや，ソフトウエアが進化してきた結果であり，今後も取り扱うサービスの変化に対応して変化していくといえる．コンピュータにおけるソフトウエアと OS の遷移について，図6.1を見ながら考えよう．

これまで学んできた，プロセッサーで一つ一つ命令の実行を行い，プログラム実行を行うのは，（A）OS なしで，直接アプリケーションとなるソフトウエアを動作させることである．1個のプロセッサーで1つのプログラム実行を行う，**シングルタスク**（single task）による実行となる．実行するプログラムは，対象となるコンピュータのハードウエア仕様に基づいて制作されることから，他の異なるハードウエアを持った

コンピュータでの動作が困難となることが多い。つまり，実行するプログラムは，固有のハードウエアへの依存度が高いソフトウエアとなりがちであり，他のハードウエアで動作させる**移植性**（portability）が低くなりがちである。

　コンピュータが登場した当初は，（A）OS なしにより開発されるアプリケーションが一般的であった。1 つのメインプログラムと，複数の割り込み処理を組み合わせることで，発生するイベントに対応させ，疑似的な並列処理を実現することもあった。現在でも，家電などの単純な処理を実現するコンピュータは，OS を使わず，割り込み処理を使った，直接ハードウエアを制御するプログラムによって，必要な動作を実現している。

　（A）OS なしによるプログラムの開発が進むようになると，アプリケーションを作成する時に用いられる機能がある程度決まってくる。例えば，キーボード入力や，画面出力のような入出力機能，ストレージや記憶装置の管理など，コンピュータの動作で基本的な機能である。アプリケーションが違っていても，プログラム構築のために必要になる共通のプログラムを独立させて置いておき，使用できるようになっていると，効率的なプログラム構築につながるためである。

　プログラム実行について考えると，（A）OS なしのプログラムは，目的とするプログラム実行のみに焦点が当てられているため，家電などの組み込みコンピュータでは都合がよいが，パソコンではアプリケーションを切り替えるためにリセットを行い，改めてプログラムを読みだし直す必要がある。リセットせずに実行するアプリケーションを切り替えるには，実行したいアプリケーションを選択して読みだす，ランチャー（launcher）機能によって実現される。つまり，プログラム実行で共通で使うプログラムの部品であるサブルーチンや，コンピュータを

管理するプログラム，ランチャー機能を持ったプログラムをとりまとめたソフトウエアが，（B）シングルタスクOSに進化してきた。

　（B）シングルタスクOSは，ランチャー機能を持ち，多くのアプリケーションから共通して利用できる基本的な機能を提供し，コンピュータを管理するプログラムといえる。コンピュータを利用する基本機能を提供すると捉えることもできるため，OSは基本ソフトウエアともいう。例えば，パソコン用OSとして使われていた，MS-DOS（MicroSoft Disk Operating System）がある。単にランチャーでプログラム実行を行うだけであるため，（A）OSなしと同様，プログラムの実行はシングルタスクとなり，アプリケーションの実行中は，アプリケーションに命令実行が移されることになる。

　アプリケーション実行に必要となる基本的な機能は，OSによって提供される。アプリケーションは必要な機能をOSを介して使うことで，異なるハードウエアの制御をOSが担当することになる。しかしながら，より複雑なプログラムを作成しようとすると，機能不足であることが多く，直接ハードウエアを制御する必要がある。このため，ハードウエアが異なっても，OSが持つ基本的な機能だけを使ったアプリケーションは動作するが，直接ハードウエアを制御するアプリケーションは動作しないものとなっていた。また，アプリケーションに実行が移れば，OSなしのプログラムのように，割り込みを使って複雑なプログラムを作成することが可能である。このため，移植性は（A）OSなしと（C）マルチタスクOSの中間となる。

　（C）**マルチタスクOS**（multi-task OS）は，現在一般的に用いられている，Windowsやmacos，LinuxのようなOSである。本科目で注目するOSである。（B）シングルタスクOSの操作は，プログラム実行の流れが1つであったが，マルチタスクOSは，複数のプログラムを

同時に動作させる，**マルチタスク**（multi-task）機能がある。入出力制御やデータの管理など，OSがプログラム実行を管理する機能を持ち，複数のプログラムが同時に実行されても問題なく動作させるための調停機能を持つ。ハードウエアの機能をOSが管理することから，仮想化によって拡張することが可能となり，利便性を高めた仮想コンピュータを実現するソフトウエアとなった。

（C）マルチタスクOSでのアプリケーション実行は，OSにより管理され，OSを介してハードウエアとのやりとりを行うため，ハードウエアの違いを意識することなく実行ができる。

OSの操作は，コマンド入力に基づき，対話的に操作を行うＣＵＩ（Character User Interface）と，マウスなどのポインティングデバイスを使って操作を行うＧＵＩ（Graphical User Interface）がある。（B）シングルタスクOSは，用いられていた当時のコンピュータの性能もあり，CUIが一般的であった。（C）マルチタスクOSは，用途によって，CUIやGUIが用いられる。

6.2 プログラム実行と計算機資源

次に，OSによるプログラム実行のしくみについて考えよう。計算機資源の管理は割り込みによって行われることに注目しよう。

6.2.1 コンピュータの動作と割り込み

第5章で割り込みのしくみを学んだ。コンピュータのプログラム実行中に発生するさまざまな割り込みは，コンピュータの動作を管理する基礎となる情報である。プログラム実行中に発生する，割り込みの要因に対応した割り込みハンドラーの実行によってコンピュータの管理が行われる。

OSなしで動作するアプリケーションや，シングルタスクOSは，実現するアプリケーションの動作を制御するために割り込みが用いられるが，マルチタスクOSでは，コンピュータの状態を把握し，人間の操作等によって発生する割り込みを，管理するアプリケーション実行のために用いる。割り込み発生の要因となる**イベント**（event）の発生をきっかけに，対応を行うプログラムが動作することで，コンピュータの管理が行われており，OSは，割り込みの対応を行う機能の集まりともいえる。

6.2.2 プログラム実行とスケジューリング

OSが持つ機能の一つである，プログラムの実行を管理する**スケジューリング**（scheduling）機能を考えてみよう。プロセッサーは，主記憶装置に配置されたプログラムを，アドレスの小さい命令から順に実行する機能のみを持つため，複数のプログラムを同時に実行するには，定期的に実行するプログラムを切り替える処理が必要となる。

表5.1にあるように，割り込みが発生する要因に，一定時間ごとに割り込みを発生させるタイマー割り込みがある。タイマー割り込みを使うと，決められた一定間隔で割り込みハンドラーを自動的に実行することができる。つまり，タイマー割り込みを使って，一定間隔で，定期的に実行される割り込みハンドラーの中で，実行中のプログラムを切り替える処理を行うことで，スケジューリングを行う。複数のプログラムを同時に実行するマルチタスクの実現では，単位時間（time quantum, time slice）ごとに監視を行うプログラムを実行し，実行するプログラムを切り替えることで実現される。

タイマー割り込みは，一定間隔で実行する必要があるプログラムや，ポーリングによる周辺機器の監視などにも使われる。音楽や動画の再生など，正確なタイミングと同期して処理を行うプログラムにも使われて

いる。

6.2.3　プログラム実行と計算機資源の管理

多くのコンピュータで用いられている，マルチタスク OS で取り扱う資源について考えよう。第 2 章で学んだように，プログラム実行で用いられる，コンピュータのハードウエアやソフトウエアを**計算機資源**（computational resource）という。単に**資源**（resource，**リソース**）ともいわれ，コンピュータがプログラム実行で必要となるものを表す言葉である。

コンピュータは，ハードウエアでソフトウエアを取り扱う装置であり，プロセッサや主記憶装置，ストレージといった，コンピュータを構成する装置が，**物理的資源**（physical resource）である。ハードウエアという，私たちが見たり，触ることができる**実体**（entity）の資源である。

物理的資源ではソフトウエアが実行されるが，複雑な処理を行うようになったコンピュータは，論理回路やプログラム実行を管理するプログラムである OS によって，物理的資源にさまざまな工夫が施されてプログラム実行に用いられる。ソフトウエアや論理回路などによって物理的資源から作られる資源であり，プログラムの実行を考える上で，思考上，資源として捉えることができる資源である。プログラム実行において，論理的資源は物理的な実行の動きを整理し，実体のように捉えて管理されるため，**論理的な実体**（logical entity）ともいう。OS が認識している資源であり，**論理的資源**（logical resource）という。

図6.2を見ながら，プログラム実行で用いられる計算機資源について考えよう。（A）OS なしや（B）シングルタスク OS のアプリケーションは，実行するプログラム自身で計算機資源を管理し，命令実行の流れを制御するように制作される。つまり，物理的資源をプログラムがその

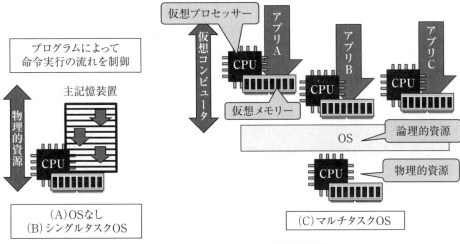

図6.2　プログラム実行と計算機資源

まま使用できるため，割り込みなどをうまく工夫してアプリケーションを構築する。一方で，(C) マルチタスクOSは，コンピュータが持つ物理的資源であるハードウエアをとりまとめ，論理的資源として整理する。そして，実行するアプリケーションに対して，論理的資源を提供し，プログラム実行を管理する。プログラムは，OSによってプロセッサーやメモリー空間，そのほかの資源が与えられて実行されるため，ハードウエアの機能はOSを介して対応することになる。つまり，アプリケーションは，OSの管理の下で実行されるように構築される。

　論理的資源は，プログラムから見ると，物理的資源の影響を受けない専用ハードウエアと捉えることができる。例えば，A，B，Cという3つのアプリケーションを実行すると，実行完了まで，それぞれのプログラムを実行する3つの専用ハードウエアが，OSによって提供されると捉えることができる。専用ハードウエアは，6.1.2で説明した仮想コン

ピュータに該当し，仮想コンピュータでは，論理的資源から仮想プロセッサーや仮想メモリーが提供される。実際の実行処理を行う物理的資源から，OS がプログラム実行のために作り出したように捉えることができる（仮想）資源である。ハードウエアの物理的資源は，物理的構成によらず，OS によって統合や分割が行われ，プログラム実行のために柔軟に利用される。

6.3　OS による計算機資源の抽象化

次に，計算機資源を抽象化して用いることについて考えよう。

6.3.1　計算機資源の整理と抽象化

コンピュータの資源を考える上で重要な考え方の一つである，**抽象化**（abstract）について考えよう。抽象化は，複雑な動作を行う対象の基本的な動作に注目し，共通した要素を利用するために用いられる。プロセッサーやストレージなど，コンピュータを構成する要素は，いくつかのメーカーが提供するモデルのバリエーションの中から，用途に応じて選択して用いられる。仕様や性能が異なると，命令実行などで異なる対応が求められるが，共通の要素に注目して整理し，異なるモデルであっても基本的な機能を使用できるようにすることが抽象化である。

携帯音楽プレーヤー（ＤＭＰ: Digital Media Player）やビデオデッキのような，コンテンツを再生するプレーヤーを例に考えてみよう。メーカーや機種によって操作性や機能は異なるが，コンテンツを操作する基本的なボタンは，再生ボタンや停止ボタン，早送りなどを備える。このため，取扱説明書を見なくても，過去にコンテンツを扱う何らかの機種に触った経験があれば，どの機種であっても基本的な機能は操作できることが多い。つまり，コンテンツを再生するプレーヤーの操作は共通す

る要素があり，抽象化した結果が操作ボタンの構成である。

　プレーヤーそのものは，高画質化や高音質化の工夫などが行われ，メーカーや機種によって回路構成など，実装方法は異なることが多い。コンテンツを記憶するストレージ，記憶装置など，仕様に差異があることもある。どのようなプレーヤーであっても，「コンテンツ再生」という目的は同じであるが，**実装**（implement）の違いが存在する。

　実装の違いがあっても，プレーヤーに備わる音声や映像などの出力端子は，メーカーや機種を問わず，統一された規格の接続端子が使われている。テレビやアンプなど，音声や映像を扱う機器と共通の**インターフェース**（interface）である接続端子が使われているため，さまざまな機器と接続することが可能となっている。また，使っているプレーヤーを，同じ機能を持ったプレーヤーと置き換えても，全体として同様の機能が実現される。

　コンピュータで動作するプログラムも，プログラマーによってプログラムの記述のしかたが異なることから，同様の機能であっても実装が異なることがある。しかしながら，プログラムの呼び出し方である，インターフェースを共通にすると，実装が異なっていても同じように呼び出して利用することが可能になる。つまり，インターフェースを共通にすることで，実装の詳細にかかわらず，取り扱いできるという利点がある。

　抽象化は，ハードウエアに関して行われることもある。同じ目的を持った処理を行うハードウエアの詳細を隠し，統一した操作方法でハードウエアの操作を可能にすることである。**ハードウエア抽象化**（hardware abstract）という。ハードウエア抽象化によってハードウエアの詳細が隠されることを，**カプセル化**（encapsulation），**隠蔽**（hiding）という。

6.3.2 計算機資源の仮想化

マルチタスク OS でプログラム実行を行うために用いられる，**仮想化**（virtualization）について考えよう。仮想化は，物理的資源の使い方を工夫することで作り出され，存在すると捉えることができる論理的資源である。プログラム実行に伴って使用される論理的資源を捉え直したものである。

物理的に搭載されたプロセッサーが1個のコンピュータであっても，6.2.2で学んだように，タイマー割り込みを使ったスケジューリングによって，一定間隔で複数のプログラムを切り替え，少しずつ実行することで，同時に複数のプログラムを疑似的に動作させることができる。マルチタスク OS では，プログラムを切り替えて実行する際に動作させるプロセッサーを，仮想プロセッサーと整理し，プログラムごとに専用に用意されていると捉える。

複数プログラムの実行を行う OS は，プログラムごとに仮想プロセッサーを割り当てて実行する。仮想プロセッサーは，物理プロセッサーが担当するプログラムを実行する番になったときに，実際の実行を行う。物理プロセッサーは，OS によって論理的に管理されており，複数のプログラムが同時に動作している場合は，OS によってプログラムへの物理プロセッサー割り当てが行われ，命令実行が行われる。

仮想化は，主記憶装置に関しても行われる。物理的に搭載されたメモリーモジュールの容量にかかわらず，最大限の主記憶装置を提供可能にする仮想メモリーである。物理的に存在するメモリー空間をそのまま使わず，補助記憶装置であるストレージと組み合わせて目的に応じたメモリー空間を構築してデータを管理することで，膨大なメモリー空間を提供可能にする。

仮想化は，存在しない周辺機器を存在するように取り扱うことである。

補助記憶装置のストレージに記憶した，CD イメージと呼ばれるファイルを，OS から実際の CD ドライブと同様に取り扱うことができる仮想ドライブなども，仮想化の一種である。

6.3.3　OS の役割と計算機資源の整理

　計算機資源を管理する OS は，複数のプログラム実行を円滑に行うソフトウエアである。コンピュータでできることが増加するとともに数多くの機能が追加され，複雑な構造となったことから，詳細を理解することは困難である。しかしながら，活用するにはある程度構造を理解しておくことが重要であり，できるだけ単純化して捉えるために，**構造化**（structuralization）によって整理し，分割された単純な要素の組み合わせとして捉える。構造化によって整理して理解することで，コンピュータが動作するしくみが捉えやすくなり，保守や管理がやりやすくなる。

　例えば，図1.2に示した，モノを構成するコンピュータは，ハードウエア，OS，アプリケーション，データという独立した4つの要素で成り立っていることがわかる。それぞれの要素は，ハードウエアの上でOS，OS の上でアプリケーションが動作し，アプリケーションの上でデータが存在するという構成となっており，それぞれの独立した要素が上下関係を持って動作することが整理されている。それぞれの要素は，互換性があるソフトウエアやデータで交換することや，同様の機能で置き換えることが可能であることもわかる。

　コンピュータに接続される周辺機器は，OS によって認識され，OS が管理できるようになって初めてコンピュータで利用できる。OS が管理するさまざまな周辺機器から構成されるハードウエアもまた，複雑な構造を持つ。

OSは，ハードウエアのしくみを整理し，基本的な働きに注目して捉えられるよう，**抽象化**（abstract）により整理される。周辺機器は，提供される機能の種類ごとに整理され，プログラムから見ると，同一種類の機器は，同様の機能が提供されるようになっている。例えば，USBメモリーやSSD，ハードディスクドライブは，制御の方法は異なるものの，データを記憶するストレージという種類である。このため，OSは，ファイルという形でデータの読み書きが可能となる機能を提供する。抽象化による周辺機器の整理によって，ハードウエア資源の差異を隠蔽しながら，共通する要素を利用可能にしている。

　例えば，周辺機器の一つであるプリンターを利用することを考えてみよう。OSは，プリンターの機能を抽象化し，紙への印刷，印刷中のエラーへの対応を行う紙詰まりの警告といった，印刷装置の基本的な機能をプログラムに提供する。実際の物理的なプリンターは，基本的な機能のほかに，独自の命令による高度な印刷機能や管理機能を持つことがあるが，OSが持つ機能だけでは提供されないことがある。メーカーが提供する，周辺機器を制御するプログラムである**ドライバー**（driver）をOSに組み込み，装置独自の機能に対応させることで利用する。つまり，OSはコンピュータを利用する上で抽象化された，基本的な機能が提供されており，周辺機器の持つ，特定のより高度な機能を利用する場合は，対応するドライバーや管理のためのアプリケーションをOSにインストールする必要がある。

　抽象化は，**仮想化**（virtualization）につながる考え方である。演算装置や記憶装置といったコンピュータを構成する計算機資源は，物理的に有限である。しかしながら，抽象化を行って管理を行い，複数のプログラムに資源を提供するしくみを追加することで，複数の装置があるように捉えることが可能となり，必要とするプログラムに割り当てることが

可能となる。OS は，物理的に存在する資源を，必要とするプログラムに切り替え，共有するための機能を提供する。このことで，コンピュータに備わる物理的資源を複数のプログラムで柔軟に利用することが可能となり，より多くのプログラムに資源提供が可能になる。

6.3.4　演算装置の抽象化

　OS なしやシングルタスク OS では，プロセッサーの仮想化を行わずに命令実行が行われる。1 つの命令実行の流れでプログラム実行を行う方式を，**シングルタスク**（single task）という。

　複数のプログラムを同時に動作させることができるマルチタスク OS は，プロセッサーによる命令実行の流れが複数存在する。物理的資源であるプロセッサーの動きを OS が管理するために抽象化が行われる。演算装置で行われている命令実行の環境を実行するプログラムに応じて整える作業や，実行中のプログラムを切り替えて実行する管理など，プロセッサーが持つ基本的な演算機能をプログラムに提供する。抽象化によって，コンピュータに搭載された演算装置の物理的な数にかかわらず，実行するプログラムの数に応じて，専用の演算装置を割り当てることができる。割り当てられる専用の演算装置は，実際には物理的資源であるプロセッサーの動作時間の一部を割り当てることであり，仮想化されたプロセッサー，**仮想プロセッサー**（virtual processor）である。

6.3.5　主記憶装置の抽象化

　コンピュータが取り扱うデータ量やプログラムサイズの増加に伴い，必要とされる主記憶装置の容量も増加しつつある。物理的に搭載された主記憶装置だけでは不足することもあるため，プログラム実行を管理するマルチタスク OS には，**仮想メモリー**（virtual memory，**仮想記憶**）

という機能が搭載されることが多い。主記憶装置の抽象化を行い，コンピュータに接続されている物理メモリーの容量にかかわらず，主記憶装置の容量を増やす工夫を行う機能である。

OS なしやシングルタスク OS は，仮想メモリー機能が搭載されていないことが多く，主記憶装置は，コンピュータに搭載される物理メモリーのみで構成される。この場合，コンピュータに増設できるメモリーモジュールの容量制限などによって，プログラムを主記憶装置に配置できず，命令実行ができない場合もある。

プログラム実行で用いられるメモリー空間は，動作速度の面から物理的なメモリー空間のみで構成されることが理想である。物理メモリーで構築されたメモリー空間は，**物理アドレス**（physical address）が割り当てられる。物理メモリーは，コストなどの面から必要となる容量を用意できない場合もあるため，全てを物理メモリーで用意せず，利用する上で問題のない容量をコンピュータに用意しておく。そして，不足する容量を補助記憶装置であるストレージで補い，プログラム実行で用いるメモリー空間を実現することが仮想メモリーであり，OS によって実現される。

仮想メモリーは，コンピュータに物理的に備わるメモリーと補助記憶装置に置かれたファイルを組み合わせ，新たに**論理アドレス**（logical address）により構成されるメモリー空間を構築することである。物理的に存在するメモリー空間ではないため，論理アドレスは，**仮想アドレス**（virtual address）ということもある。

OS によって仮想メモリーは管理されるため，プログラム実行に対応して，論理アドレスは，物理メモリーとファイルの間で割り当てが随時更新される。実行中のプログラムは，動作速度の面から，できるだけ物理メモリーを使った動作となるように管理される。実行する上で不要と

なった物理メモリー上のデータはストレージのファイルに随時移し，ストレージ上のファイルにあるデータが必要になると，物理メモリーに移される。このため，物理メモリーがプログラム実行に必要な容量がある場合，仮想メモリーを無効にしても使用できることになる。

仮想メモリーを実現するために補助記憶装置上に作成したファイルは，**スワップファイル**（swap file），**ページファイル**（page file），**ページングファイル**（paging file）という。

6.3.6　補助記憶装置の抽象化

ストレージとなる補助記憶装置は，ハードディスクドライブやSSD，USBメモリー，CDやDVDなど，さまざまな種類があり，装置によってデータを記録する方法が異なる。将来登場するさまざまな記憶装置への対応を考慮すると，データを統一的に取り扱うことは困難であるため，OSによって記憶装置の抽象化を行い，記録方法にかかわらず，読み書きするデータを共通で取り扱うことが実現される。

例えば，ハードディスクドライブやSSD，USBメモリー，光学ディスクといったストレージに記録されたデータは，OSから見ると，**ファイル**（file）という形で表現される。物理的な記録方法が抽象化されているため，物理的に配置されたデータを読み書きする方法を考えることが不要となり，読み書きというデータの流れだけを考えればよく，記録されたデータやプログラムの取り扱いを容易にしている。

抽象化によって，ファイルというデータを塊として捉える方法だけでなく，ファイルを分類する**フォルダー**（folder）も実現されている。フォルダーは，OSによって**ディレクトリー**（directory）と呼ばれることがある。

6.3.7 入出力装置の抽象化

コンピュータは，USB，Bluetooth，HDMI，DisplayPort，シリアル
ポートなど，入出力装置と接続するための，さまざまな**インターフェー
ス**（interface）が用意されている。

キーボードやプリンター，モニターなど，入出力装置は，規格の変化
や利便性などの理由から，複数のインターフェースで接続されることも
ある。ハードウエアから見ると，同一装置であっても，異なったイン
ターフェースに接続すると異なった方法で制御される。

一方で，ソフトウエアから見ると，接続方法が異なっていても，同様
に利用できることが望まれる。プログラムからの操作方法を変えないよ
うにするため，プログラムの中で同じように操作ができるように抽象化
が行われている。接続するインターフェースにかかわらず，同様の取り
扱いができるようにすることである。

OS は周辺機器を管理し，プログラムから種類ごとに同じ操作方法で
取り扱いで利用できるように整理される。OS はプログラムからの要求
を受け取り，実際の個々のハードウエアにアクセスを行うことで際を吸
収する。ハードウエア固有の機能は機器を利用する際に，OS に組み込
む**デバイスドライバー**（device driver）が提供する機能で対応される。

第 6 章　コンピュータの種類と OS　　**127**

演習問題 6 ―――――――――――――――――――――――――

【1】 シングルタスクとマルチタスクについて，プログラム実行の違い
を説明するとともに，プログラム実行を管理する OS に必要となる機能
の違いを説明しなさい。

【2】 プログラムの移植性について説明し，移植性が考慮されたプログ
ラミングが重要視される理由を説明しなさい。

【3】 物理的な実体と論理的な実体の違いを説明するとともに，プログ
ラム実行では物理的な実体をそのまま利用せずに論理的な実体が用いら
れる理由を説明しなさい。

【4】 コンピュータの資源を抽象化して用いる利点を説明しなさい。

【5】 計算機資源の仮想化を説明するとともに，マルチタスク OS は，
仮想化された資源を用いてプログラム実行を行う理由を説明しなさい。

参考文献

インターフェース編集部『フラッシュ・メモリ・カードの徹底研究』（CQ 出版社，
　2006年）
大澤範高『オペレーティングシステム』（コロナ社，2008年）
前川守『オペレーティングシステム』（岩波書店，1988年）

7 | OSの構造と周辺機器の管理

《**目標＆ポイント**》 コンピュータで用いるソフトウエアの構造について学んだあと，OSの構造について学ぶ。プログラミング開発で考慮される再利用や，構造化プログラミング，モデル化，抽象化について紹介し，OSの起動や基本機能，構造について学ぶ。そののち，OSによって行われる周辺機器の管理について説明する。

《**キーワード**》 モジュール，オブジェクト，構造化プログラミング，モデル化，周辺機器の管理，デバイスドライバー，ハードウエア抽象化層

7.1 ソフトウエアと抽象化

次に，ソフトウエアの役割について考えた上で，コンピュータで動作させるOSやプログラムに関する抽象化について考えよう。

7.1.1 ソフトウエアの構造

コンピュータで実行するプログラムは，時間の経過とともに複数の機能を含む複雑なソフトウエアとなった。ソフトウエアの構造は，構成要素を抽象化し，構造化によって整理しながら単純化し，それぞれの関係を明確にしながら理解していく。構造化では，**関心の分離**（SoC: Separation of Concerns）と呼ばれる，できるだけ機能面で重複がない要素に分解して整理を行う。仕事などで大きな課題に取り組む際に，小さな課題に分解して取り組むことと似ている。

規模が大きくなったソフトウエア開発は，機能ごとに構築を行い，複

数の機能を組み合わせて最終的なプログラムにする。つまり、プログラムは、ある特定の機能を持ったひとまとまりの構成要素である**モジュール**（module）をいくつか構築して組み合わせ、お互いの機能を呼び出すことで構築されている。モジュールは、機能単位で構築した場合、コンパイルやアセンブルを行うプログラムの単位となることもある。プログラミング言語によっては、モジュールではなく、**オブジェクト**（object）に分割して行われることもある。

　プログラムを分割して構築することで、機能単位で取り扱うことが可能となる。実現したい機能が明確になっていれば、必要な機能を持つプログラムを探し、呼び出し方がわかれば利用できることになる。つまり、使い方はわかるが、内部構造がわからない、ブラックボックス（black box）として捉えて使うことができる。内部構造がわからなくてもよいため、**カプセル化**（encapsulation）や**隠蔽**（hiding）して使うことになる。

　OSに限らず、プログラムの開発は、モジュールやオブジェクトを部品として捉え、組み合わせて行うと考えることができる。ソフトウエアの**部品化**によって、同様の機能を実現する際に**再利用**（reuse）ができる。

　プログラムをモジュールに分割し、組み合わせて行う開発は、**構造化プログラミング**（structured programming）という。**サブルーチン**（subroutine）のように塊にされた、ある一連の処理をモジュールとして構築し、必要な機能を持ったモジュールを呼び出すことで目的とする機能を実現する。サブルーチンは、プログラムを作成する際に用いる**関数**（function）や**手続き**（procedure）に対応する。プログラムをモジュールに分割して構築することを、**モジュール化**（modularization）という。問題を部分に分割することで、プログラムを作りやすくする工夫である。

　一方、オブジェクトに分割したプログラミングは、**オブジェクト指向プログラミング**（OOP: Object Oriented Programming）という。プロ

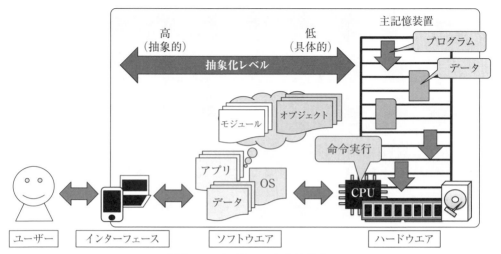

図7.1 コンピュータと抽象化

グラミング言語として，C++，Java，Pythonなどがある。オブジェクトは，対象とする抽象的あるいは物理的な実体を，属性（data）と操作（method）の組み合わせで**モデル化**（modeling）したものである。プログラミングによって作成されたモデル（model）は，**クラス**（class）と呼ばれる。モデルは，実行時に**インスタンス**（instance）という，クラスを基にオブジェクトの実体を作成して用いられ，インスタンスの作成を**インスタンス化**（instantiation）という。オブジェクト指向プログラミングは，基本となるクラスから，**継承**（inheritance）を行い，基本になるクラスの機能や構造を共有しながら，派生と呼ばれる，新しいクラスを作成することで行う。

7.1.2　ソフトウエアによる抽象化

コンピュータで動作するソフトウエアと抽象化について，図7.1を見

ながら考えよう。コンピュータは，パソコンやスマートフォンなど，さまざまな形態があるが，ハードウエアを使ってソフトウエアであるプログラムを実行する装置である。インターフェースとして，操作を行うためのマウスやキーボード，タッチパネル，ボタン，マイク，センサーなどの入力装置と，処理した結果を表示するディスプレー，スピーカー等の出力装置を持つ。ユーザーは，インターフェースを介してコンピュータを操作し，ハードウエア上で行われる命令実行により行われるソフトウエアの動作を変化させる。

　ソフトウエアは，OSやアプリケーションといったプログラムや，データにより構成される。また，プログラムは，分割された複数のモジュールやオブジェクトにより構成される。

　コンピュータは命令実行を行うことで，インターフェースでユーザーが理解できる状態を提供する。ユーザーは，命令実行の様子を理解していなくても，OSによってコンピュータの基本的な操作方法が提供され，目的とするアプリケーションの実行により，目的の処理をハードウエアで行う。このとき，コンピュータは，ユーザーによるインターフェースの操作によって，アプリケーションの動作を変化させるために，アプリケーションとともに必要な機能を実現するオブジェクトやモジュールの命令を，OSを介してハードウエアで実行する。つまり，コンピュータが行う命令実行を，人間が理解できるようにモジュールやオブジェクト，OSやアプリケーションといったソフトウエアの動作で翻訳を行いながら，インターフェースで人間が理解できる状態にしているといえる。

7.1.3　抽象化レベル

　コンピュータで行われる命令実行のようなハードウエアで決められた動作は，周辺機器の操作や個々の演算のように，私たち人間には何を意

味するのかわかりにくい具体的な処理である。プログラマーは，人間が理解できるように，具体的な処理をいくつかのモジュールやオブジェクトによる処理を重ね，抽象化を行いながらプログラムを作成する。OSを使うと，具体的な処理がある程度人間が理解できるように抽象化され，さまざまな機能が提供されることから，プログラムが作りやすくなる。また，アプリケーションは，人間が理解できる状態に画面の表示や操作が抽象化され，コンピュータを生活の中の事象と関連付けて使うことを可能としている。

つまり，コンピュータは，ソフトウエアの動作によって具体的なハードウエア動作の抽象度を高めるしくみがあり，人間が取り扱いやすい装置になっている。抽象化の度合いを**抽象化レベル**（抽象度，abstraction level）という。

抽象化レベルについて，ストレージで取り扱うデータを例に考えてみよう。ハードディスクドライブに記録されたデータは，物理ボリューム（physical volume）として管理された磁気ディスクのどこかに，とびとびで一つ一つ物理的に記録されている。物理ボリュームの上に論理ボリューム（logical volume）を構築することで，とびとびで記録されたデータを見つけ出して連続的なデータとしてつなぎ，OSでファイルやフォルダーとして取り扱いができるように，ファイルシステムが構築され，データが管理される。

ファイルシステムによって，物理的資源をそのまま見せずに，少しずつ抽象度を高めた実体を構築しながら，人間が操作や理解しやすい形に変換を行っている。抽象度を高めるために，それぞれの処理の単位で抽象化された論理的な実体をいくつか作ることで，階層化して整理されることが多い。よく使われる機能の抽出や，機能の追加を考慮する場合に対応できるようにするためである。

7.2　OS とコンピュータの動作

　これまで，主に OS なしのプログラム実行について考えてきたが，プログラム実行を支援する OS について考えよう。プログラム実行を管理するしくみを考えるために，OS の構造，OS のアーキテクチャーに注目しよう。

7.2.1　OS の起動

　コンピュータは，電源を入れると OS の起動が開始される。OS の起動は，OS を主記憶装置に読みだし，実行を開始するプログラムが必要になる。コンピュータの電源を入れたあと，最初に実行されるプログラムは，主記憶装置にある，**ROM**（Read Only Memory）に記憶された，**BIOS**（Basic Input Output System）である。ハードウエア動作と密接に結びついた低レベルのプログラムである。電源を入れたのちの動作や，プログラム実行で必要となるハードウエアの動作を担当する。ソフトウエアとハードウエアの中間に位置し，**ファームウエア**（firmware）の一種である。ストレージに記録された OS のプログラムを読みだす働きがある。

7.2.2　OS の基本機能

　OS は，コンピュータ上で動作させるプログラム実行を支援し，ハードウエアとプログラムの間で動作する，さまざまな機能が集まったソフトウエアである。コンピュータの動作を管理する部分は，OS の中心となる基本的な機能であるため，**カーネル**（kernel）という。プログラム実行を監督することから，**スーパーバイザー**（supervisor）ともいう。カーネルやスーパーバイザーは，ユーザーにその存在を意識させない裏

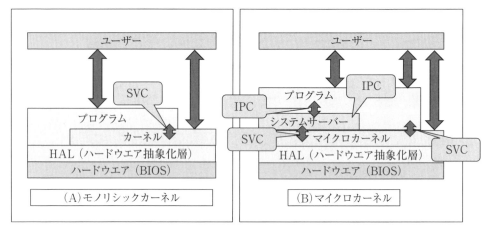

図7.2 OS のアーキテクチャー

方として動作するプログラムである。呼び方はさまざまあるが，本テキストではカーネルに統一する。

OS は，コンピュータによって異なる，ハードウエアを構成する周辺機器や電子回路の違いに対応するため，**ハードウエア抽象化層**（HAL: Hardware Abstraction Layer）という，ハードウエアに依存した部分を隠蔽する層を持つ。HAL は，OAL（OEM Adaptation Layer, OEM Abstraction Layer）ということもある。ハードウエアとカーネルの間に位置し，ハードウエア固有の制御を共通した操作で動作できるようにするプログラムであり，カーネルを変更することなく，多くのコンピュータでソフトウエアを利用可能にするしくみである。

7.2.3 OS の構造

OS のしくみである**アーキテクチャー**（architecture）は，設計思想によって違いはあるが，図7.2に示すように，モノリシックカーネルと

マイクロカーネルという，大きく 2 つに分類される。

（A）**モノリシックカーネル**（monolithic kernel）は，**単層カーネル**ともいう。OS が提供する全ての機能をカーネルに持つため，1 つのメモリー空間で実行が行われる。カーネルからハードウエアに直接アクセスすることもできるため，ハードウエア制御は効率的に行えることが多い。一方で，メモリー空間が 1 つであるため，カーネル実行中に異常が発生すると，**カーネルパニック**（kernel panic）や**ブルースクリーン**（BSoD: Blue Screen of Death）という復旧できない状態になり，強制終了，再起動が必要となりがちである。例として，Linux や UNIX，MS-DOS（MicroSoft Disk Operating System）がある。

（B）**マイクロカーネル**（microkernel）は，OS が提供する機能を構造化により分割して構成される OS である。基本的な機能を提供する**マイクロカーネル**（microkernel）と，そのほかの機能を複数の**システムサーバー**（system server）に分割した構造を持つ。マイクロカーネルとシステムサーバーは，独立したメモリー空間で実行されるプログラムとなるため，データのやりとりが必要となるとき，モノリシックカーネルのように直接やりとりすることが困難となる。実行で必要となるお互いのやりとりは，5.3.1 で学んだ内部割り込みである **SVC**（SuperVisor Call），**システムコール**（system call）を経由して行われる。システムサーバー間の通信もメモリー空間が異なるため，9.1.5 で学ぶ**プロセス間通信**（**IPC**: InterProcess Communications）が用いられる。

マイクロカーネルは，モノリシックカーネルに内包されたモジュールが，システムサーバーというプログラムとして独立した構成といえる。独立したメモリー空間におけるプログラム実行は，別のプログラムから影響を受けない**保護機能**（protection feature）のため，カーネルは，システムサーバーに含まれるプログラム上の誤りから影響を受けること

が少なく，カーネルパニックになることを防ぐことができる。プログラム上の誤りは，**バグ**（bug，虫）とも呼ばれる。

　マイクロカーネルを採用する OS は，システムサーバーの追加や削除による機能拡張やカスタマイズが容易となる。しかしながら，モノリシックカーネルでは同一プログラム内の呼び出しであったが，独立して動作する別のプログラムを呼び出すことになるため，カーネルやシステムサーバー間の通信でソフトウエア割り込みやプロセス間通信を用いる，**オーバーヘッド**（overhead）を要する方法となる。オーバーヘッドは，ある手続きを行う際に，本来の処理以外に付随する作業や手続きである。

　近年の OS は，モノリシックカーネルとマイクロカーネルの利点を組み合わせた，**ハイブリッドカーネル**（hybrid kernel）構造となることが多い。モノリシックカーネルを基本としつつ，一部機能をモジュールに分割し，必要に応じて読みだすことを実現した OS や，マイクロカーネルを基本としつつ，オーバーヘッドの低減を目的として，グラフィックスなど，よくアクセスするハードウエアの管理機能をカーネルに持たせる OS などがある。

7.2.4　OS のインターフェース

　OS は，プログラム実行を行うだけでなく，ユーザーがコンピュータを操作するインターフェースを提供する。**ユーザーインターフェース**（**UI**: User Interface）である。大きく，文字によるコマンドを入力して操作を行う **CUI**（Character User Interface）と，グラフィック（graphic）を多用し，マウス（mouse）などの**ポインティングデバイス**（pointing device）を使って日常生活で親しみのある操作性を提供する **GUI**（Graphical User Interface）がある。

7.3 周辺機器の管理

　コンピュータに接続される周辺機器について考えよう。プログラム実行では，周辺機器の制御は不可欠である。OSなしの場合は，繁忙待機や割り込みの対応を行い，実行するプログラムで目的の処理だけでなく，周辺機器の動作を理解した上で，割り当てられたI/Oポートでコマンドを使って制御を行う必要があった。メーカーや機種によって周辺機器を制御するために使うコマンドなどが異なるため，使用する周辺機器の変更は，制御の互換性があるものを除き，同一種類であってもアプリケーションの変更が必要となっていた。

7.3.1 周辺機器とデバイスドライバー

　シングルタスクOSによる周辺機器の管理は，OSなしの延長線上にあり，接続された周辺機器の制御は一部の基本的な機能のみ提供された。一方で，**デバイスドライバー**（device driver）を組み込む機能が追加され，OSを拡張する機能や，実行するプログラムにOSのサブルーチン等の形で機能を提供することが可能となった。デバイスドライバーは，単に**ドライバー**（driver）ともいう。つまり，周辺機器は，デバイスドライバーの追加により，OSの管理下にあるサブルーチン等の呼び出しを使って制御されるようになった。

　現在のマルチタスクOSは，コンピュータの物理的資源を全て管理し，アプリケーションは，OSを介して周辺機器を制御するため，OSが認識した周辺機器以外は利用できない。つまり，基本ソフトウエアであるOSを使うと，周辺機器の管理をOSに任せることができるため，開発もハードウエアを直接制御するよりも容易となる。

　OSの機能の一つに，追加や変更される周辺機器への対応がある。周

辺機器の基本的な機能を抽象化して整理し，管理することといえる。例えばコンピュータは，4.2.3で学んだように，USBや拡張バス，拡張スロットなど，機能拡張を実現するインターフェースやバスが用意される。ユーザーは，アプリケーションを使うために必要となる周辺機器やデバイス（機器）を接続して用いる。このとき，インターフェースに，物理的に周辺機器を接続するだけではプログラムやOSから周辺機器の機能が利用できないため，周辺機器の存在をOSに認識させ，管理することで，周辺機器の追加や変更に対応することができる。

7.3.2　周辺機器の種類

　周辺機器（peripheral device）は，第4章で学んだように，I/Oポートやバスなどの入出力インターフェースを介してコンピュータと接続される。

　周辺機器は，機能や形態が異なるさまざまなデバイス（device, 機器）があるため，コンピュータに接続された物理的なデバイスを識別するため，OSは，接続された周辺機器を，**デバイスID**（device ID）という，固有の識別子（ID: IDentifier）を割り当てて管理する。同一のデバイスであっても，コンピュータへの接続方法が異なると，異なったデバイスIDを割り当てることが一般的である。

7.3.3　デバイスドライバーの構成

　次に，周辺機器を接続する際にOSに組み込まれる**デバイスドライバー**（device driver）について考えよう。コンピュータは，ユーザーの要望に応じてさまざまなデバイスが接続されるが，全てのデバイスにあらかじめ対応することは最大公約数的に準備の手間を要し，OS構造の複雑化や肥大化にもつながる。このため，高機能となったOSは，

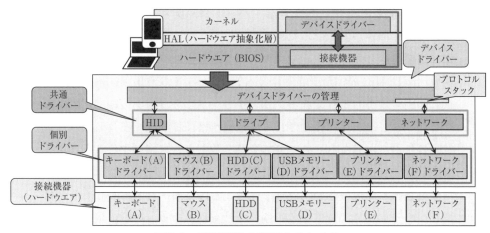

図7.3　周辺機器を管理するしくみ

ユーザーが接続したデバイスに対応するデバイスドライバーをOSに自動的に組み込み，デバイスを制御する機能を追加するしくみを備えることが多い。

図7.3を見ながら，周辺機器を管理するしくみについて考えよう。デバイスドライバーはカーネルに組み込まれ，接続機器の制御が行われる。7.1.2で学んだ**ハードウエア抽象化層（HAL）**と組み合わされ，OSの一部機能として動作する。

HALは，プログラムの構築時に移植性を高めることを考慮して置かれる層である。プログラムにハードウエアに依存する命令を直接記述せず，ハードウエアに依存する部分を分離して記述しておくことで，実際の処理を行う部分に手を加えずに，さまざまな環境で用いることができるプログラム構築を行うことが目的である。プログラムの移植性を上げるための工夫といえる。なお，ハードウエアに依存する部分や，何らかの動作に必要となるデータなど，プログラムのソースコードに直接書き

込んで作成されたプログラムを，**ハードコーディング**（hard coding）という。移植性が低くなるために避けるべきである。

　周辺機器は，キーボードやマウスのような人間の操作に関わる入出力装置（HID: Human Interface Device），データを取り扱うストレージ，紙に印刷する出力装置であるプリンター，ネットワーク接続アダプターなど，コンピュータに接続される周辺機器は多種多様であり，それぞれ対応のしかたが異なるため，全てを統一した方法で制御することはできない。

　接続される周辺機器の制御は，種類ごとに汎用的な制御のしくみを構築し，ハードウエア変更が考慮されたしくみとなっている。接続する全ての周辺機器に専用デバイスドライバーを用意して対応することもできるが，開発する手間を要することや，種類が同じであっても制御方法が複数存在することになるためである。

　デバイスドライバーは，OS によって詳細は異なるが，周辺機器のしくみを抽象化し，図7.3のように，共通ドライバー，個別ドライバーという階層化した実体を介して，接続された周辺機器を整理して管理される。共通ドライバーは，OS により提供され，分類された周辺機器の種類において基本となる汎用的な機能を担当する。個別ドライバーは，周辺機器を提供するメーカーにより提供され，接続された周辺機器固有の機能を制御する。

　共通ドライバーや個別ドライバーだけでなく，OS が持つ機能と連携して目的の機能を実現する周辺機器もある。例えば，TCP/IP や Bluetooth などのネットワークアダプターは，OS が持つ機能である**プロトコルスタック**（protocol stack）との連携で機能が実現される。

　周辺機器の種類による特徴に対応して，OS が提供する周辺機器を管理する機能を抽象化による階層構造で実現することで，ソフトウエアで

個別機能を実現する余地が残されている。基本的な機能は共通ドライバー，個別機能は個別ドライバーの設計と分離することで，デバイスドライバーの開発もゼロから行うよりも容易となる。

7.3.4 デバイスドライバーの組み込み

次に，OS へのデバイスドライバーの組み込みについて考えよう。周辺機器の機能を OS に追加することともいえる。

デバイスドライバーは，接続する周辺機器を OS で利用するためのプログラムであり，基本的に，周辺機器をコンピュータに接続する前に，使用する前の準備として OS に組み込む必要がある。カーネルにデバイスドライバーを組み込むことができるタイミングは，基本的に，OS の起動時など限られた状態であることが多い。Linux など，7.2.3で学んだモノリシックカーネルを採用する OS は，実行するカーネルの中にデバイスドライバーを取り入れるため，**カーネル再構築**（kernel rebuild）という作業が必要になることもある。カーネル再構築は，カーネルのソースコードの必要個所を変更し，コンパイルをもう一度行って実行するカーネルそのものを作り直す操作である。

近年広く用いられている多くの OS は，周辺機器の利用を容易にするため，**プラグアンドプレイ**（PnP: Plug and Play）という機能を持つ。近年用いられている OS のほとんどに搭載された機能であり，コンピュータに周辺機器を接続すると，自動的にデバイスドライバーの組み込み手続きが行われ，接続した周辺機器の利用を可能とする機能である。さまざまな機能を持った周辺機器をコンピュータに接続するしくみを提供するとともに，必要とするソフトウエアのサービスに対応したハードウエア制御のしくみ作りを行うことが目的である。

プラグアンドプレイ機能がない OS は，デバイスドライバーの組み込

み時に，どのようにコンピュータと接続され，通信を行うのかという設定が必要になる。周辺機器が接続されたインターフェースや，割り当てられた I/O 空間のアドレス，割り込みレベルや割り込み番号など，周辺機器を OS から利用するために必要となる情報である。プラグアンドプレイでは，コンピュータに接続するだけで自動的に周辺機器とやりとりを行い，必要となる設定が行われる。

　USB など，プラグアンドプレイに対応したコンピュータのインターフェースは，新たな周辺機器が接続されると割り込みで OS に通知されるしくみとなっている。通知を受けた OS は，接続された周辺機器の種別を示す ID から，必要となるデバイスドライバーを検索して OS にインストールを行い，利用可能とする。ドライバーが OS に存在しない場合は，問い合わせが行われた際に，メーカーが提供するドライバーをインストールする必要がある。

　プラグアンドプレイに対応するデバイスは，コンピュータの電源を入れたまま周辺機器を抜き差しできる**ホットプラグ**（hot plug，活線挿抜，活性挿抜）の機能を持つことが多く，使用の利便性を高めている。動的にコンピュータとの接続，切断を行うしくみを，ハードウエアとソフトウエアでカバーする。電源を入れたまま周辺機器を交換することを，**ホットスワップ**（hot swap）ともいう。

　キーボードやマウス，USB メモリーのように一般的によく使われ，汎用的なしくみを持つ周辺機器のデバイスドライバーは，利便性を考慮してあらかじめ OS に準備されていることが多い。よく使われる周辺機器は，制御方法が共通化されていることが多いためである。例えば，インターフェースとして広く用いられている USB は，**デバイスクラス**（device class）と呼ばれる周辺機器の種類でグループ分けされた仕様群がある。デバイスクラスの仕様に準拠した機器は，OS に搭載された，

クラスドライバー（class driver）による動作が可能となっており，別途デバイスドライバーを用意しなくも接続することで使用できる。

演習問題 7 ————————————————————————

【 1 】 ソフトウエアの再利用を行う理由を抽象化を踏まえて説明しなさい。

【 2 】 ソフトウエア開発で考えるべき抽象化について，抽象化レベルを踏まえて説明しなさい。

【 3 】 OS のアーキテクチャーにあるカーネルとハードウエア抽象化層の関係を説明しなさい。

【 4 】 近年のコンピュータは，プラグアンドプレイ，ホットスワップという機能が搭載される理由を説明しなさい。

参考文献

インターフェース編集部『改訂新版 USB ハード＆ソフト開発のすべて』（CQ 出版社，2005年）

枝廣正人編著『組込みプロセッサ技術』（CQ 出版，2009年）

大澤範高『オペレーティングシステム』（コロナ社，2008年）

高橋義造『計算機方式』（コロナ社，1985年）

8 | プログラム実行の管理

《目標＆ポイント》 マルチタスク OS で行われるプログラム実行の管理について学ぶ。まず，プログラム実行の実体であるインスタンスとなるプロセスのしくみ，割り当てるメモリー空間，実行状態の遷移について学ぶ。そして，OS の管理によって実現される，複数プロセスの同時実行について学ぶ。OS によるプログラム実行を行う上で必要となるプロセッサーの動作モードや，実行するプロセスを切り替えるタイミングを決めるスケジューリングについて説明する。

《キーワード》 プロセス，スレッド，コンテキスト切り替え，並列処理，特権命令，スケジューリング

8.1 OS によるプロセスの実行

　第 7 章では，OS の構造や周辺機器を管理するしくみについて学んだ。これまで考えてきたプログラム実行は，主記憶装置上に既に置かれた命令列によるプログラム実行であった。次に，OS の実行が開始され，OS により支援されたプログラムを実行するしくみについて考えよう。マルチタスク OS によるプログラム実行は，ファイルとして保存されたプログラムを主記憶装置に読みだすことで作成された，プロセスというメモリー空間を用いて行われる。

8.1.1 プログラム実行とプロセス

　コンピュータに接続されたストレージに記録されている，プログラム

を実行するしくみを考えよう。OS は、ユーザーによって指定されたプログラムファイルをストレージから読みだし、実行を行うしくみを持つ。実行できるプログラムファイルは、Windows であれば拡張子 exe を持つファイルであり、UNIX 系の OS であれば実行属性を持つファイルである。OS がアプリケーションとして実行できるファイルを、**実行ファイル**（executable, executable file）という。**実行形式**（executable form）や、実行形式ファイルともいう。

実行ファイルは、3.1で学んだ機械語によって構成されている。実行されると、OS によって主記憶装置に読みだされ、実行の実体である**インスタンス**（instance）となる**プロセス**（process）が作成される。プロセスは、プログラムを実行する単位となるため、**タスク**（task）ともいう。

実行ファイルを OS が読みだし、プログラム実行を行うためのプロセスを作成する一連の作業を、プログラムの**ロード**（load）という。プログラムを実行し、使用できる状態にすることを**起動**（activate）という。

インスタンスは、7.1.1で学んだ、オブジェクト指向プログラミングのクラスと、クラスの実行によって作成されるオブジェクトの実体との関係と似ており、プロセスは実行ファイルによってメモリー空間に作り出された、実行ファイルを実体化したものである。実行ファイルを実行するたびに、新たに実行ファイルが読みだされ、別のプロセスが作成される。

8.1.2　プロセスへのメモリー空間の割り当て

OS は、プログラム実行を行うために、実行ファイルを読みだすと、主記憶装置上に、インスタンスとなるメモリー空間を確保する。主記憶装置に配置されたプログラム実行を行う作業領域である。メモリー空間は、下位アドレスから順に、コード領域、データ領域、ヒープ領域、スタック領域という、図8.1のような4つの領域で構成される。プロセス

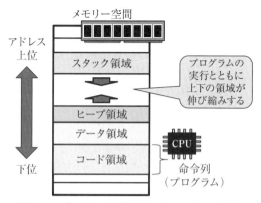

図8.1 プロセスを構成するメモリー空間

の実行に伴う作業領域であり，プロセスの作成時に，領域の確保とともに初期化が行われる。なお，**下位アドレス**（lower address）は，メモリー空間のアドレスにおいて数値の小さいアドレスを表し，**上位アドレス**（upper address）は，大きいアドレスをいう。

　コード領域（code area）は，**テキスト領域**（text area）ともいう。**プログラムコード**（program code）と呼ばれ，プロセスとして実行するプログラムの機械語による命令列が読みだされる。

　データ領域（data area）は，プロセスの実行で必要となるデータを格納する領域である。静的領域（static area）ということもある。プログラムに含まれる大域変数（global variable）などが記憶される。

　ヒープ領域（heap area）は，プロセスでのプログラム実行のために確保される一時的な作業領域であり，下位アドレスから上位アドレスに向かって伸び縮みするように使用される。命令実行とともに行われる動的メモリー確保（動的メモリー割り当て，dynamic memory allocation）などで使われるため，データ領域に含められることもある。

スタック領域（stack area）は，プログラム中の関数である**サブルーチン**（subroutine）や，手続き実行後に元の命令実行に戻るためのアドレス，プログラムの関数や手続きの実行時に確保する局所変数（local variable）など，プロセスの実行作業に伴い，一時的に記憶しておくデータを格納する領域である。データは，5.3.3で学んだデータ構造である **LIFO**（Last In First Out）によって扱われ，メモリー空間の最上位アドレスから下位アドレスに向かって伸び縮みするように使用される。

8.1.3　プロセスの実行と終了

メモリー空間に置かれたプロセスは，OS による**計算機資源**（computational resource）の割り当てにより，実行が行われる。割り当てされる計算機資源は，プロセッサーや，データの読み書きで必要となるファイルなどである。プロセッサーの割り当ては，**プロセッサー時間**（processor time）により表される。プロセスが実行を開始してから実際にプロセッサーを使った時間の合計であり，プログラムを実行するために必要な時間で表現される。**CPU 時間**（CPU time）ともいう。

メモリー空間上に置かれたプロセスは，私たちが仕事をとりかかるときに，参考にする書類を準備したり，ファイルを作ったり，パソコンを準備するなど，作業場に必要となる環境を準備することに似ている。割り当てられた担当者は仮想プロセッサーに相当する。担当者は，24時間いつも割り当てられた全ての作業を行っているわけではなく，割り当てられたいくつかの作業を勤務時間の中に割り当てながら仕事を進める。実際に作業を行うことが，仮想プロセッサーに物理プロセッサーが割り当てられた状態である。実際の作業に要した時間は，プロセッサー時間に相当する。

プログラム実行のために作成されたプロセスは，目的となる処理を完

了したなどの要因によって，いずれ終了する。終了とともに，プロセスに割り当てられた計算機資源は全て解放される。プロセス終了は，正常終了，異常終了，強制終了という，主に3種類の要因がある。

正常終了（normal end, normal termination, successful completion）は，プログラムで決められた処理内容を行って終了することである。終了に伴い，OSに正常終了であったことを通知する。**異常終了**（abend, abnormal end, abnormal exit, abnormal termination）は，プロセス実行中に発生した予期しない異常によって途中で実行が終了することである。終了に伴い，OSに異常終了であったことを通知する。**強制終了**（forced termination, forcible termination）は，実行中のプロセスを何らかの事情で強制的に終了することである。プロセスが応答しない状態になる**フリーズ**（freeze）のように，操作ができない場合などにおいて，強制終了コマンドやタスクマネージャーなど，プロセスを管理するプログラムを使って対応される。フリーズの状態は，**ハングアップ**（hang-up）や**ストール**（stall），操作に対する反応がなくなることから「固まる」ともいう。

プロセスの実行では，**ゾンビプロセス**（zombie process）という，処理は終了したが，何らかの事情でプロセスを管理する領域が残ったプロセスが残ることがある。プロセスを管理するプログラムで存在の確認を行い，強制終了や再起動などで対応する。

8.2　プロセスの実行と OS

マルチタスクOSは，計算機資源の管理によって，コンピュータに搭載されるプロセッサーが1個であっても，複数のプロセスを同時に実行させることができる。6.2.2で学んだように，ごく短い時間で実行するプロセスを切り替えることで実現される。

8.2.1 複数プロセスを同時実行する方法

複数のプロセスを同時に実行する方式について整理しておこう。複数のプログラムを同時に実行できる機能を，**マルチタスク**（multitask, multitasking）や，**多重プログラミング**（multiprogramming）という。複数プロセスを同時に実行する処理を，**並行処理**（concurrent processing）という。

仮想プロセッサー（virtual processor）によって，物理プロセッサーの数以上のプロセスを同時に動作させ，プロセスが同時に動作しているように見える実行方式を，**疑似並列**（pseudo parallel）という。一般的なマルチタスクOSで行われているプログラム実行の方法である。

コンピュータに搭載されたプロセッサーの数と，同じだけの複数のプロセスを同時に実行することを**並列処理**（parallel processing）動作という。

複数のプロセスをコンピュータで実行することを考えよう。命令実行は，物理プロセッサーによって行われる。プロセス2つを同時に実行することを考えると，物理プロセッサー2つを用意し，物理プロセッサーとプロセスを1:1対応とする並列処理により実行させる方法がある。実行するプロセスの数が増えると，物理プロセッサーの数も増やす必要があるが，実行させるプロセスの増加に対応してプロセッサーの数を増やすことは困難であるため，仮想プロセッサーを使った疑似並列が用いられることが多い。

疑似並列によるプロセスの実行は，物理プロセッサーで実行するプロセスを短時間で切り替えながら実行を進めることである。6.2で学んだように，OSなしやシングルタスクOSでは，プログラマーがプログラムの流れを制御し，割り込みを使って一定間隔で切り替えながら実行する。マルチタスクOSは，OSが計算機資源を管理するため，メモリー空間に存在するプログラムの実行環境である複数のプロセスに対し，計

算機資源を切り替えながら割り当てることで実行が進められる。

8.2.2 実行するプロセスの切り替え

　物理プロセッサーによる命令実行は，2.1.2で学んだ制御レジスターや汎用レジスターに基づいて行われる。制御レジスターはプロセッサーの命令実行の状況を示し，汎用レジスターは実行中の命令で取り扱うデータを示しており，その時々で物理プロセッサーが行っている命令実行の状態を表す値である。つまり，あるプロセスの実行を行うプロセッサーの制御レジスターと汎用レジスターの値を記録しておくと，別のプログラム実行を行ったあとであっても，制御レジスターと汎用レジスターの値を記録した値に戻せば，プロセッサーを記録したときの状態に戻すことができる。

　命令実行を行う，あるときの物理プロセッサーの状態を示す，制御レジスターや汎用レジスターを構成する一式の値を，**コンテキスト空間**（context space）という。プロセッサーの実行状態を，コンテキスト（context）ということにちなむ言葉である。コンピュータに複数プロセッサーが搭載されている場合は，個々のプロセッサーに対してコンテキスト空間が存在する。マルチタスクOSは，物理プロセッサーのコンテキスト空間を管理することで仮想プロセッサーを実現し，プロセスの実行を管理する。

　図8.2を見ながら，OSの上で複数のプロセスを実行することを考えよう。実際の命令実行は，コンピュータに備わる物理プロセッサーが行う。先ほどは，物理プロセッサーと仮想プロセッサーの対応でプロセッサーについて説明したが，OSは物理プロセッサーを管理しており，命令実行できるプロセッサーの数を，論理プロセッサーとして管理する。物理プロセッサー1つに対して，論理プロセッサー1つとなることもあ

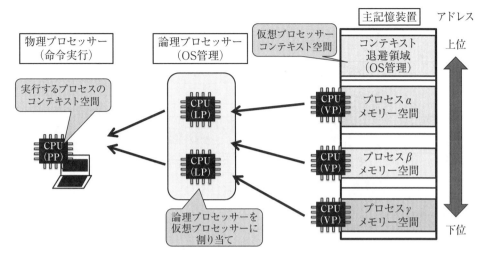

図8.2 プロセッサーとプロセスの実行

るが，プロセッサーの中には，物理的にはプロセッサー1つであっても，OS から見ると，2つのプログラム実行が可能というプロセッサーが存在するためである。6.2.3で学んだ，物理的資源と論理的資源の説明において，物理的資源から論理回路によって作られる資源に相当し，1つのプロセッサーを疑似的に2つに見せかけ，2つのプログラム実行を同時に実現する。

図8.2は，物理プロセッサー（PP）は1つであるが，論理プロセッサー（LP）は2つ存在するため，2つのプログラムが同時に実行可能である。OSは論理プロセッサー2個のコンテキスト空間を管理し，実行するプロセスの管理を行う。つまり，論理プロセッサーでの命令実行は，物理プロセッサーでの命令実行と同じ意味になる。

実行ファイルを起動し，主記憶装置上に $α$, $β$, $γ$ という3つのプロセスが存在する場合の実行を考えよう。各プロセスを実行するために，仮

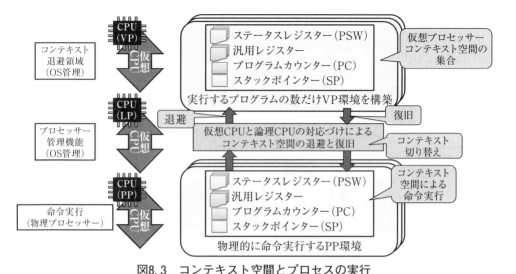

図8.3 コンテキスト空間とプロセスの実行

想プロセッサーの割り当てを行い，α，β，γ のコンテキスト空間を作成する。作成されたコンテキスト空間は，主記憶装置にある，OS 管理のコンテキスト退避領域に格納される。プロセス α を実行する場合は，α のコンテキスト空間をコンテキスト退避領域から論理プロセッサーに割り当てを行い，物理プロセッサーで実行する。実行がごく短い一定時間行われたのち，論理プロセッサーのコンテキスト空間を，プロセス α の新たなコンテキスト空間として，退避領域を更新して格納する。他のプロセスの実行を行う場合も同様であり，論理プロセッサーが2つ存在するため，同時に2つのプロセスを論理プロセッサーに割り当てて実行する。

図8.3のように，論理プロセッサーで実行されるプロセスは，OS 管理の退避領域にある実行中のプロセスのコンテキスト空間を，OS 管理の下で切り替えることで少しずつ実行が進む。論理プロセッサーで実行するプロセスを切り替えることを，**コンテキスト切り替え**（context switch）

という。**プロセス切り替え**（process switch）ともいう。コンテキスト切り替えは，あるプロセスをごく短い時間動作させたあとに行われ，結果として実行する全てのプロセスが同時に動作するように管理される。

8.2.3 裏方で動作するプロセス

OS は，多数のプロセスを同時に実行するために，コンテキスト切り替えを行っている。7.2.3で学んだ OS のアーキテクチャーであったように，マイクロカーネルは，プロセスとして一部機能を動作させるためである。私たちがコンピュータを利用する間，私たちに見える見えないにかかわらず，使用するアプリケーション以外に，OS の機能を実現する多数のプロセスを実行するためである。

このほか，新規メールの確認，周辺機器を使いやすくするユーティリティーなど，アプリケーションやドライバーに付随するプログラムのように，コンピュータを使いやすくする，**常駐プログラム**（resident program）という裏方で動作するプログラムの存在もある。

Linux のように UNIX 系の OS では，裏方で動作する常駐プログラムに相当するプログラムを**デーモン**（deamon）という。Windows は，**システムサポートプロセス**（system support process）や，**サービスプロセス**（service process）などに対応するプログラムである。

8.2.4 スレッドによる命令実行

次に，プロセスの実行で用いられる，命令実行の流れであるスレッドについて考えよう。プロセスは，OS でのプログラムを実行する単位であるが，**スレッド**（thread）は，プログラムにおける命令実行の流れである。

これまで考えてきた，主記憶装置に配置されたプログラム１つを実行するには，１つの論理プロセッサーが必要である。近年の大規模になっ

たプログラムは，1つのプロセスの中に同時に実行される複数のプログラムが含まれることが多く，プロセスとしてプログラム全体が管理され，実際に行われる複数のプログラムの流れはスレッドとして管理される。

　複数のスレッドが含まれるプロセスは，実行において複数の仮想プロセッサーの割り当てが必要となる。複数のスレッドが同時に動作するプロセスを，**マルチスレッド**（multi-thread）という。

　実行するプロセスの切り替えは，8.2.2で学んだように，コンテキスト切り替えによって行われる。コンテキスト切り替えは，論理プロセッサーが実行するプロセスを変更することであり，プロセスを実行するスレッドを切り替えることと同意である。つまり，プロセスの実行に含まれる全てのスレッドは，OS が管理するメモリー空間にコンテキスト空間の退避領域を持つ。

　プロセスとスレッドのコンテキスト切り替えにおける違いは，切り替え処理に関わる**オーバーヘッド**（overhead）の量である。実行するプロセスの切り替えは，実行するプログラムそのものを切り替えるため，コンテキスト空間と実行するメモリー空間の両方を切り替える必要があるが，スレッドは，同じプロセスの中で実行されているため，コンテキスト空間のみの切り替えでよいことになる。コンテキスト切り替えに要する処理が少ないため，スレッドは，**軽量プロセス**（lightweight process）ともいう。

　コンテキスト切り替えは，私たちの生活での例を考えると，作業中の仕事を取りやめ，別の仕事にとりかかることに似ている。全く別の仕事にとりかかるときは，準備にかかる負担は大きいが，同じ仕事の中での別の仕事には対応しやすい。コンピュータにおいて，全く異なる処理にとりかかることはプロセスのコンテキスト切り替え，同じ仕事の中で異なる仕事にとりかかることはスレッドの切り替えに相当する。

マルチスレッドを用いたプログラムの例は，web ブラウザーや動画の変換を行うエンコーダー（encoder）などがある。web ブラウザーは，ネットワークから画像やテキストのデータを受信しつつ，データを展開して画面に表示する処理や，ユーザーからの入力を待機するなどの処理を行う。それぞれの処理は，実行順番の依存関係がないため，それぞれの処理をスレッドとして分割して実行することで，web ページの表示を効率的に行うことができる。エンコーダーでは，同様の処理を複数のデータに適用する処理が多く行われる。データを最初から順に**逐次的**（sequential）に実行せず，同時に実行できる処理を，スレッドを使って並列に処理しつつ，とりまとめるように処理を行うことで効率的に処理ができる。

8.2.5　プロセスやスレッドの実行状態

プロセスは，内包するスレッドに割り当てられた仮想プロセッサーに，OS から論理プロセッサーの割り当てが行われることで，実行が行われる。また，周辺機器へのアクセスが必要になると，実際に使用できるようになるまでスレッドは実行を停止して待ち状態となり，使用できるようになって初めて実行可能状態になる。

プロセスの実行状態は，さまざまな要因で変化する。実行できる状態で待機した状態を，**実行可能状態**（ready）という。スレッドを実行する仮想プロセッサーに論理プロセッサーが割り当てられておらず，実行が中断している状態である。仮想プロセッサーに論理プロセッサーが割り当てられ，実行されている状態を，**実行状態**（running）という。

プロセスの実行状態の遷移について，図8.4を見ながら考えよう。OS が実行ファイルを読みだし，（1）プロセスの生成が行われると，（A）実行可能状態となる。仮想プロセッサーに論理プロセッサーが割り当て

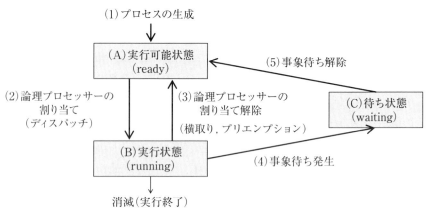

図8.4 プロセスの実行状態の遷移

られると，(B) 実行状態となる。マルチタスクでは複数のプロセスを実行するため，論理プロセッサーの割り当てと解除が繰り返される。プロセスは実行可能状態と実行状態の間を行き来し，最終的に実行終了することで消滅することになる。

　実行状態にすることを**ディスパッチ**（dispatch）といい，ディスパッチを行うプログラムを**ディスパッチャー**（dispatcher）という。ディスパッチによってプロセスを実行することを，**起床**（ウェイクアップ，wake up）という。ある瞬間に実行状態となるプロセスの数は，コンピュータに搭載されている物理プロセッサーの数以下である。プロセスの実行状態は，実行中（executing）や，活性状態（active）などともいう。

　(B) 実行状態のプロセスは，ストレージへの読み書きなど，周辺機器を使用することがある。使用しようとしたとき，使用できない状態になっていると，待ち状態に移行する。(C) **待ち状態**（waiting）は，論理プロセッサーの割り当てに関係なく，プロセスの実行を中断している状態である。使用したい周辺機器が利用できない場合など，プロセスの

実行に不可欠となる要因が使用できないことで発生する。動作できない状態であるため、ブロック状態（blocked）やスリープ状態（sleeping）ともいう。待ち状態の要因が解決すると、プロセスは実行状態への移行が可能となる実行可能状態になる。

マルチタスク OS のカーネルは、実行可能状態のプロセスを待機させるための、**レディーキュー**（ready queue）を持つ。周辺機器（入出力装置）とのやりとりを待つプロセスには、I/O 待ちのキューにより対応される。I/O 待ちのキューは、要因に応じて用意されていることも多い。レディキューや I/O 待ちのキューは、**待ち行列**（queue）というデータ構造をとり、キューに入れられた順番で管理され、最も古いものから取り出すしくみを持つ。基本的には、4.3.2 で学んだバッファーと同様の動作を行うが、何らかの要因に応じてデータに優先度を付けて取り出し方を変化させる、優先度付きキューが使われることもある。

8.3 プロセス実行を管理するしくみ

プログラムを OS で実行するしくみであるプロセスは、OS によって計算機資源の割り当てが管理され、実行が行われる。計算機資源の割り当てに伴う、プロセスの実行状態の遷移や、実行に影響を与えるプロセッサーの動作モードについて考えよう。

8.3.1 プロセッサーの動作モード

OS は、ユーザーのプログラムを実行するだけでなく、7.2.3 で学んだマイクロカーネルのように、OS 自身の機能をプロセスとして実行する。

プロセッサーは、計算機資源の保護やカーネルの動作を安定的に行うため、プロセッサーの命令実行を制限する**動作モード**（execution mode）を持つ。プロセッサーにより異なるが、少なくとも**特権モード**

（privileged mode）と**非特権モード**（non-privileged mode）の2つが用意されている。特権モードは，全ての資源へのアクセスを可能とし，カーネル実行で使われることが多いため，**カーネルモード**（kernel mode）や管理モードとも呼ばれる。非特権モードは，一部の資源へのアクセスが制限されており，利用者のプログラム実行で使われることが多いため，**ユーザーモード**（user mode）ともいう。

特権モードと非特権モードは，プログラム実行で使うことができる命令セット空間が異なる。特権モードは，非特権モードで実行できる命令のほかに，入出力操作命令や主記憶装置の管理命令，割り込み制御命令などの**特権命令**（privileged instructions）を実行できる。

非特権モードから特権モードへの切り替えは，第5章，表5.1にある内部割り込みの一つである**スーパーバイザーコール**（supervisor call）によって行われる。**スーパーバイザー呼び出し**ともいう。スーパーバイザーコールが実行されると割り込みが発生し，割り込みベクターが参照され，対応する割り込みハンドラーの実行によってモード切り替えが行われる。割り込みの実行とともにプロセッサーの動作モードは非特権モードから特権モードに切り替えが行われ，対応する処理の割り込みハンドラー実行が行われる。割り込みハンドラーからの復帰では非特権モードにプロセッサーの切り替えが行われるため，カーネルのみが特権命令を実行できる環境になる。

OS機能の複雑化や高機能化に伴い，特権モードに複数の階層を持たせたプロセッサーもある。この場合，ある特権モードよりも低い特権モードは，ある特権モードよりも限定した操作が可能となるように設計される。図8.5のようにリング構造によって特権モードのレベルを捉えることができるため，階層的な保護方式は，**リング保護**（ring protection）という。

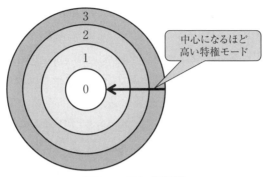

図8.5 リング保護

特権モードを3レベル以上持つプロセッサーであっても，OSは2種類の実行モードが使われることが多く，OSのカーネルには最も高い特権モードが割り当てられる。例えば，近年サーバー構築などで多く用いられるようになった，コンピュータそのものを構築する**ハードウエア仮想化**（hardware virtualization）を行うソフトウエアで，コンピュータや周辺機器を仮想化する機能を用いる場合，仮想化を実現する**ハイパーバイザー**（hypervisor）に最も高い特権モードを割り当てる。アプリケーション実行を管理するスーパーバイザーであるOSは，ハイパーバイザーによって動作が管理されるためである。ハイパーバイザーやOSは管理を行うソフトウエアよりも高い特権モードの割り当てが必要となる。

8.3.2 実行のスケジューリング

実行可能状態にあるプロセスやスレッドは，実際に実行を担当する仮想プロセッサーを管理するOSによって論理プロセッサーが割り当てられ，実行状態となる。プロセスやスレッドの実行に関する優先度の捉え方や，実行順序を決めるしくみについて考えよう。

OSが管理する全てのプロセスやスレッドの中から実行対象を選び，仮想プロセッサーに，論理プロセッサーによるプロセッサー時間を割り当てて実行することを**スケジューリング**（scheduling）という。カーネルが持つスケジューリングを行う機能を**スケジューラー**（scheduler）という。

スケジューラーは，スケジューリング・タイミング，スケジューリング優先度付与基準，スケジューリング・アルゴリズムの3つの観点から実行可能状態にあるスレッド（プロセス）を選び，実行順序を決める。スケジューラーが起動されると，優先度付与基準に基づいてスレッドに優先度を付け，ディスパッチャーにより，最高優先度となっているスレッドが実行される。

スケジューラーの起動は，6.2.2で学んだように，タイマー割り込みなどの事象をきっかけに行われる。実行するスレッドの選択は，**優先度キュー**（priority queue）によって行われる。優先度キューは，実行可能状態のスレッドを保存し，8.2.5で学んだレディーキューと同様，待ち行列で構成されており，キューに入れられたスレッドを優先度順に取り出すことができる。スケジューラーは優先度付与基準の結果を優先度キューに入れ，ディスパッチャーは優先度キューの最初のスレッドを対象とすることで，最高優先度のスレッドの実行が可能となる。

8.3.3　スケジューリングのタイミング

次に，プロセスを実行するスケジューリングのタイミングについて考えよう。複数のプロセスを同時に実行するマルチタスクは，単位時間当たりの処理能力である**スループット**（throughput）を向上させるように，プロセス切り替えを進めることが望まれる。

スケジューリングは，入出力待ちや，タイマー割り込みなどの事象の発生に伴って行われる。入出力待ちのプロセスや，**無限ループ**（in-

finite loop）と呼ばれる，一連の命令が無限に繰り返されるプログラム
を避け，ハードウエアを効率的に利用することを目指し，負荷分散を考
えながら論理プロセッサーを割り当てる対応が必要となる。まさに今，
演算処理を必要とするプロセスに論理プロセッサーを優先的に割り当て
ることが重要となる。実行中のプロセスを中断して，別プロセスを実行
することを**横取り**（preemption）という。図8.4（3）プロセッサーの
割り当て解除に該当する。

　スケジューリングで横取りを行う方法は，プリエンプティブ・スケ
ジューリング（横取りスケジューリング，preemptive scheduling）とい
い，横取りを行わない方法は，ノン・プリエンプティブ・スケジューリン
グ（横取りなしスケジューリング，non-preemptive scheduling）という。

8.3.4　プロセスへの優先度付与の基準

　複数のプログラムを実行しているとき，負荷が高いプロセスのように，
優先して実行させたいプロセスが存在することがある。プロセスに優先
度を付加する基準は，OSのコンセプトや，プロセスの負荷状況，優先
基準など，いくつかの要因を組み合わせることで作成され，処理結果が
得られるまでの時間である**応答時間**（response time），スループット
（throughput）を向上させるように工夫される。**プロセッサー利用率**
（utilization）を高め，優先度を付与する基準を満たす以外は，実行す
るプロセスを平等に実行する**公平性**（fairness）を高め，特定のプロセ
スが実行されなくなる，**飢餓状態**（starvation）をできるだけ作らない
アルゴリズムとすることが求められる。

　アルゴリズムに正解はなく，利用されるコンピュータの目的や用途に
対応させるため，コンセプトはOSごとに異なり，スケジューリングで
優先される基準も異なる。

演習問題 8 ————————————————————

【1】 プログラム実行におけるプロセスとスレッドの役割の違いを説明し，プロセスよりもスレッドのコンテキスト切り替えが高速となる理由を説明しなさい。

【2】 コンピュータで動作中のプロセスを確認するプログラムを使って，プログラム実行で使用される計算機資源を確認しなさい。

【3】 物理プロセッサー，論理プロセッサー，仮想プロセッサーの違いについて説明しなさい。

【4】 常駐プログラムが存在する理由を説明しなさい。

【5】 マルチスレッドによる命令実行が必要になるアプリケーションについて説明しなさい。

【6】 プロセッサーに特権命令が存在する理由を説明しなさい。

【7】 プロセス実行のスケジューリングアルゴリズムによって OS の特徴が決まる理由を説明しなさい。

【8】 データ構造の1つであるキュー（行列）の動作を説明しなさい。

【9】 スーパーバイザーとハイパーバイザーの違いを説明しなさい。

参考文献

大澤範高『オペレーティングシステム』（コロナ社，2008年）

河野健二『オペレーティングシステムの仕組み』（朝倉書店，2007年）

坂井弘亮『12ステップで作る組込み OS 自作入門』（カットシステム，2010年）

9 | プロセスの協調動作

《目標＆ポイント》 マルチタスク OS で複数のプロセスが同時に実行された
ときに発生する，計算機資源の競合を防ぐために行われるプロセスの協調動
作について学ぶ。複数のプロセスがプログラム実行のために同じ資源を取り
合いとなる競合状態となったときに用いられる，相互排除やフラグ，セマ
フォによる競合状態の回避について説明する。競合状態の回避策を行っても
対応が困難となるデッドロックや，プロセスの協調動作で必要となる通信に
ついて紹介する。そののち，プログラム実行における物理メモリーの管理や，
OS で行われる主記憶装置の管理によって提供される論理メモリーや，仮想
メモリーについて学ぶ。

《キーワード》 並行プログラム，競合状態の回避，相互排除，セマフォ，プ
ロセス間の通信，論理メモリー，仮想メモリー

9.1 プロセスの協調動作

第 8 章では，マルチタスク OS でプログラム実行を行う，処理のひと
まとまりの処理の単位であるプロセスを学んだ。プロセスはメモリー空
間上に置かれ，仮想プロセッサーで実行が行われる。OS は，プロセス
の仮想プロセッサーに論理プロセッサーを割り当て，実行可能状態と実
行状態を繰り返しながら，実行を行う。

コンピュータのハードウエアを管理する OS は，物理的資源を管理し
ながらプロセスの実行を管理する。複数のプロセスを実行する場合，物
理的資源である周辺機器の動作状況を踏まえてプロセスを待機状態にす

ることや，周辺機器を使用する順番を考慮したプロセスの実行を管理することが求められる。複数のプロセスを同時に実行する場合の対応について考えよう。

9.1.1 プロセスの同期

コンピュータで複数のプログラムを同時に実行することを，**並行プログラム**（concurrent program）という。完全に独立して動作するプログラムであれば問題は少ないが，複数のプログラムで処理を分散させてデータを処理する場合や，物理的資源を複数のプログラムが同時に必要とすることもあり，プログラムの実行をプロセスとして管理する OS は，物理的資源の状況やプログラム間でやりとりするデータの管理などを行う必要がある。プログラムを一つ一つ順に実行を行う**逐次的**（sequential）に動作させる場合と異なり，並行プログラムの管理は難しいといえる。

マルチタスクのように，複数のプログラムを同時に動作させる場合，同時に利用できるプロセスの数に制約がある資源に注意が必要となる。資源は，コンピュータのプロセスを実行するために必要となる，物理的資源や論理的資源，仮想的資源などである。

例えば，同じファイルを複数のプログラムで使用する場合，ファイルの書き込みに注意が必要である。読みだすプログラムと書き込むプログラムが同時にあると，読みだすタイミングによって異なる内容が読みだされる可能性があることや，複数のプログラムから書き込みが同じようなタイミングで無造作に行われ，データが失われる可能性が高まるためである。周辺機器では，プリンターを例に考えると，複数のプログラムからの命令が混ざって受け取ると，印刷される内容がむちゃくちゃになる。このため，あるプログラムが印刷を完了するまで，他のプログラム

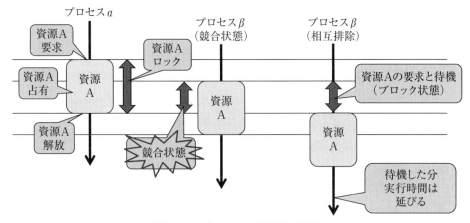

図9.1 プロセスの実行と資源

で使用できない状態にしている。つまり，複数のプログラムから資源が利用されるとき，実行の待機や，使用できるようになるまで別の処理を代わりにするなどの回避処理を行い，資源を確実に動作できるしくみが必要となる。

複数のプロセスが，プログラム実行のために同じ資源にアクセスを行い，お互いに資源の取り合いとなった状態を，**競合状態**（race condition）という。競合状態を回避するには，あるプログラムが使用している周辺機器は，別のプログラムからの使用を禁止するなど，資源を同時に利用しないように管理する必要がある。

図9.1を見ながら，実行中に資源Aを使用する2つのプロセスを同時実行することを考えよう。α，βという2つのプロセスが実行されているとき，1つのプロセスしか使用できない資源Aは，αかβのどちらかしか利用できない。αが実行に伴い資源Aを利用するとき，どのプロセスも使用していないため，αは資源Aを要求して占有し，処理が終わる

と，資源Aは解放される。

　αと同時にβが実行されている時を考えよう。βは，実行が進むと資源Aを使った処理を行うために，資源Aの要求を行う。このとき，αは資源Aを占有している状態であるため，βも使用すると，αとβの両方が資源Aを使う，競合状態が発生する。資源Aを制御する命令が，異なった目的で動作するαとβの両方から出されて混ざる状態であり，資源Aの動作がうまくいかなくなる。資源Aを複数のプロセスから有効に使用するには，制御されるプロセスを1つにする何らかの制御が必要となる。

9.1.2　競合状態の回避とプロセスの実行

　OSが資源を管理する際に競合状態を回避する方法として，資源を使用するプロセスの数を1つに限定する**相互排除**（mutual exclusion）がある。相互排除は，選択されたプロセスによる整合性を保った処理を可能にすることである。あるプロセスが独占的に資源を利用することであり，資源が利用中の状態を，**占有**（occupy）や，**ロック**（lock）という。利用したい資源がロックされ，プロセスが待機させられた状態を**封鎖**（ブロック，block）という。

　図9.1でβが相互排除を行う場合を考えよう。βが資源Aを使用するまで実行が進むと，資源Aの要求を行う。このとき，資源Aはαが使用中であるため，待機状態，ブロック状態になり，資源Aが解放されるまで待機する。αが資源Aを解放したあと，βが資源Aを確保して使用することが相互排除による競合状態の回避である。βは，資源Aが使用できるまで待機した分，実行時間は延びることになる。

　相互排除による資源の管理は，次の4つの条件が必要である。（1）同時に資源を利用できるプロセスは1つであること。（2）利用できる状態の資源は，利用するプロセスが現れるとすぐに利用できる状態であ

ること。(3) 資源を利用する機会が全てのプロセスに公平に与えられており, 複数のプロセスから利用の要求があった場合は, どれか1つが資源を必ず利用できること。(4) 資源を利用したいプロセスは, 時間がかかっても必ず資源を利用できる状態になること。相互排除による資源管理は, 4つの条件を踏まえた制御プログラムにより管理される。

相互排除による制御プログラムの中で, 処理を行う上で重要な部分を**クリティカルセクション**(critical section) や, クリティカルリージョン(critical region, 臨界領域)という。確実に相互排除を実現するため, クリティカルセクションの実行中, OS は, 別のプロセスへの切り替えを行わないよう, プロセスの実行を管理する必要がある。

相互排除を確実に実現する方法を考えよう。1つは, 割り込みを禁止する方法である。マルチタスク OS は, プロセスを切り替えながら複数のプロセスの実行を行うが, 6.2.2で学んだように, タイマー割り込みのような割り込みの事象をきっかけに行われる。つまり, 割り込みによって, 実行されるプロセスが切り替わるため, 割り込みを禁止することで1つのプログラムを実行し続けるという相互排除が実現される。プロセッサーによる割り込み処理の禁止や解除は, プログラムの中に含まれた命令の実行により実現される。

一方で, 割り込みを禁止すると, プロセスのコンテキスト切り替えが行われなくなる。つまり, OS の上で動作中のプロセス実行する処理を止めることになるため, 他のプロセス実行に支障が出ない短時間のみ割り込み禁止を行うことができる。特に近年で一般的となったマルチプロセッサーは, 複数の命令実行を同時に行い, 複数のプロセスを同時に実行することから, 割り込みによる相互排除は難しく, 別の方法を利用することが多い。

次に, フラグを使った相互排除の実現方法を考えよう。**フラグ**(flag,

旗）は，2.3.2で学んだように，処理の判断結果などを保存する変数である。資源を利用する前にフラグを上げ（フラグ変数に 1 や true の値の代入），利用終了とともにフラグを下げる（フラグ変数に 0 や false の値の代入）ことで，資源の利用状況を管理する方法である。プロセスそのものがフラグを監視することで，相互排除で管理される資源の利用が実現される。プロセスは，フラグを参照して資源が利用できるかを調べる。5.2.2で学んだ，繁忙待機によるフラグ変数の確認により実現される。相互排除のためのフラグの処理は，できるだけ他の命令による影響を少なくして 1 命令で必要な処理を行う，**不可分命令**（atomic instruction, indivisible instruction）による実現が望ましい。

9.1.3　資源の管理とセマフォ

　次に，**セマフォ**（semaphore）による資源の管理について考えよう。セマフォは手旗信号という意味もあり，実行可能状態やイベント待ち状態を OS で管理するしくみである。セマフォは，別のプロセスなどから操作できない非負整数のセマフォ変数と，セマフォ変数を操作する，P操作（acquire）と V 操作（release）により構成される。P 操作は処理の要求通知を，V 操作は処理の終了通知を行う。

　セマフォ変数は，同時に資源にアクセスできる最大値を表す。例えば，最大 3 つのプロセスからアクセスできるある資源で考えると，セマフォ変数に 3 を代入しておく（変数に 3 を入れる）。資源にアクセスするプロセスは P 操作を行い，P 操作では，セマフォ変数が 0 でなければ 1 を引く演算を行ったのちに，プロセスはクリティカルセクションとして資源にアクセスする。セマフォ変数は，今回の操作で 3 − 1 = 2 となる。資源を使い終わると，プロセスは V 操作を行い，V 操作は，セマフォ変数に 1 を加算する。今回の操作の間，別のプロセスが資源を利用しな

かった場合，2 + 1 = 3 となる。

セマフォ変数が 0 であった場合に P 操作が行われると，P 操作を行ったプロセスは待ちに入り，別のプロセスにプロセッサーを譲って実行を中断する。

セマフォを排他制御に使う場合は，セマフォ変数の初期値を 1 として用いる。0 と 1 で構成されるセマフォとなり，**2 進セマフォ**（binary semaphore）という。一方で，先の例のような任意の非負のセマフォ変数を持つセマフォは，**計数セマフォ**（counting semaphore）という。

9.1.4　プロセスの実行とデッドロック

次に，**デッドロック**（deadlock，行き詰まり）について考えよう。デッドロックは，複数のプロセスが占有しようとする同一資源の解放を待ち，処理が進まない状態をいう。

デッドロックは，相互排除（mutal exclusion），確保待ち（wait for condition），横取り不可（no preemption），循環待ち（circular wait）という条件が重なると発生しやすい。

図9.2を見ながら，デッドロックについて考えよう。α と β というプロセスが同時に実行され，A と B の資源を相互排除によって α と β で使用する場合である。α の実行では，資源 A を長期間占有し，途中で資源 B の占有を行う。α と同時に実行される β は，資源 B を長期間占有し，途中で資源 A の占有を行う。

α の実行が行われ，資源 B の確保を行おうとすると，β が占有しているため，相互排除によって待機状態となる。一方，β の実行においても，資源 A の確保を行おうとすると，α が占有しているため，相互排除によって待機状態になる。つまり，α と β は資源の確保のために待機状態になるが，A と B の資源が解放されるまで実行が進まないため，待機状

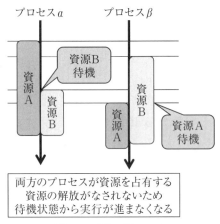

図9.2 デッドロック

態から実行が進まない，デッドロックの状態になる。

　デッドロックの解決は，いずれかの条件成立を防止（prevention）することや，デッドロックに入らないように回避（avoidance）する何らかのアルゴリズムをプログラムに含める，デッドロックを検出し，解消する回復（recovery）などの工夫で行われる。

9.1.5　プロセス間の通信

　複数のプロセスは独立して動作するため，プロセスを協調して動作させるためには，それぞれの実行状況を伝えるデータの交換を行い，実行の歩調を合わせる必要がある。データ交換の方法として，メッセージ通信やメモリー空間の共有について考えよう。

　プロセス同士でデータのやりとりを行う方法の一つであるメッセージ通信は，**プロセス間通信**（**IPC**: InterProcess Communications）や**メッセージパッシング**と呼ばれる。メッセージ通信は，送信（send）

と受信（receive）の操作が基本である。データ送信は，通信を行う対象の宛先とデータを指定し，データ受信はメッセージの送信元とデータの受信場所を指定することで行う。

通信相手となるプロセスの指定は，通信相手（プロセス名）を直接指定する**直接通信方式**（direct communication）と，通信路となるチャネルやポート，メッセージボックスなどを指定して通信を行う**間接通信方式**（indirect communication）がある。直接通信方式は1対1の通信に対応するが，間接通信方式は，通信媒体を複数プロセスで共有することで，1対1に加え，1対多や多対1，多対多の通信が可能である。

メッセージ通信による情報交換は，通信が完了するまで送信側が待たされる通信方式を**同期式**（synchronous）という。送信したタイミングで送信することである。受信側がメッセージ受信まで待たされることを，9.1.2のプロセス同期と同様，**封鎖**（block）というため，**ブロッキング型通信**（blocking communication）ということもある。一方，メッセージ受信が完了せずに送信操作から復帰する通信方式は，**非同期方式**（asynchronous）という。**ノンブロッキング型通信**（non-blocking communication）ということもある。

非同期型の通信は，4.3.2で学んだバッファー（buffer）により実現される。バッファーが存在しない場合や，記憶されたデータで一杯の場合は，同期型と同様の通信となる。

メモリー空間の共有によるデータ交換は，メモリー空間の一部を共用する方法であり，実現は容易である。しかしながら，あるプロセスのデータを，共有する別のプロセスが操作することも容易であるため，データ保護やプロセスの独立性の観点から望ましいとはいえない。メモリー空間の共有のしくみは，9.2.3で学ぶ。

9.2 メモリー空間の管理

コンピュータの実行で用いられるメモリー空間の管理について考えよう。マルチタスク OS は，ハードウエアに搭載された主記憶装置を管理し，プロセスやスレッドが適切な実行を可能にするメモリー空間を割り当てる。

9.2.1 OS により管理される主記憶装置

コンピュータは，これまで学んできたように，プロセッサーで実行する命令列を記憶し，結果を保存するために主記憶装置を持つ。コンピュータは，主記憶装置の命令をプロセッサーで実行することで，何らかの処理を実現する。

マルチタスク OS において，プロセッサーは，これまで学んだように，ハードウエアで実際に命令を実行する物理プロセッサー，OS が管理する論理プロセッサー，OS が管理するプロセスを実行する仮想プロセッサーという種類がある。主記憶装置においても，物理メモリー，論理メモリー，仮想メモリーという種類がある。

図9.3を見ながら，主記憶装置について整理しておこう。ハードウエアに搭載される物理的な RAM は，コンピュータで命令実行をするために用いられる物理メモリー空間を構成する。物理的な実体で構成され，ハードウエアそのものの物理アドレスによって読み書きするデータが管理される。論理メモリーは，物理的な主記憶装置を抽象化し，OS が管理することで作り出される論理メモリー空間を構成する。物理アドレスを管理することで作り出され，論理アドレスによって読み書きするデータが管理される。

仮想メモリーは，論理メモリーとストレージを組み合わせて構築され

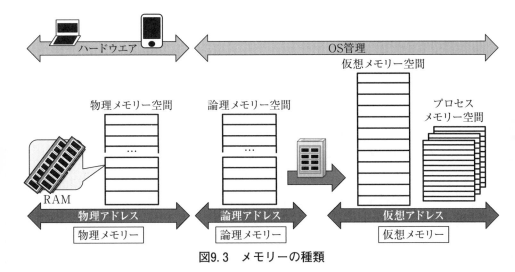

図9.3 メモリーの種類

る主記憶装置である。物理メモリーで不足する分をストレージ上のファイルへの読み書きで補う。プログラムからは，広大な仮想メモリー空間が存在し，取り扱いができるように管理される。アドレスの割り当て方によって，1つのメモリー空間だけでなく，複数のメモリー空間を構築することが可能となるため，実行するプロセスに専用のメモリー空間を提供することもできる。仮想アドレスによって読み書きするデータが管理される。

9.2.2 物理メモリーの管理

OS なしやシングルタスク OS が用いる主記憶装置である，物理メモリーの管理について考えよう。基本的には，物理メモリーにプログラムをロードし，プログラム実行を開始するアドレスから命令を実行する状態を作ることである。物理メモリーは，物理アドレスによって構成されるメモリー空間のみ存在するため，OS なしの場合，プログラム実行の

メモリー管理はプログラマーが作成するプログラムで行う。

　シングルタスク OS によるプログラム実行は，プログラム実行とともに必要となるメモリー空間がその都度その都度，動的に確保される。実行ファイルの実行が開始されると，プログラムやデータは，メモリー空間の空き領域に格納される。分割して格納はできないため，連続したアドレスを持つ領域に割り当てられる。

　シングルタスク OS による**物理アドレス**（physical address）を使ったプログラム実行は，簡単なメモリー管理しかないため，プログラムに割り当てる連続した空き領域を探してプログラムやデータを読みだす必要がある。OS を起動した直後は問題が少ないが，プログラムの実行を繰り返すなど，利用が進むとともに，全体としては十分な空き領域が存在するにもかかわらず，連続した空き領域が少なくなり，プログラムを読みだすメモリーの確保が困難となることがある。

　サイズが小さなプログラムの実行や，小さな単位でのメモリー空間の割り当てや解放が繰り返し行われると，小さな空き領域が数多く存在するようになる。連続したアドレスで構成された，まとまったサイズのメモリー空間が確保できない，メモリーの**断片化**（フラグメンテーション，fragmentation）という状態である。

　断片化を発生しにくくする工夫として，割り当てるメモリー空間の最小単位を大きくする方法がある。ひとかたまりとなるブロック単位で割り当てや解放を行い，断片化による影響を受けにくくする。例えば，4096bytes（4 KB）をブロック単位とすると，4096bytes 以下のプログラムやデータを記録しても4096bytes が使用され，ブロック単位の中で使われない領域が発生するが，4096bytes 単位で連続的な空き領域が確保できる利点がある。

　プログラム実行の繰り返しに伴う断片化による影響を解消する1つの

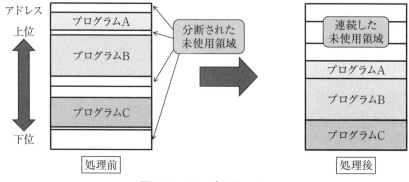

図9.4 コンパクション

方法として，**コンパクション**（compaction，圧縮）という機能がある。図9.4のように，分断化が発生した主記憶装置の使用領域を移動し，連続したアドレスを持つ空き領域を作成することである。

メモリー空間に配置されているプログラムは，移動処理中は配置された命令のアドレス変更が行われる。配置されたアドレスが変わると，そのままではプログラム実行ができないために一時停止となり，領域移動の作業には時間を要する。データ移動に伴い，メモリー空間のアドレスが変更されるため，**ハードコーディング**（hard coding）という，プログラム中にアドレスが直接書かれた命令の実行や，データをアドレスを指定して読み書きする命令実行などで影響が出ることもある。

実行中の主記憶装置に配置されたプログラムの再配置が可能であることを，**リロケータブル**（relocatable，再配置可能）という。再配置可能であるプログラムは，実行に主記憶装置の特定アドレスのデータを指定する命令に対し，実行中の命令アドレスを基準とした相対アドレスで指定を行っていることが多い。

プログラム実行のために確保されたメモリー空間の解放は，実行中の

プログラム内で意図して行われることもあるが，自動的に解放が行われることもある。主記憶装置を管理する記憶領域管理マネージャーが自動的に使用中のメモリー空間の要不要を判別し，不要となった領域を解放する機能（回収操作）である。**ガーベージコレクション**（GC: Garbage Collection，廃品回収）という。**Java** などのプログラミング言語処理系で採用されている。プログラムは，ルートセット（root set）と呼ばれる使用領域をアクセスする集合を持ち，ルートセットから情報をたどると，全ての使用中の領域に到達できることを必要条件としてガーベージコレクションの動作を行う。

9.2.3　ページングによる論理メモリーの管理

　物理メモリーによる主記憶装置の管理は，利用とともに断片化が発生することが欠点である。対応はコンパクションのように，物理的資源を直接操作することが必要となり，物理的に動作するプログラム実行にも影響が出ることもある。

　このため，物理的資源を抽象化し，柔軟に資源を使って主記憶装置の管理を行う，論理メモリーによる主記憶装置の管理が行われるようになった。1.3.2で紹介した**論理アドレス**（logical address）を導入して解決を図る，**ページング**（paging）を使った方法である。

　ページングでは，物理メモリーと論理メモリーの記憶領域を，それぞれ**ページ**（page）と呼ばれる一定のサイズに分割し，論理メモリーのページに対して，物理メモリーのページを割り当てるマッピング（mapping）という処理を行うことで，プログラム実行を可能にする論理メモリー空間を構築する。ページサイズは，計算のしやすさから，2のべき乗とすることが多い。物理アドレス空間のページは，**ページ枠**（page frame）や，**フレーム**（frame）と呼ばれる。

第9章 プロセスの協調動作 | 177

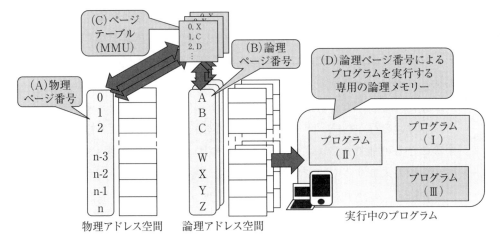

図9.5 論理メモリーとページング

　図9.5を見ながら，ページングのしくみを考えよう。マルチタスクOSは，(C) **ページテーブル**（page table）を管理する機能があり，物理アドレスと論理アドレスの対応を管理する。物理アドレスと論理アドレスの変換は，コンピュータに搭載されたハードウエアである，**メモリー管理ユニット**（**MMU**: Memory Management Unit）によって行われる。マルチタスクOSを搭載するコンピュータは，物理メモリーを直接使わず，論理メモリーとして整理して使うことが一般的であるため，ハードウエアに搭載される機能の一つとなっている。

　ページに分割されて管理された，物理アドレス空間と論理アドレス空間のページには，物理メモリーに(A)物理ページ番号，論理メモリーに(B)論理ページ番号が，一意に割り当てられる。ページテーブルは，プログラム実行に伴い更新される対応を管理する。

　物理メモリーを直接使わず，物理アドレスとの対応で実現された論理メモリーは，ページテーブルの対応さえ変更すれば，物理的な操作を行

うことなく，論理メモリーの構成を変更することが可能となる。つまり，物理メモリーへの対応のように直接データを操作する必要がなく，ページテーブルを操作するだけで，論理メモリーの構成が変更できるため，柔軟にメモリーを使うことが可能となる。

　論理メモリーにより構築される論理アドレス空間は，物理メモリーとの対応付けを行うページテーブルを必要な数だけ用意すれば，複数用意することも可能である。これまで，考えやすくするため，図8.2のように，1つのメモリー空間で動作するプロセスを考えてきたが，マルチタスク OS は，実行するプロセスに専用の論理メモリー空間を提供することが一般的である。マルチタスク OS においても，7.2.3で学んだマイクロカーネルとシステムサーバーは，独立した専用の論理アドレス空間が提供される。プロセスにそれぞれ専用の論理メモリー空間を提供することで，他のプロセスに影響を受けないメモリー空間が構築され，プロセスの実行管理も考えやすくなる。

　プロセスが独立した専用のメモリー空間で動作することは，他のプロセスの実行状況が見えない状態で動作することになる。OS を介した周辺機器の使用や，他のプロセスの状況把握を行うこととなるが，プログラムによっては，異なるプロセス間で直接データを交換したい場合がある。この場合，データ共有を行う物理ページを用意し，複数のプロセスに同じ物理ページを割り当てて対応することがある。ページテーブルの割り当てによって実現される。

　物理メモリーの容量は，物理的にコンピュータに搭載された容量で最大値は決まるが，論理メモリーの容量は，OS が設定できる中で任意に設定できる。論理メモリー空間全てを使用するプロセスは少ないことから，最大の論理メモリー空間を実行するプロセスに割り当てておき，実際に使用する論理ページのみに物理ページを割り当てることが多い。プ

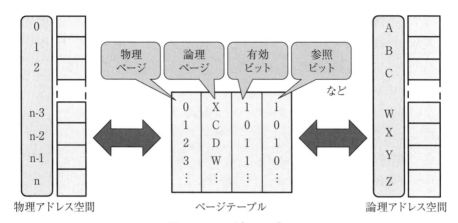

図9.6 ページテーブル

ロセスの実行に伴ってメモリーの割り当てが必要になると，その都度，物理メモリーの割り当てが行われ，実際に使用できる記憶領域が増加するように管理される。多くの論理メモリーをプロセスに提供し，物理メモリーを効率的に使用する工夫といえる。

ページテーブルは，論理ページを管理するため，図9.6のように，物理ページの割り当てが有効（valid）か無効（invalid）かを表す1 bit 情報を持つ。プロセッサーの動作状態を表す，制御レジスターの **ＰＳＷ**（Processor Status Word）のような値である。1 bit 情報は，**有効ビット**（valid bit）や**存在ビット**（present bit）という。

ページテーブルは，論理ページに対して，それぞれ読み書き，実行の許可や禁止を行うビットを持ち，記憶されたプログラム変更の禁止や，誤ってデータをプログラムとして実行することなどを防止する機能を持つ。このほか，ページへの読み書きに対するアクセス履歴も持つ。読みだしは**参照ビット**（reference bit），書き出しは**変更ビット**（modified bit）というビットで記憶される。変更ビットは，変更によりデータを

汚すことになぞらえ，**ダーティビット**（dirty bit）ともいう。アクセス履歴は，論理ページへのアクセスとともに自動的に変更される。履歴情報をクリアする場合は，プログラムなどで明示的に行う必要がある。

　プログラムの実行の際，論理ページに物理ページが割り当てされていない場合や，ページテーブルのページ保護の指定と異なるアクセスがあった場合，プロセッサーによって例外の割り込みが発生する。物理ページの割り当てがない場合は，第5章，表5.1の内部割り込みである**ページフォルト**（page fault）例外が発生し，物理ページを割り当てる処理をOSが行う。また，ページ保護によって発生する例外は，**記憶保護例外**（protection exception），**アクセス違反例外**（illegal access exception）などという。OSによって対応が行われ，論理メモリーとしての機能が実現される。

9.2.4　セグメンテーション

　ページングは，ある一定のブロック単位で物理メモリーと論理メモリーを区切り，ページテーブルで対応を管理していた。次に，ブロック単位ではなく，対応づける領域を任意に設定できる**セグメンテーション**（segmentation）について考えよう。可変長領域を割り当ての単位としてアドレス変換を行うメモリー空間である。プログラムなどで主記憶装置に割り当てる領域を**セグメント**（segment）という。セグメンテーションの動作はページングと似ており，図9.5（C）ページテーブルで管理する項目がセグメントテーブルに変更され，ページ番号がセグメント番号に変更されたものになる。

　ページングと異なり，任意の単位でメモリー空間の確保や解放を行うため，物理メモリー上では断片化が発生するが，セグメンテーションテーブルの割り当て方を工夫することで，論理メモリーは連続的なメモ

リー空間が提供される。ただし，byte 単位など，小さい領域のメモリー空間の確保と解放を繰り返した場合は，コンパクションの対応が必要になることがある。

　プログラムの実行中に，アクセスする論理セグメントに何らかのエラーや例外が発生した場合は，ページングの対応と同様に，第 5 章，表 5.1 に示した内部割り込みの発生タイミングの 1 つである，**セグメンテーションフォルト**（segmentation fault）が発生する。OS は，内部割り込みをきっかけとして，論理メモリーとしての機能を実現するための対応を行う。

9.3　プログラム実行と仮想メモリー

　主記憶装置を使って構成されるメモリー空間は，コンピュータで実行するプログラムを記録し，実行する作業領域である。プロセッサーで命令実行を行うには，メモリー空間に実行するプログラムが置かれる必要がある。プログラムが提供する機能が高度になるとともに，一般的にプログラムの量（コード量）が増える。コンピュータに搭載されたメモリー空間に入りきらないプログラムの大きさになることもある。大規模なプログラムを実行することを考えよう。

9.3.1　オーバーレイによるプログラム実行

　OS なしやシングルタスク OS のように，物理メモリーにより実行を行う場合は，メモリー空間に入りきらないプログラム実行では，プログラムそのものに実行のための工夫が必要になる。

　7.1.1 で学んだように，プログラムは機能などの単位で**モジュール**（module）に分割される。メモリー空間に入りきらない大規模なプログラムの実行では，処理を行う単位ごとにプログラムをモジュールの形

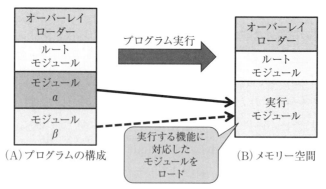

図9.7　オーバーレイによるプログラム実行

で分割しておき，使用する機能のプログラムをメモリー空間に読み込むことで対応される。実行するプログラム自体にメモリー管理を行う機能を持たせた方法といえる。

プログラムの実行で，必要となるモジュールを主記憶装置に随時，読みだし（ロード）を行い，実行のためにOSから提供されたメモリー容量以上のプログラムを実行する方法を，**オーバーレイ**（overlay）という。

図9.7を見ながら，オーバーレイにより実行されるプログラムについて考えよう。（A）プログラムの構成は，モジュールを読みだす**オーバーレイローダー**（overlay loader），全体の動作を担当する**ルートモジュール**（root module），プログラム実行に伴いロードされる，処理を行う単位で構成されたいくつかのモジュールより構成される。ルートモジュールは，メインモジュール（main module）ともいう。

オーバーレイによるプログラムを実行すると，（B）メモリー空間は，モジュールを読みだすオーバーレイローダー，プログラムの基本的な動作を行うルートモジュールの2つが読みだされ，基本的な動作が行われ

る。モジュールで実現される機能が必要になったとき，オーバーレイ
ローダーによって，必要なモジュールが読みだされ，実行が行われる。

実行するモジュールの切り替えでは，例えば，モジュール α が実行さ
れたあとに β を実行する場合，これまでロードしていた α の領域は， β
の領域となるため，これまで記憶していた α の内容は破壊される。破壊
される領域にプログラムの実行で必要となるデータを保存することはで
きないため，プログラム本体であるルートモジュールの領域に，プログ
ラム共通で使うデータなどが記憶され，プログラム実行に用いられる。

9.3.2 仮想記憶装置

オーバーレイによるプログラムは，プログラムをモジュールに分割し，
コンピュータに搭載された主記憶装置の範囲内でプログラムを実行する
しくみを持つ。容量に限りのある物理メモリーを有効に使ってプログラ
ム実行を行う工夫である。

次に，**仮想記憶**について考えよう。構成される主記憶装置は，**仮想メ
モリー**（virtual memory）という。仮想メモリーに割り当てされるア
ドレスは，仮想アドレス（virtual address）という。論理メモリーを実
現する機能を踏まえて実現される。

マルチタスク OS は，9.2で学んだページングやセグメンテーション
のようなメモリー管理機能を持ち，物理メモリーのページが，論理メモ
リーのページに対応づけられて使用される。物理メモリーのページを使
い切ってしまうと，割り当てるページがないため，論理メモリーへの割
り当てができなくなる。このとき，**仮想記憶システム**（virtual memory
system）があると，物理メモリーの容量よりも多くの論理メモリーを
実現できる。

仮想記憶システムは，不足する物理メモリーを，**バッキングストア**

（backing store）という記憶領域を用いて補うシステムである。記憶領域は，補助記憶装置であるハードディスクドライブ（HDD: Hard Disk Drive）や，SSD（Solid State Drive）のようなストレージに置かれるファイルである。具体的には，6.3.5で学んだ**ページファイル**（page file），**ページングファイル**（paging file），**スワップファイル**（swap file）であり，ページングのデータを保存するページング領域やスワッピング領域となる。

　仮想記憶システムを実現する方式の一つである，**プロセススワッピング**（process swapping）について考えよう。プロセススワッピングは，優先的に処理を行うプロセスを実行するため，他のプロセスが使用中のメモリー空間を**スワップアウト**（swap out）というバッキングストアに書き出しを行い，優先的に処理を行うプロセスを実行するメモリー空間を確保する方法である。

　バッキングストアに書き出されたプロセスは，**スワップイン**（swap in）という，物理メモリーに読みだす処理により再開される。基本的に元のメモリー領域への読みだしを行うが，以前と異なるアドレスへの再配置に対応したプロセスは，物理メモリーの異なる位置への読みだしが可能であるため，コンパクションを行って整理を行い，空き領域を確保した上で読みだしを行う。

　プロセススワッピングは，プロセス単位で処理を行うため，バッキングストアへの読み書きに時間を要するという欠点がある。次に，**デマンドページング**（demand paging）による仮想記憶システムを考えよう。

　デマンドページングは，9.2.3で学んだページングのしくみを使って実現する方式である。ページテーブルの履歴を参照し，アクセス要求（demand）の多い論理ページに物理ページを優先的に割り当て，アクセス頻度の低い論理ページをバッキングストアに退避する。読み書き速

度が遅いバッキングストアを補助的に使ってより多くの記憶領域を確保し，優先度を踏まえて物理ページを用いることで，より多くの論理メモリーを確保する方法である。

デマンドページングは，ページフォルト（page fault）例外の割り込み発生をきっかけに対応が行われる。割り込みハンドラーにより，例外が発生した論理ページに物理メモリーを割り当て，対応する論理ページの内容をバッキングストアから取り出して物理メモリーに格納を行う**ページイン**（page in）を行う。また，バッキングストアに退避したページが存在しない，新たに物理ページを割り当てる論理ページは，新しい物理ページを割り当てて内容の初期化（ページ内容を全て0にする）を行う。物理ページは，他の論理ページで使用済みの場合があるためである。

物理メモリーが全て割り当てられている場合にページイン処理を行う場合は，アクセス履歴などを参考に，物理ページの中から使用頻度が低いページを選択し，物理ページの空きを作成する**ページアウト**（page out）を行う。ページインやページアウトの処理は，**ページ置き換え**（page replacement）という。

演習問題 9 ——————————————————

【1】 プロセスの同期が必要になる理由を説明しなさい。

【2】 割り込み禁止やセマフォを使って計算機資源を管理する利点を説明しなさい。

【3】 物理アドレスではなく，論理アドレス（仮想アドレス）により構成されたメモリー空間でプログラム実行を行う利点を説明しなさい。

【4】 大きいサイズのプログラム実行について，オーバーレイと仮想メモリーを使った方法を比較しながら利点欠点について説明しなさい。

【5】 仮想メモリーのページングファイルは，物理メモリーが十分に確保されていると確保しなくてもよい理由を説明しなさい。

参考文献

大澤範高『オペレーティングシステム』（コロナ社，2008年）

金凡峻『作りながら学ぶ OS カーネル保護モードプログラミングの基本と実践』（秀和システム，2009年）

河野健二『オペレーティングシステムの仕組み』（朝倉書店，2007年）

坂井弘亮『12ステップで作る組込み OS 自作入門』（カットシステム，2010年）

10 | コンピュータの動作

《目標&ポイント》 コンピュータの電源を入れてから終了するまでの一般的な動作について考える。ブートという OS が起動する過程や，PC が起動する際に用いられる IPL，二次ブートローダーという2種類のプログラムについて紹介する。そして，OS 起動の種類や，省電力機能を踏まえた OS の動作モード，終了処理の必要性などについて学ぶ。そののち，汎用コンピュータと，メモリー常駐により動作する組み込みコンピュータについて，起動や動作について説明する。

《キーワード》 ブートローダー，IPL，サスペンド，シャットダウン，OS の種類，メモリー常駐，省電力機能

10.1 コンピュータの初期動作

　コンピュータを搭載した装置は，電源を入れるとプログラムの実行が開始され，初期状態を整える命令実行が行われたあとに，使用可能の状態となる。一般的なコンピュータがプログラムを読みだし，起動するまでに行われる処理について考えてみよう。

10.1.1 コンピュータの起動

　コンピュータは，電源を入れると初期状態を設定するプログラムが読みだされて実行され，使用可能の状態になる。利用者がコンピュータの操作が可能となる過程では，動作させるプログラムをコンピュータが主記憶装置に読みだし，プログラムの実行が行われる。OS が起動する過

程を，**ブート**（boot），**ブートストラップ**（bootstrapping）という。コンピュータは，電源ボタンやリセットボタンが押されると，プロセッサーにリセット割り込みが発生する。リセット割り込みに対応する割り込みハンドラーのプログラムが，コンピュータの初期状態を決定するBIOS（Basic Input Output System）に含まれるプログラムを起動する。BIOS は，7.2.1で学んだように，コンピュータの基本的な動作に関わる**ファームウエア**（firmware）を記憶しており，低レベルのハードウエア動作，起動直後に起動するハードウエア確認，初期設定を行うプログラムが記憶されている。

　電源投入後やリセットのあとに実行される BIOS のプログラムは，ストレージやネットワークから，実行するプログラムを主記憶装置に読みだして実行を行う機能を持つ。初期に読みだされるプログラムは，多くの場合，基本ソフトウエアと呼ばれる OS であるが，規模の小さなコンピュータでは，実行するプログラムそのものが読みだされることもある。

　コンピュータに配置される最初のプログラムは，ストレージから読みだされることが多い。一般的には，コンピュータのハードウエアに備わるハードディスクドライブや SSD であるが，リムーバブルメディアである CD/DVD，USB デバイス（USB メモリー，USB ハードディスクドライブなど）から読みだされることもある。起動できるリムーバブルメディアは，**ブータブル CD/DVD**（bootable CD/DVD）や**ブータブルUSB**（bootable USB）などと呼ばれる。リムーバブルメディアからの起動は，インストールを行う OS のメディアや，OS を伴う何らかのアプリケーションの試用，管理システムの実行などで使われる。

　ネットワークからプログラムを読みだす方法は，**ネットワークブート**（network boot）という。対応した BIOS と**ネットワークカード**（network card）がコンピュータに搭載されていれば，ネットワークブート

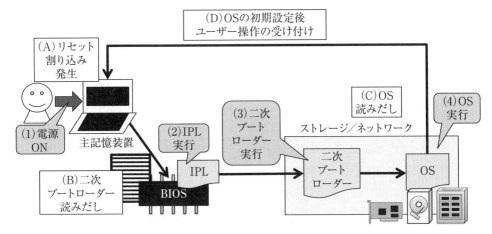

図10.1　コンピュータの起動と動作

が可能である。ネットワークカードは，LAN カード（Local Area Network card）やネットワークインターフェースカード（**NIC**: Network Interface Card）ともいう。

10.1.2　OS 起動の流れ

　コンピュータの起動で行われる動作について，OS が起動される場合を例に，図10.1を見ながら考えよう。（1）コンピュータの電源が ON になると，ハードウエアの動作確認が行われ，（A）リセット割り込みが発生し，命令実行を行う環境の初期化が行われ，BIOS に記憶されたブートローダーが実行される。ブートローダーは，**IPL**（Initial Program Loader, **初期プログラムローダー**）ともいう。

　（2）IPL が実行されると，ストレージやネットワークから，（B）**二次ブートローダー**が，主記憶装置に読みだされ，実行が行われる。そして，（3）二次ブートローダーによって，（C）OS が読みだされ，

（4）OS 実行が開始される。（D）OS の初期設定が行われたあとに，ユーザー操作の受け付けが開始され，コンピュータの利用が可能になる。

　コンピュータの起動は，実行させるプログラムを主記憶装置に読みだし，実行を行う**ブートローダー**（boot loader）が用いられる。OS は，2 種類のブートローダーを使用し，2 段階でコンピュータに読みだされる。電源投入時に実行される BIOS のブートローダーは，読みだしできるプログラムサイズが限られるためである。OS 本体の読みだしは，OS によって用意された，BIOS のブートローダーよりも機能が豊富な二次ブートローダーを使って主記憶装置に読みだされ，実行される。

　OS を実行しないコンピュータの場合は，（2）IPL 実行までは同じであるが，（3）二次ブートローダーの代わりに，プログラムそのものを読みだして実行を開始し，目的の動作を実現する。

　コンピュータは，使用する OS やプログラムを直接読みだして実行を行わず，ブートローダーを使って間接的に，目的の OS やプログラムを読みだすように設計されている。このことで，複数の異なった OS を同一のコンピュータにインストールして切り替えて使用することや，当初想定しなかった OS への入れ替えも可能となり，汎用性が向上し，利便性が高くなっている。

10.2　コンピュータの起動と終了

　コンピュータにおける，OS の起動と終了について考えよう。

10.2.1　OS 起動の種類

　コンピュータの電源が完全に切れた OFF の状態から，ON にして起動することを，**コールドスタート**（cold start）という。コールドスタートは，起動時にメモリーチェックなどのハードウエアチェックや，

接続されたデバイスの初期化を行うため，起動の種類の中で最も時間を要する。

ハードウエアの初期化を省いてコンピュータの起動を行う方法は，**ウォームスタート**（warm start）という。ウォームスタートは，OS の**再起動**（reboot）など，電源の ON/OFF を伴わない起動である。コールドスタートよりもシステムの起動は高速になるが，完全なハードウエアの初期化が行われないため，ハードウエアのトラブルなどがあった場合，初期化が不十分であるため，システム実行において不具合が生じることがある。

10.2.2　OS の動作モード

コンピュータの形態は，据え置き型のデスクトップだけでなく，ノートパソコンやスマートフォン，タブレットのように，持ち運びを考慮したモバイル端末もある。モバイル端末は，バッテリーの持ちへの配慮を行う必要があるため，現在のコンピュータに搭載される多くの OS は省電力機能を搭載している。

負荷に応じて，コンピュータを構成するデバイスの電源の ON/OFF を制御する機能や，プロセッサーの動作モードを変更するような機能である。持ち運び時の利便性を高めるため，作業中にコンピュータを一時停止させる機能なども搭載される。省電力機能の多くは，ソフトウエアとハードウエアの連携により実現されるため，ハードウエアの動作を管理する OS によって提供される。

10.2.3　OS の省電力機能

基本的なコンピュータの省電力に関する機能として，サスペンドとハイバネーションについて考えよう。

サスペンド（suspend，一時中断）は，待機電源モードという，OSの動作モードの一つである。スタンバイ（standby）やスリープ（sleep）ともいう。動作していたプログラムなどの実行状態を保持したまま電源をOFFにし，再開したときに元の状態に復帰するという動作である。

　サスペンドを実現するには，主記憶装置に配置されたデータを保持しつつ，他の周辺機器の電源をOFFするという機能がハードウエアに必要になる。主記憶装置はDRAMで構成されており，データの記憶素子がキャパシターであるため，時間の経過とともに記憶内容が失われることから，13.1.1で学ぶように，データを維持するには，定期的にデータを維持するリフレッシュ動作を行う必要があるためである。

　主記憶装置は，コンピュータの動作状況を表しており，記憶された内容が維持されていれば，周辺機器の電源を復旧させることで，短時間で元の状態に復元させることができる。このため，コンピュータを一定時間操作されないとサスペンドが行われ，キーボードやマウスの操作などをきっかけとして，元の状態に復帰するように設定されることも多い。使用されていないときにサスペンドを行うことで，省電力を実現する機能である。

　次に，ハイバネーション（hibernation，冬眠）について考えよう。休止状態とも呼ばれる。サスペンドは，主記憶装置のデータを保持したまま，周辺機器の電源をOFFすることでコンピュータ動作の一時停止に対応していたが，ハイバネーションは，主記憶装置のデータをストレージに保存し，コンピュータの全ての電源をOFFにした状態で，実行状態を保存する電源モードである。

　主記憶装置のデータは，搭載する主記憶装置と同じ容量のハイバネーション領域（hibernation area）と呼ばれるデータ退避領域を使ってストレージに保存される。

ハイバネーションからの復旧は，コンピュータの電源を ON にする動作をきっかけに行われる。ストレージから搭載する主記憶装置のデータを読みだして復元するため，電源を切った状態から OS を起動するよりも短時間で再開できるが，サスペンドよりも復旧に時間がかかる。

サスペンドとハイバネーションを組み合わせた，**ハイブリッドスリープ**（hybrid sleep）と呼ばれる電源モードを持つ OS もある。OS の動作がサスペンド状態に移行したとき，ハイバネーションと同様，ストレージに主記憶装置の状態を書き出す電源モードである。このため，コンピュータがサスペンド状態にあれば，サスペンドと同様に短時間で復旧が可能であり，サスペンド状態からハイバネーションの状態に移れば，ハイバネーションと同様の復旧を行うという，どちらの状態にも対応する電源モードである。利用者からの操作がない場合，時間の経過とともに，サスペンドからハイバネーションに移行させるような場合にも対応しやすい。

省電力モードの移行は，キーボードやマウスなどの入力装置が，最後に操作されてからの経過時間を基に，自動的に移行するように設定できることが多い。例えば，操作しない時間が10分経過すると，サスペンド状態になり，さらに20分経過すると，ハイバネーション状態に移行するといった設定ができる。

ノートパソコンやタブレットでは，パネルをたたむとサスペンド状態に，電源ボタンを押すとハイバネーション状態に移行するような，コンピュータを利用する動作に関連づけた設定も可能である。デスクトップでは，席を離れる際にサスペンド状態にすることや，昼休みや帰宅時などにハイバネーション状態に移行させることで，休憩明けや翌日に，前回の利用状態から作業を再開できるなど，省電力になるだけでなく，コンピュータの利便性を高めた利用にもつなげることができる。

省電力モードから通常の動作モードに状態を復旧し，動作の再開を行うことは，**レジューム**（resume, リジューム，再開）という。レジュームの際は，接続されたデバイスの復旧も行われるが初期化が完全に行われないことがあるため，復旧時に認識されないなど，サスペンドやハイバネーションに対応しない周辺機器もまれに存在することに注意が必要である。この場合，対象となる周辺機器のデバイスドライバーを最新のものに更新することで，解決することもある。

10.2.4 OSの終了処理

コンピュータは，目的とする作業が完了すると，必要に応じて電源をOFFにする作業を行う。コンピュータを利用する基本的な機能を提供するため，アプリケーションを終了しても基本ソフトウエアであるOSが動作し続けるため，OSの操作を行い，明示的に終了を行う必要があるためである。**シャットダウン**（shutdown）と呼ばれる操作である。終了処理により，使用中のデバイスの終了処理を行った上での解放や，メモリー空間にあるファイルシステムのデータを記憶装置に書き出す処理など，終了しても問題がないようにする処理が行われる。

OSは，利用者が使用するプログラム実行を支えるさまざまなサービスをプロセスとして実行している。シャットダウンで最も気を付ける必要があるのは，作成したデータを失われないようにすることである。私たちがファイルを操作する際には意識していないが，ストレージの読み書きをより高速にするため，ファイルシステムに，4.4.5で学んだキャッシュ機能が搭載されている。取り外しができるリムーバブルメディアは，万が一，利用者が取り外し手続きをせずに外してもデータが壊れにくい**ライトスルーキャッシュ**（write througt cache）が用いられることが多いが，取り外しを前提としないOSを記録したストレージで

は，より高速に利用できるよう，**ライトバックキャッシュ**（write back cache）が用いられる。

　補助記憶装置でライトバックキャッシュを利用する場合，コンピュータの利用終了時に，キャッシュされた内容を書き出すことが必要になる。補助記憶装置に書き込む予定の，ユーザーが作成したデータなどが残った状態で，OS の終了手続きを行わずに強制的に電源を切断すると，補助記憶装置上のデータが更新されず，古いままのデータとなるためである。また，書き込み途中のタイミングで電源が切断されると，ファイルシステムが破損し，補助記憶装置に記憶されていた内容が全て消えてしまう危険性もある。このため，パソコンの電源は，OS 上で動作するプロセスの動作を終了した上で OFF にすることが大切である。

　近年の OS では，起動を高速にするために，電源を切るシャットダウン処理に工夫が行われることがある。完全にシャットダウンを行わず，主記憶装置やプロセッサーなどのコンピュータの動作状況を保存し，次回の起動時に使用する**高速スタートアップ**（fast startup）という機能である。10.2.1で学んだコールドスタートアップとなっても，保存した動作状況を用いて高速に起動させることができる。しかしながら，シャットダウン時に接続された周辺機器の状況が変化したり，BIOS などの設定変更を行うと，保存した状況と異なるために，システム実行において不具合が生じることもある。この場合，高速スタートアップを一時的に無効にして起動することで解決することがある。

10.3　コンピュータの種類と動作

　これまで，一般的なコンピュータの動作について考えてきた。コンピュータは，多様化が進み，さまざまな用途で用いられているが，大別される組み込みコンピュータと，汎用コンピュータの2種類について注

目してみよう。

10.3.1 汎用コンピュータ

汎用コンピュータ（all-purpose computer, general-purpose computer）は，さまざまな用途に対応するコンピュータである。利用者は，さまざまな処理をコンピュータのユーザーインターフェースを使って対話的に行い，コンピュータの使用用途を決めるアプリケーションの追加や変更，削除が可能である。例としては，スーパーコンピュータや大型コンピュータ，サーバー，PC などがある。

ソフトウエア面で見ると，基本的なプログラムとして，**汎用 OS**（universal OS, versatile OS）を搭載する。汎用 OS は，コンピュータ登場当初の高価であった装置の利用効率を向上させ，複数の利用者が共有してコンピュータを利用するために開発された。このため，複数のユーザーが１台のコンピュータを利用する機能や，複数のプログラムがシステムを共有した実行を可能にする OS が多い。

従来のパソコンで用いられることが多かったシングルタスク OS は，コンピュータ１台を１人の利用者が使用することに特化されていたが，近年のコンピュータに搭載されるマルチタスク OS は，複数の利用者の使用も考慮されていることが多い。マルチタスク OS は，処理時間を短い時間に分割し，異なる利用者やプログラムに順番に割り当てて利用するため，タイムシェアリングシステム（ＴＳＳ: Time Sharing System）となっていることが多い。タイムシェアリング OS ともいう。

10.3.2 汎用コンピュータの起動

汎用コンピュータは，図10.2のように起動とともに汎用 OS を読みだし，動作させる。これまで学んできたコンピュータの動作といえる。

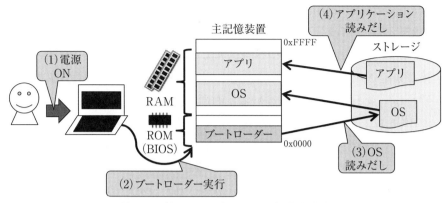

図10.2 汎用コンピュータの起動と動作

　汎用 OS を動作させるハードウエアの構成は，利用者によって異なるため，初期設定では，7.2.2で学んだ**ハードウエア抽象化層**（HAL: Hardware Abstraction Layer）となる，ハードウエアに搭載された周辺機器の差異を吸収するデバイスドライバーを組み込み，汎用 OS の機能を提供するシステムサーバーなどが起動される。

　（1）電源を入れると，リセット割り込みが発生し，BIOS にある（2）ブートローダーが実行される。ブートローダーによって，ストレージやネットワークから（3）汎用 OS が命令実行を行う主記憶装置の RAM 領域に書き込まれ，実行が開始される。汎用 OS は，利用者の操作によって（4）アプリケーションが主記憶装置を構成する RAM に書き込まれ，実行が行われる。

　ブートローダー（boot loader）は，汎用コンピュータに搭載される組み込みソフトウエアである**ファームウエア**（firmware）に搭載されている。**BIOS** や **UEFI** に搭載されるソフトウエアである。

　コンピュータに内蔵されるプログラムは，BIOS から **UEFI**（Unified Extensible Firmware Interface）への移行が進んでいる。UEFI は2007年に設立された UEFI フォーラム（Unified EFI Forum）によって OS とファームウエアの持つべき機能であるインターフェース仕様の規格が策定されている。BIOS よりも利用できる主記憶装置の容量拡大が行われ，GUI による使いやすい設定画面の提供が実現された。

　BIOS は，コンピュータの初期に使われていた OS を前提とした設計となっており，マルチタスク環境での利用や，大容量の記憶装置など，近年のハードウエアへの対応が困難になっていた。UEFI は近年の OS やハードウエアに対応し，拡張性が考慮された設計となっている。

10.3.3　組み込みコンピュータ

　組み込みコンピュータは，機器単体で動作する何らかの機器に搭載されるコンピュータである。ネットワークに接続されず，単体使用するスタンドアローン（standalone）による形態で利用されることが多い。家電や，自動車，産業機器など，ある特定の目的で長期間使用される機器の制御で用いられる。組み込みコンピュータが搭載された機器を，**組み込み機器**（embedded device）という。

　組み込み機器は，利用者への反応を考慮したリアルタイム性や長期間の使用に耐える信頼性，耐久性が重視され，さまざまな制約を踏まえて仕様が追求される。PC やスマートフォンと異なり，アプリケーションの追加や変更，削除ができず，**ファームウエア**（firmware）としてハードウエアに組み込まれ，ハードウエアも特定の用途に適した形に作られていることが多い。

　ソフトウエア面で見ると，単純な動作を行う機器では，OS なしでアプリケーションが作られることもある。複雑な機能を持つ機器では，**組み込み OS**（embedded OS）が用いられる。汎用 OS とは異なり，ハー

ドウエア動作の制御や機械制御を主な目的とする OS である。

　汎用 OS は，ストレージに保存された OS を，主記憶装置を構成する RAM に読みだして実行していたが，組み込み OS は，**メモリー常駐**（memory resident）による動作が一般的となる。組み込みコンピュータは，ストレージを持たないことも多いためである。コンピュータの主記憶装置を構成する ROM に，OS を含む実行するプログラムそのものを記憶しておくことで，ストレージがなくてもコンピュータの動作を可能にしている。

10.3.4　組み込みコンピュータの実行とメモリー常駐

　組み込みコンピュータは，書き換えができない ROM の上で動作する。ROM は，データの読みだしはできるが，書き込みはできないという特徴がある。プログラムは，実行中，自身の書き換えが発生しないように作成されるが，命令実行とともに作成されるデータを主記憶装置に一時的に書き込みを行ったり，プログラムそのものを一部書き換えることもある。

　コンピュータでプログラムを実行するとき，8.1.2で学んだプロセスのメモリー空間にあるように，コード領域，データ領域，ヒープ領域，スタック領域という4つの領域が必要となる。汎用コンピュータにおけるプログラム実行は，全て主記憶装置の RAM 領域に実行のためのメモリー領域が作成されるため，作業領域に読み書きが発生しても対応が可能であるが，ROM を中心としてプログラム実行を行う組み込みコンピュータは，読みだしに限定された領域と，書き込みが発生する領域を区別して管理し，ROM と RAM に振り分けて実行を行う必要がある。

　書き込みが発生しないプログラムを構成する命令列のコード領域は，ROM 領域に置くことができるが，そのほかプログラム実行に伴い書き

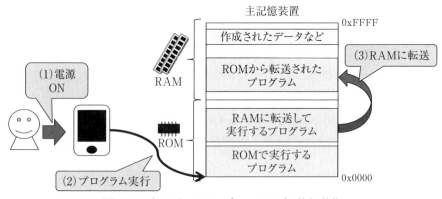

図10.3 組み込みコンピュータの起動と動作

込みが発生する作業領域は，**作業メモリー**（ワークメモリー，working memory）と呼ばれる RAM 領域に置かれる。

プログラムによっては，実行に伴ってコード領域の一部を書き換える場合もある。例えば，初期値を持つ**グローバル変数**（global variable）や，C/C++ 言語で const 装飾子を付けた定数データを用い，変数の領域が埋め込まれたプログラムである。グローバル変数は，外部変数（external variable）ということもある。実行に伴い値の更新が行われると，コード領域を書き換える必要がある。つまり，全てのプログラムを ROM 領域に置くことはできないことになる。コード領域の書き換えを必要とするプログラムは，ROM 領域から書き換えが可能となる RAM 領域に転送するなど，プログラムの書き換えに対応させて実行を行う工夫が必要となる。

10.3.5 組み込みコンピュータの起動

組み込みコンピュータの起動について，図10.3を見ながら考えよう。

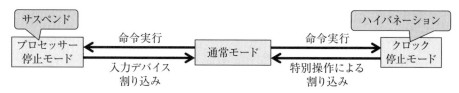

図10.4 省電力モードの遷移

組み込み機器は，(1) 電源が ON になると，汎用 OS と同じようにリセット割り込みが発生し，(2) 主記憶装置に配置された，ROM 領域にあるプログラムの実行が開始される。ROM に記録されたプログラムは，ROM のまま実行できるものと，実行に伴い書き換えが発生する RAM へ転送して実行するものの2種類が含まれる。このため，実行環境を整える初期設定の中で，(3) ROM に記録された RAM に転送して実行するプログラムを RAM 領域に転送する作業を行う。初期設定を行い，実行環境が整ったあとに，プログラムの実行が開始される。

10.3.6 組み込みコンピュータと省電力機能

組み込みコンピュータは，バッテリーで駆動される場合や，家電に組み込まれ，搭載された機器を適切に制御する部品として用いられる場合もある。汎用 OS は，作業を行うことが目的であるため，10.2.3で学んだように，サスペンド (suspend) やハイバネーション (hibernation) といった一時休止のための機能を持つが，組み込み OS は，ハードウエアに搭載された省電力制御を管理する専用コントローラーである **PMU**（ピーエムユー）(Power Management Unit) と連携した，省電力機能が提供されることが多い。機器の負荷に応じた動作クロックの変更や，不必要なデバイスの電源の切断や再投入の管理など，その時々の負荷に応じて動的に省電力モードを遷移させ，省電力性を高めることが可能になる。

組み込みコンピュータの省電力モードは，図10.4のように，プロセッサー停止を伴うサスペンドに該当するモードと，クロック停止を伴った，より省電力を実現するモードなどがある。どちらのモードに移行するかは，OS管理に基づいて利用者の操作や実行状況，負荷により判断され，省電力モードに移行する命令の実行で行われる。通常モードへの復帰は割り込みで行われる。汎用OSと同様，サスペンドに該当するプロセッサー停止モードは，機器に搭載される全てのデバイスの割り込みに対応するが，ハイバネーションに該当する深い省電力を実現するクロック停止モードは，受け付けできる割り込みが電源ボタンなどに制限され，復帰にも時間を要する。

　省電力モードへの移行は，13.1.1で学ぶ主記憶装置を構成するDRAMのリフレッシュが課題となる。汎用OSは，ストレージにDRAMの内容を書き出して保存できるが，ストレージを持たない組み込み機器は，DRAMの内容を保持するための工夫が必要になる。このため，組み込み機器で用いられるDRAMは，通常の読み書きには対応しないが，記憶された内容を保持する**セルフリフレッシュ**（self refresh）と呼ばれる機能を持つものも多い。

　コンピュータを搭載する機器の省電力性の向上は，機器の特性を考慮し，セルフリフレッシュ機能や省電力モードなど，ハードウエアが提供する機能を組み合わせて，要求を満たす省電力機能をソフトウエアとハードウエアの連携によって実現することが求められる。

第10章　コンピュータの動作 | **203**

演習問題 10 —————————————————————

【1】 コンピュータの電源を入れてから起動するまでに行われる処理を説明しなさい。

【2】 電源を入れたあとに起動される OS は，2種類のブートローダーを使って行う理由を説明しなさい。

【3】 コンピュータの動作中，強制的に電源を切ることがよくない理由を説明しなさい。

【4】 組み込みコンピュータが汎用コンピュータに近くなった理由を説明しなさい。

参考文献

インターフェース編集部『起動プログラムブート・ローダ入門』（CQ 出版社，2009年）

大澤範高『オペレーティングシステム』（コロナ社，2008年）

金凡峻『作りながら学ぶ OS カーネル保護モードプログラミングの基本と実践』（秀和システム，2009年）

坂井弘亮『12ステップで作る組込み OS 自作入門』（カットシステム，2010年）

社団法人組み込みシステム技術協会エンベデッド技術者育成委員会『エンベデッドシステム開発のための組込みソフト技術』（電波新聞社，2005年）

高橋義造『計算機方式』（コロナ社，1985年）

11 | 多様化したコンピュータ

《目標＆ポイント》 IoT 社会において用いられる多様化したコンピュータとその OS について考える。コンピュータは，汎用コンピュータと組み込みコンピュータに分類されるが，その計算能力やコンピュータの規模による分類を基に，用途に応じた基本ソフトウエアである OS について考える。そして，PC の OS や，モバイル端末向けの OS，組み込み OS を踏まえて，変化してきた OS について学んだあと，OS の設計について考える。そののち，OS の用途を決定づける，プログラム実行のスケジューリングや，リアルタイム処理について学ぶ。

《キーワード》 コンピュータの種類，専用 OS，汎用 OS，モバイル端末向け OS，組み込み OS，リアルタイム処理

11.1 コンピュータの種類と多様化

第10章は，コンピュータの種類について学んだ。大きく汎用コンピュータと組み込みコンピュータという 2 種類に大別できるが，IoT（Internet of Things）技術の普及によるネットワーク接続の普及や，コンピュータの多様化が進んだ現在では，明確に区別することが困難になりつつある。例えば，スマートフォンやタブレットのようなモバイル端末は，持ち運ぶことができる端末であり，OS は変更できないという組み込みコンピュータの特徴を持つものの，アプリケーションの追加，変更，削除は可能という汎用コンピュータのような利用が可能となっている。また，モバイル端末の構築で培った省電力技術や，プロセッサー

第11章　多様化したコンピュータ　｜　**205**

表11.1　コンピュータの例と OS

機　器	搭載される OS の例
（A）スーパーコンピュータ	専用 OS，UNIX 系
（B）大型コンピュータ	専用 OS，UNIX 系
（C）サーバー	UNIX 系，Windows
（D）PC	Windows, macOS, UNIX 系
（E）スマートフォン	iOS, Android
（F）組み込みコンピュータ	Linux, TRON

などの半導体技術は，汎用コンピュータであるパソコンやサーバーにも
適用されることが増えつつあり，サービス提供は，半導体によって考慮
されるようになってきた。本章ではコンピュータの規模に注目し，さま
ざまな機器で使われる OS について考えよう。

11.1.1　多様化したコンピュータ

　IoT 社会と言われるようになった現在，コンピュータを搭載した機器
の多様化が進んでいる。汎用コンピュータと組み込みコンピュータとい
う大きな分類はあるが，規模の大きいコンピュータから順に並べた，表
11.1にある 6 種類を例に考えよう。
　コンピュータは，性能が高いほど大型になり，携帯性が高くなるほど
小型になる。コンピュータの利用を決定づける基本ソフトウエアである
OS について考えよう。
　（A）スーパーコンピュータは，計算能力が高いコンピュータであり，
天気予報，流体力学，シミュレーションなど，大量の数値演算を必要と
する作業で用いられる。専用設計のハードウエアが搭載されることも多

く，用途に特化した専用 OS が搭載されることも多いが，近年では，多数のアプリケーションの利用が可能となる，サーバーや PC でも用いられる UNIX 系 OS が搭載されることも増えてきた。

（B）大型コンピュータは，集中処理を行うコンピュータシステムの中心に位置するため，メインフレームとも呼ばれる。大量のデータを高速に処理するコンピュータであり，過去の資産を生かすため，政府，銀行，大企業などの大規模な組織で用いられている。専用 OS によるデータの取り扱いを行うことが多い。近年では，さまざまな用途に利用可能となる UNIX 系 OS の搭載が増えつつある。

（C）サーバーは，インターネットの web やメールなどのサービス提供で使われるコンピュータである。ネットワーク通信のためのツールやプログラム実行環境が充実している UNIX 系 OS の搭載が一般的である。**Windows Server** のような，サーバー機能に特化した OS が使われることもある。物理的なコンピュータが用いられることもあるが，近年では仮想コンピュータを使ったシステム構築が一般的となった。

（D）PC は多くの場合 Windows，Mac は macOS が搭載される。近年ではインターネットへの接続が一般化し，ブラウザーが搭載され，インターネット接続のツールが提供されるようになった。利用できる機能が豊富であり，アプリケーションを用意することで，事務業務や科学技術計算，マルチメディアの取り扱いなどへの対応が可能という汎用性がある。形態も多種多様であり，据え置き型のデスクトップだけでなく，持ち運びを考慮したノート型などもある。PC に搭載される OS は，利用目的に応じて入れ替えることが可能であり，UNIX 系 OS に変更して使用されることもある。

（E）**スマートフォン**（smartphone）は，搭載された通信機能を前提として動作する端末である。動作は組み込みコンピュータと同様，機

器に搭載された**ファームウエア**（firmware）に基づいて動作するが，PC のように，アプリケーションの追加，削除，変更が可能となる端末である。iOS，Android（アンドロイド），Windows などの OS が搭載される。タッチパネル（touch panel）による操作インターフェースを基盤として，通話機能，センサー機能，通知機能などが搭載され，人間が持ち運んで使用する端末としての機能が搭載されている。

　（F）組み込み機器は，リアルタイム性や信頼性，耐久性が重視された，家電製品や自動車，工作機械など特定用途に向けて設計され，作り込まれたシステムである。OS なしで構築される場合もあるが，高度な制御を実現するために OS が用いられることが多い。近年の IoT に対応した機器は，通信機能など複雑な機能の実現が不可欠であり，OS を利用して構築されることが多い。

11.1.2　専用 OS と汎用 OS

　OS は，搭載されるハードウエアを制御することから，コンピュータの用途や動作を決定づける役割がある。

　スーパーコンピュータや大型コンピュータは，特定の用途を実現するために構築されるハードウエアであるため，特定のハードウエアで動作し，特定の機能を持つ専用 OS が開発されることが多かった。専用に開発することになるため，定期的なバージョンアップや，ネットワーク接続の安全性を維持するためのセキュリティーパッチの提供が困難になりがちである。利用できるソフトウエアも限られることになるため，近年では UNIX 系 OS のように，広く普及が進んだ OS が用いられることが多くなった。

　UNIX 系 OS は，米国 AT&T ベル研究所で1969年に開発された，**UNIX**（ユニックス）と呼ばれる OS に似た操作性や仕様を持つ OS である。有償で提

供される商用 OS と，インターネットで無償配布される OS がある。無償配布される OS は，派生 OS と呼ばれるいくつかの種類が存在する。代表的なものに **Linux** や **FreeBSD** がある。開発やセキュリティー対策が活発に行われているため，専用 OS とは異なり，定期的なバージョンアップや，セキュリティーパッチによる安全性の維持が可能となる。

　専用 OS ではなく，UNIX 系 OS を搭載することで，インターネットに公開されている多数のソフトウエアの利用が可能となり，さまざまな用途に利用できる汎用性を持たせることができる利点もある。表11.1を見ると，UNIX 系 OS，特に Linux は，コンピュータの規模に関係なく搭載が検討される OS である。さまざまなコンピュータに搭載できるため，**スケーラビリティー**（scalability）が高いという。カーネルや提供する機能が，適応する機器に応じてカスタマイズされていることが多いが，ソースコードでの互換性があることが多い。

　スーパーコンピュータや大型コンピュータは，高価であることから，マルチタスク OS で計算機資源を管理し，複数の利用者で使用可能にすることが多い。

11.2　状況の変化に伴う OS の変革

　次に，さまざまな機器に用いられる OS の変化について考えよう。

11.2.1　PC に搭載される OS の変化

　PC の OS は，以前は MS-DOS という CUI で操作を行う，シングルタスク OS の使用が一般的であった。当時の PC は現在よりも性能が低く，マルチタスク OS を動作させることが困難であったためである。MS-DOS でできることはファイルやディスクの取り扱いが主であり，フロッピーディスクに保存されたプログラムの実行に用いられた。ワー

プロや表計算のようなアプリケーションを選び，1つのアプリケーションを動作させることができた。

ハードウエアの性能向上や機能追加とともに，GUIの搭載がなされ，マルチタスクOSである，**Windows**に進化した。Windowsは，7.2.2で学んだマイクロカーネルを基本としたカーネルが搭載されている。Macに搭載される**macOS**は，Mac OS XからUNIX系OSを土台に開発されている。PCとしての基本機能の充実が図られ，**クラウドコンピューティング**の進展によるネットワークサービスの充実に対応した機能が搭載されるようになった。

PCは，登場した当初は，テキストや簡易的な画像しか取り扱いができなかったが，写真や音楽，動画，仮想現実など，高度な計算処理を必要とするサービスにも対応するようになった。サービスの高度化がOSの機能強化につながり，大規模になったソフトウエアを快適に動作させるためにハードウエア面での機能強化が行われてきた。ハードウエア面での強化のために，構成される半導体部品の変化も進みつつある。

11.2.2　モバイル端末向け OS

次に，スマートフォンなどモバイル端末のOSについて考えよう。タブレットと同様に，PCに近い機能を持った，インターネットと親和性が高い端末である。

モバイル端末のOSは，（1）モバイル端末向けを前提に開発されたOS，（2）PC向けのOSを派生させたOS，（3）組み込み向けOSから派生したOS，という3種類の成り立ちがある。

（1）モバイル端末向けを前提としたOSは，Symbian OSや，BlackBerry OS，Windows Mobileなどがあった。

（2）PC向けのOSを派生させたOSは，**iOS**がある。OSの中核

にあるカーネルは共通であり，macOS に搭載されたライブラリーを動作させる端末に最適化して，タッチパネル対応など，モバイル端末のみに搭載された独自機能が追加された OS である。モバイル端末は，PC を使わない人にも広く普及したこともあり，近年では，PC 向けよりもモバイル端末向けの開発を先に行う**モバイルファースト**（mobile first）と呼ばれる動きが増えつつある。モバイル OS の機能を PC 向けの OS に追加するだけでなく，モバイル端末構築で培った低消費電力かつ高性能を実現するハードウエア構築技術を，PC に適応する例も増えつつある。モバイル用に必要とされるハードウエアの性能が高まり，一般的なコンピュータの構築に十分適用できるようになったためである。

　（3）組み込み向け OS から派生した OS は，**Android** がある。カーネルに Linux の関連技術が使われたハードウエアを動作させる基盤となる OS である。スマートフォンに用いられることからわかるように，ネットワークと連携するシステムを構築するための基盤ともいえ，提供はオープンソースにより無償で行われている。組み込み向け OS であるため，スマートフォンだけでなく，アプリケーションの追加によって，タブレットや腕時計型端末，テレビ，自動車など，さまざまな組み込みコンピュータの構築で用いられる。

　従来広く普及していた携帯電話であるフューチャーフォン（feature phone）は，Android が動作するハードウエアと OS を用いたガラケー型スマートフォン，**ガラホ**（Galaphone: galapagos smartphone）となった。ガラホは，他の端末をインターネットに接続する**テザリング**（tethering）のように，スマートフォンが持つ機能を一部搭載するが，フィーチャーフォンの一種として捉えられている。

11.2.3 OSの設計

　コンピュータは，ハードウエアとソフトウエアの相互作用によって動作する。特に組み込みコンピュータは，ハードウエアや消費電力，リアルタイム性など，何らかの制約が存在する。設計においては，何を優先するかという**トレードオフ**（trade-off）の判断が必要となる。

　消費電力を考えると，デスクトップPCは性能向上のために消費電力を増やしても問題になることは少ないが，バッテリーで動作するノートPCやスマートフォンは，一定の性能を担保しつつ，低消費電力であることが求められる。一般的に，コンピュータは性能を追求するとクロック周波数を上げるなど，消費電力が高くなる方向になり，消費電力を低くしようとすると，性能が犠牲になるという相反性がある。一時的に高負荷になったときには性能を高くするが，負荷が低い通常時などは，通常使用に支障がない程度の性能を実現するように，処理能力をその時その時，リアルタイムに変更することが求められる。

　ハードウエアは，プログラム実行を行う物理的資源の機能を実現するが，処理の負荷状況は実行を管理するOSが把握する。図10.4のような省電力モードに遷移するための命令実行は，資源を管理するOSによって実行される。つまり，OSは，ハードウエアの使用状況を監視するとともに，搭載するハードウエアの電源ON/OFFや，プロセッサーの動作モードの変更，システムの省電力モードへの移行など，使用状況や負荷に応じてハードウエアの状態を変化させる役割を担う。このため，ハードウエアを変更しなくても，反応性の向上や，負荷に応じて性能を変化させて性能とバランスを両立させるように，OSの資源管理によって対応することが可能となっている。

　モバイル端末は，ハードウエアだけでなく，ソフトウエアであるOSによって表示される操作画面などを含めて，提供される機能が決定され

る。ハードウエアと OS によって，モバイル端末の基礎となる機能が実現されるため，システム構築の基盤という意味で，ハードウエアや OS，必要となるソフトウエアを，**プラットフォーム**（platform）という。

11.2.4　組み込み OS

　汎用 OS は，コンピュータの規模や種類を問わず，多様なアプリケーションの動作に対応する OS である。一般的なマルチタスク OS は，**リアルタイム処理**（real-time processing）の概念がないため，アプリケーションを動作させることが重視されており，その時その時の状況に対応したプログラムを実行する，リアルタイム性能を重視した動作には対応していない。

　組み込みコンピュータは，電話の通話への対応のように，他のタスクを中断してでも，緊急のタスクに対応するリアルタイム性を持ったプログラム実行の管理を行うことが要求される。**TRON**（The Real-time Operating system Nucleus）は，組み込み機器を中心に使われているリアルタイム OS であり，11.3.2 で学ぶリアルタイム処理に特化した仕様を持つ。家電などの機器には，産業機械の制御用途として設計された **ITRON**（Industrial TRON）が用いられる。

　組み込み機器は，近年の IoT への対応をはじめとして，高機能化が進むようになった。TRON などのリアルタイム OS で対応が困難となり，組み込みコンピュータに特化された，**組み込み Linux**（embedded Linux）が用いられるようになった。Linux がコンピュータの規模にかかわらず適応できるスケーラビリティを持つのは，ソースコードが公開されており，目的の動作への変更が可能という柔軟性があるためである。

　Linux は，基本的には汎用 OS であり，ある程度のリアルタイム性は保証されているが，リアルタイム OS のようにリアルタイム動作に特化

第11章 多様化したコンピュータ | **213**

したプログラム実行の処理はなされない。アプリケーションが実行されるタイミングが終了すると，OSから次に実行するタイミングがいつ得られるか予測できないためである。しかしながら，近年のコンピュータ性能の向上によって，プログラム実行速度が向上し，従来のソフトウエアであるOSによる対策だけでなく，ハードウエアの処理速度向上において解決が図られ，リアルタイム処理にも用いられるようになった。

11.3 プログラム実行のスケジューリング

次に，OSの用途を位置づける，プログラム実行のスケジューリングについて考えよう。

11.3.1 汎用OSのプログラム実行

OSは，表11.1にあるように，コンピュータの用途に応じ，適したものが用いられる。コンピュータの性能向上とともに，マルチタスクOSが一般的となり，複数のプログラムが実行可能となった。マルチタスクOSの特徴が出やすい，プログラム実行を切り替えるスケジューリングについて考えよう。

OSは，第8章で学んだように，プログラムをプロセスとして実行する。複数のプログラムが実行されると，OSは，作成される複数のプロセスに対して計算機資源の割り当てを工夫し，プロセス切り替えを行いながら同時に実行を行う。

実行するプロセスの切り替えは，8.2.2で学んだコンテキスト切り替えによって行われる。汎用OSは，特定のプロセスを優先して実行するように設定することも可能であるが，さまざまな用途のプログラム実行に対応するため，基本的に，実行されている全てのプロセスを平等に実行する。丸い円卓を1周回すように次々とプロセスを切り替えながら実

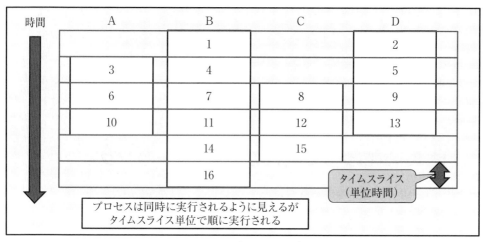

図11.1 ラウンドロビン・スケジューリング

行されることから，**ラウンドロビン・スケジューリング**（R R：Round Robin）と呼ばれる。

　ラウンドロビン・スケジューリングについて考えよう。プロセスは，図8.4にあるように，実行可能状態から，決められた一定時間だけ実行状態となったあとに実行可能状態に移行し，次のプロセスの実行に移る。図11.1にある，A，B，C，Dという4つのプロセスが実行される時のスケジューリングを考えると，時間の経過とともに，B，Dのプロセスの実行から開始され，数字にあるようにプロセスの実行は遷移する。待たされている時間が長いプロセスに高い優先度を割り当てるとともに，実行が完了したプロセスに最も低い優先度を割り当て，優先度の最も高いプロセスから実行する方法である。

　ラウンドロビン・スケジューリングにおいて，プロセスが実行される一定の時間を単位時間という。プロセスが実行される一定時間を切り出した時間であるため，**タイムスライス**（time slice）ともいう。タイム

スライスは，ごく短い時間であるため，人間の目からは，複数のプロセスが同時に実行されているように見える。ごく短い時間で実行されるプロセスを切り替える，時間を分割した時分割でプロセスを実行することになるため，**タイムシェアリングOS**（time sharing OS）ともいう。

　時分割による一定時間間隔でプロセスを切り替えながら実行するタイムシェアリングを採用したシステムは，**タイムシェアリングシステム**（**T S S**: Time Sharing System）という。汎用OSのプロセス実行における，基本的なスケジューリングである。

11.3.2　リアルタイムOSのプログラム実行

　組み込みコンピュータで用いられる，リアルタイム性を重視したプログラム実行について考えよう。スマートフォンの電話着信への対応や，家電などに行われた操作への対応を優先的に行うための**優先度順方式**（priority order method）というスケジューリングである。

　図11.2のように，**リアルタイム処理**（real-time processing）の基本は，OSでプロセス実行が行われているときに，何らかの操作などのイベントが発生して，（1）処理要求があったとき，制限時間内に対応する処理を確実に，優先して行うことである。要求への対応を行う処理の完了が，制限時間内に（2）応答されると有効であるが，制限時間を超えると無効となる。緊急の処理要求が発生すると，他のプロセスの実行を中断してでも，優先して処理を行うという対応である。プロセスの実行順序を制御し，その時その時に必要となる処理を実行できるようにスケジューリングを行い，システムの応答性を高めることを目指している。

　リアルタイム処理によるプロセス実行を行うOSを，**リアルタイムOS**（**RTOS**: Real-Time Operating System）という。何らかのプロセス実行を行っている最中であっても，優先して対応すべき事象

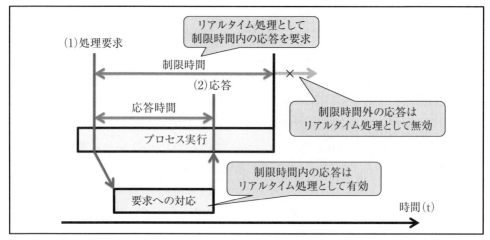

図11.2 リアルタイム処理

　(event) が発生すると，事象への対応を行うプロセス実行に切り替えるスケジューリングと捉えることもできるため，**イベントドリブン・スケジューリング**（event-driven scheduling）ともいう。**イベントドリブン**（event-driven，イベント駆動，事象駆動）に基づいたスケジューリングである。

　イベントの中には，タイマーのように定期的に発生する対応を要するイベントもある。何らかの目的のために定期的に同じ処理を実行するプロセスやスレッドを，**周期プロセス**（periodic process）や**周期スレッド**（periodic thread）という。同じような処理が繰り返し行われることから，プロセスの実行に要する時間が経験的に予想できるため，優先順位と実行時間を組み合わせたスケジューリングアルゴリズムを用いて実行されることもある。**締め切り順スケジューリング**（**EDF**: Earliest Deadline First）や**レート・モノトニック・スケジューリング**（**RMS**: Rate Monotonic Scheduling）などの種類がある。

第11章 多様化したコンピュータ | **217**

リアルタイム OS は，**実時間処理**（real-time operation）を行う OS である。**実時間**（**リアルタイム**，real time）は，対応すべきイベントが発生してから制限時間内に処理を完了することである。リアルタイム処理は，締め切りを厳密に守る**ハードリアルタイム**（hard real time）と，平均的に守る**ソフトリアルタイム**（soft real time）の 2 種類がある。

ハードリアルタイムは，設定された期限を過ぎると，制御対象の機器などに損害を与えるなど，処理の継続が無意味になる処理である。携帯電話の着信や家電の操作，自動車のエンジン制御など，イベントが発生したときに確実に対応できないと対応が無意味となるリアルタイム処理である。一方，ソフトリアルタイムは，設定された期限を多少破っても問題が少ない処理である。例えば，テレビやコンテンツプレーヤーで，圧縮形式のデータから映像や音声をリアルタイムに取り出す処理である。映像は，遅れや音声との同期のずれ，ブロックノイズの発生などが多少あっても問題になることは少ないため，遅れても確実に処理を行うことよりも，時間軸を基準に処理を行うことを優先させたリアルタイム処理が行われる。

演習問題 11 ──────────────────────

【1】 タイムシェアリング OS とリアルタイム OS の違いを説明し，それぞれの用途を説明しなさい。

【2】 メモリー常駐によって動作するコンピュータと，一般的なコンピュータの動作を比較し，それぞれの特徴を説明しなさい。

【3】 周期プロセスが存在する理由について，例を示しながら説明しなさい。

【4】 モバイルファーストという考え方が登場するようになった理由を説明しなさい。

【5】 システム開発でスケーラビリティーが高い OS を用いる利点について説明しなさい。

参考文献

大澤範高『オペレーティングシステム』（コロナ社，2008年）

金凡峻『作りながら学ぶ OS カーネル保護モードプログラミングの基本と実践』（秀和システム，2009年）

坂村健『ユビキタス、TRON に出会う「どこでもコンピュータ」の時代へ』（NTT 出版，2004年）

社団法人日本システムハウス協会エンベデッド技術者育成委員会『エンベデッドシステム開発のための組込みソフト技術』（電波新聞社，2005年）

武井正彦，中島敏彦『図解 μ ITRON による組込みシステム入門』（森北出版，2008年）

Tomasz Lelek，Jon Skeet『ソフトウェア設計のトレードオフと誤り―プログラミングの際により良い選択をするには』（オライリージャパン，2023年）

12 | サービス提供と演算装置

《**目標＆ポイント**》 IoT 社会において，さまざまな処理を行うことがコンピュータに要求されるようになった。コンピュータに搭載されるプロセッサーにおいても，提供するサービスに対応したプロセッサーが必要となり，専用のプロセッサーであるコプロセッサーが追加で搭載されるようになりつつある。コンピュータへの機能拡張を行う方法として搭載されるプロセッサーの分類や，コプロセッサーの搭載方法について学ぶ。そして，コンピュータに搭載されたプロセッサーの命令セットや，並列処理を行う命令実行についてフリンの分類を基に，サービス提供において適切なプロセッサーについて考える。そののち，何らかのアルゴリズムを搭載した組み込みコンピュータの開発を例に，ソフトウエアとハードウエアの役割について考える。
《**キーワード**》 プロセッサー，アクセラレーター，コプロセッサー，並列処理，命令セット

12.1　プロセッサーと命令

　コンピュータは，プロセッサーで命令実行を行い，何らかの処理を行う装置である。これまで，漠然とプログラム実行，命令列の実行を行う装置として捉えてきた。コンピュータは，日本語で「電子計算機」というように，当初は計算を行うための機械であった。時間の経過とともに数字のほかにテキスト，画像，写真，音楽，動画のように，大量のデータにより表現されるマルチメディアコンテンツの取り扱いが可能となった。現在は，ハイレゾや4K，8Kのようなさらに大量のデータで表現される高精細なコンテンツの取り扱いや，VR，ARなどのリアルタイ

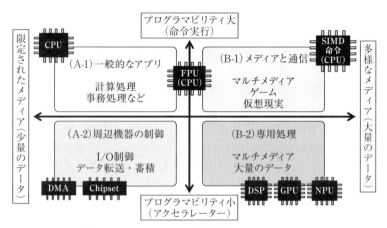

図12.1 プログラムの分類とプロセッサー

ム処理でプロセッサーの能力が必要となるサービスの普及が進むようになった。コンピュータの用途がどのように広がってきたか，プロセッサーの機能に注目して考えよう。

12.1.1 プロセッサーとアプリケーション

　コンピュータにおいて実行されるプログラムについて，図12.1のように，メディアやデータの量という横軸と，コンピュータのプログラムとして記述し，実行可能であるという，**プログラマビリティ**（programmability）の縦軸で分類してみよう。

　（A-1）一般的なアプリケーションは，計算処理や事務処理のような，コンピュータで実行されるプログラムであり，プログラマビリティは高い。人間で例えると，論理的で逐次的な処理を行う左脳に相当する。プログラムの中で並列処理は少なく，逐次的に行われる複雑な処理を少量のデータに対して行う。これまで学んできた，中央演算処理装置というプロセッサーを使ったプログラム実行である。

（A-2）周辺機器の制御は，（A-1）一般的なアプリケーションの動作で必要となる周辺機器の制御や，データ転送や蓄積などを円滑に行うことである。プログラムの命令実行に関わる動作の高速化を図る，特定の機能の性能を高める**アクセラレーター**（accelerator）として働くしくみである。プログラム実行に直接は関係しないが，間接的に関わる，4.2.6で学んだ，データ転送で用いられる DMA（Direct Memory Access）のようなプロセッサーである。コンピュータの構築で用いられるプロセッサーに対応した，ハードウエアを構成する基本的な周辺機器などの機能を集約した**チップセット**（chipset）も（A-2）に含まれる。

　（B-1）メディアと通信を取り扱うアプリケーションは，大量のデータで構成されたマルチメディアを取り扱うプログラムである。人間でいうと，右脳に相当する処理を行う。音楽や動画などメディアの再生，動画配信や動画編集，ゲームや仮想現実などのアプリケーションである。データの取り扱いは，単純な処理を大量のデータに対して適用するアプリケーションが多く，プロセッサーの（A-1）用の命令実行でも対応できるが，単純な処理を大量のデータに対して適用する専用の命令があると，より高速に実行することが可能になる。

　（B-2）専用処理は，（A-1）一般的なアプリケーションにおけるプログラム実行において，マルチメディアや大量データの処理を行う場合に用いられる専用プロセッサーである。マルチメディアの取り扱いや，大量データを取り扱うプログラム実行を行い，コンピュータで目的とする処理が円滑に動作するように支援を行う。専用プロセッサーはプログラム実行を行うプロセッサーとは独立して動作し，専用プロセッサーで実行される命令や応答，データが，コンピュータのプログラム実行を行うプロセッサーと非同期でやりとりされる。

　人間は，右脳と左脳が機能分担しながら全体としてまとまった動きを

するのと同様に，コンピュータは，（A-1）と（B-1）の機能が密接に組み合わさってさまざまな処理を行う。

12.1.2　プロセッサーとコプロセッサーによる機能拡張

　近年のコンピュータは，用途が多彩となったコンピュータのプログラムを円滑に実行するため，図12.1にあるように，いくつかの種類のプロセッサーが搭載されるようになった。コンピュータでプロセッサーというと，命令実行を担当するCPUを意味することが多い。

　プログラムの実行は，CPUに搭載された命令セットにより行われる。一般的なアプリケーションの演算は，整数命令で対応可能であるため，従来，浮動小数点命令は，**コプロセッサー**（co-processor）として物理的に独立していた。**浮動小数点ユニット**（FPU: Floating-Point Unit）である。コンピュータグラフィックス（CG: Computer Graphics）やシミュレーション，CAD（Computer Aided Design，コンピュータ支援設計），科学技術計算などで用いられる演算である。

　FPUは，小数点を含む演算を高速に計算する命令を持ち，実行するプログラムに対応する命令があると，プロセッサーの代わりに命令実行を行う。FPUを持たないプロセッサーで浮動小数点演算を行う場合は，ソフトウエアにより整数演算に変換して命令実行を行う対応が行われる。

　小規模な組み込みコンピュータはFPUを持たないプロセッサーも多いが，近年のGUIを搭載するコンピュータは，浮動小数点演算を多用することから，プロセッサーに搭載されることも多くなった。FPUのように，プロセッサーの命令を強化することで機能強化する方法を，図12.2（A）**CCC**（Closely-Coupled Co-processor）という。

　FPUは，マルチメディアでも使用する浮動小数点演算を強化するが，大量のデータを演算する用途には適していない。マルチメディアを取り

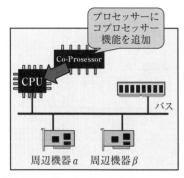 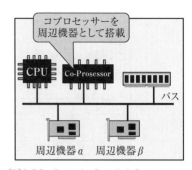

（A）CCC：Closely-Coupled Co-processor　　（B）LCC：Loosely-Coupled Co-processor

図12.2　コプロセッサーの搭載方法

扱うには機能的に不十分であることから，CCCによるマルチメディア向きの演算に対応した **SIMD 命令**（シムド）がプロセッサーに追加された。

　CCCは，プロセッサーの命令として機能を追加することから，コンピュータのハードウエア資源はプロセッサー以外の変更はなく，プログラミングも使用する命令が追加されただけで，従来と同様に逐次的に命令実行がなされる。プログラム実行と同期したマルチメディア処理に適した方法といえる。プロセッサーの命令セットに含まれることから，プログラムの互換性も保ちやすい。

　大量のデータに対して複雑な処理を行う場合は，非同期による対応が適することもある。図12.2（B）**LCC**（エルシーシー）（Loosely-Coupled Co-prosessor）という方法である。図12.1（B-2）専用処理における，アクセラレータとして搭載される。4.2で学んだ周辺機器と同様，バス（bus）やI/Oポートに接続され，決められた通信方法（protocol）でプロセッサーとの通信を行う。

　LCCは，独立して処理を行う専用コンピュータと捉えることができ，目的とする処理を助けるアクセラレーターとして用いられる。コン

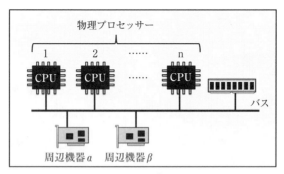

図12.3 マルチプロセッサー

ピュータのプロセッサーとのやりとりを行うために，独自の OS が動作していることもある。目的とする処理に適した構造，**アーキテクチャー**（architecture）にできるため，性能が確保しやすくなる。また，CCC はコンピュータの主記憶装置を使って命令実行するが，LCC は専用のメモリー空間を使って命令実行を行う。

　LCC のように専用のプロセッサーを使わず，プログラム実行を行うプロセッサーを複数用意する，**マルチプロセッサー**（multi-processor）により対応する方法もある。図12.3のように，バスに複数のプロセッサーを接続する方法である。命令実行を行うプロセッサーが複数存在すると，**疑似並列**（pseudo parallel）ではあるが，プロセッサーの数だけプロセスを同時に実行できるため，LCC と同様の効果を得ることができる。複数のプロセッサーへのプロセスの割り当ては，**コンテキスト切り替え**（context switch）によって行われる。異なるプロセッサーであっても，コンテキスト空間の割り当てによって継続したプロセス実行ができるためである。

12.2 プロセッサーの命令セット

次に，プロセッサーの命令セットについて考えよう。

12.2.1 命令セットの種類

プロセッサーで実行可能な命令の集まりである**命令セット**（instruction set）について考えよう。プログラムは，動作させたいプロセッサーの命令セットを使って作成される。

プロセッサーメーカーは，プロセッサーにバリエーションを持たせて提供している。それぞれ全く異なる命令セットになっているわけではなく，**プロセッサーファミリー**（processor family）と呼ばれる異なる性能を持たせつつ，似た命令セットを持つ群として提供されている。

メーカーが異なっても，基本的な命令セットが同じプロセッサーもある。**互換プロセッサー**（compatible processor）や**互換 CPU**（compatible CPU）である。基本的な命令セットを使ったソフトウエアを動作させることができる。

プロセッサーの命令セットは，機能ごとに整理されている。例えば，図12.1 は，（A-1）CPU，（A-1）と（B-1）の間にある FPU，（B-1）SIMD 命令は，それぞれ異なる命令セットとなる。プロセッサーは，実装された命令セットを提供する。演算機能を管理する OS は，プロセッサーが持つ命令セットを調べ，適切な命令セットをプログラムに伝えることで，プログラムは拡張命令を使った命令実行が可能かを判断する。例えば，プロセッサーが持つ SIMD 型の命令は，**SIMD 拡張命令**（SIMD extensions）や，**マルチメディア拡張命令**（multimedia extension instruction）などと呼ばれ，プロセッサーが提供された時期によっていくつか種類があるためである。

12.2.2 命令セットのアーキテクチャー

　命令セットのアーキテクチャーは，プロセッサーファミリーによってさまざまであるが，単純な命令から複雑な命令まで数多くの命令を搭載する **CISC**（Complex Instruction Set Computer，複合命令セットコンピュータ）と，単純な命令を組み合わせて高速化を狙う **RISC**（Reduced Instruction Set Computer，縮小命令セットコンピュータ）に大別される。それぞれの違いについて考えよう。

（A）CISC

　命令セットの原点は，CISC アーキテクチャーである。CISC 型プロセッサーの命令は，単純な処理を行う命令だけでなく，単純な命令をいくつか組み合わせることで複雑な処理を実現した高機能な命令も数多く持つ。プログラムの中で高機能な命令が数多く用いられると，命令の数を少なくできるため，プログラムサイズの縮小につながる。複数の単純な命令が組み合わされた命令は，プロセッサーの内部で**マイクロコード**（microcode）と呼ばれるプログラムに変換されて実行される。

　CISC の考え方は，現在よりもメモリーのアクセス時間が遅かった時代に，メモリーへのアクセスを少しでも減らしつつ，実行速度を高めるために工夫された結果ともいえる。

　CISC 型プロセッサーは，搭載される命令の数が多いため，語長は命令によって異なる**可変長命令**（variable length instruction）となる。頻繁に使用される命令は短く，使用頻度の低い複雑な命令は長くなるように定義され，プログラムを記憶するメモリー量が少なくなるように設計されていることが多い。

　CISC 型プロセッサーは，可変長命令となることに加え，単純な命令から複雑な命令まであることから命令ごとに実行時間が異なることになる。このため，性能向上の工夫であるパイプライン処理が困難になりが

ちとなり，高機能な命令をコンパイラーで有効に利用しづらいといった指摘から，RISC アーキテクチャーへの注目が高まっていった。

（B）RISC

RISC アーキテクチャーは，CISC アーキテクチャーへの指摘を踏まえて登場した。RISC 型プロセッサーは，実行効率を高めた，固定長で単純な少数の命令で構成された命令セットを持つ。CISC に比べて，搭載される命令が厳選されて数が少ないため，**縮小命令セットコンピュータ**（RISC: Reduced Instruction Set Computer）という。

RISC の命令は固定長であるため，命令の実行は，**ワイヤードロジック**（wired logic, 結線論理）と呼ばれる演算回路で行われることもある。物理的に構成された論理回路であり，ハードワイヤードロジック（hard wired logic）ともいう。命令が単純であり，**命令語長**（instruction length）と実行時間が均一であるため，CISC 型の命令に比べて，パイプラインを用いた実行がスムーズになるという特徴がある。

RISC 型プロセッサーは，CISC 型プロセッサーのように，１つの命令で複雑な処理を行う命令はほとんど存在せず，単純な命令の組み合わせによりプログラムが構成される。このことから，同じ動作をするプログラムの実行形式を CISC と RISC で比べると，RISC 型プロセッサーはプログラムサイズが大きくなる傾向がある。アクセス時間が速い大容量メモリーが低価格となり，プログラムを記憶するメモリー量に制約が少なくなったことから用いられるようになった。

RISC 型プロセッサーは命令の数が少ないことから，構成する回路が小さくなり，用いられるトランジスターの数も少なくなる。結果として，省電力性能が高いプロセッサーとなることが多く，モバイル端末や組み込み機器のプロセッサーで用いられることが多い。

一方で，現在の CISC 型プロセッサーは，プロセッサー内部で，命令

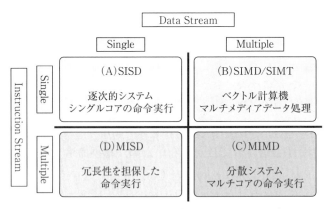

図12.4 フリンの分類（Flynn's taxonomy）

をRISCのような内部命令に変換してパイプライン処理を行っているプロセッサーもあり，命令の数だけで命令セットのアーキテクチャーを比べることは困難となっている。プログラミングのしやすさや，処理能力，省電力性など，さまざまな要因を考慮して適切なプロセッサーが選択される。

12.2.3 プロセッサーによる命令実行の方法

プロセッサーによる並列処理における命令実行の方法に注目しよう。プロセッサーは，命令実行とともにデータを処理するが，フリンの分類に基づいてプログラム実行における命令の流れ（instruction stream）と，命令実行時に処理されるデータの流れ（data stream）に注目すると，図12.4のように，命令実行は4種類に分類される。

命令1個でデータ1個を処理する方式は，（A）**SISD**（Single Instruction stream Single Data stream）という。ユニプロセッサーを搭載したコンピュータの命令実行であり，逐次的に処理を行う命令実行で

ある。

（B）**SIMD**（Single Instruction stream Multiple Data stream）は，命令1個で複数のデータに同じ処理を行う方式である。画像や映像，音楽といったマルチメディアデータの処理に適しており，近年のコンピュータは，マルチメディアデータを取り扱うことが多くなったことから，図12.1（B-1）にある，SIMD命令が拡張命令セットとして搭載されたプロセッサーが多くなった。

SIMD型の命令実行を行うプロセッサーは，マルチメディアや人工知能への対応のため，図12.1（B-2）専用処理に対応したアクセラレーターとしての搭載も進むようになった。**エッジコンピューティング**（edge computing）として，データ発生源の近くで処理を行うコンピュータの利用でもある。信号処理を専門に行うプロセッサーである**DSP**（Digital Signal Processor）や，コンピュータのグラフィック処理を担当する**GPU**（Graphics Processing Unit），人工知能 AI，ニューラルネットワーク処理を担当する**AIプロセッサー**である**NPU**（Neural Processing Unit）が搭載されるようになった。

GPUは，4Kのように構成される画素が多くなった画像処理を高速に行うために，数千個のように多数のコアが搭載され，高い並列計算能力を持つようになった。本来の画像や映像の処理だけでなく，数値演算，データ処理にも計算能力を応用するようになった。GPUに搭載されたビデオ処理用の記憶装置を使って計算を行うことを，**GPU汎用計算**（**GPGPU**: General-Purpose computing on GPU）という。科学技術計算やシミュレーション，機械学習やニューラルネットワークなどの人工知能に用いられる。

GPUコアの中には，画像処理の高度化を踏まえ，SIMD型を発展させた**SIMT**（Single Instruction stream Multiple Thread）という命令実

行にも対応するようになった。複数のデータそれぞれに，ある程度異なる命令列を実行し，スレッドごとに異なる処理が可能という命令実行の方式である。

　NPU（Neural Processing Unit）は，人工知能 AI や機械学習で使用されるニューラルネットワークの計算に特化したプロセッサーである。NPU の登場前は，GPU で対応されていたが，高価で不必要な機能もあるため，人工知能に特化させた機能を搭載し，消費電力に配慮したプロセッサーとして，NPU が新たに搭載されるようになった。

　（C）MIMD（Multiple Instruction stream Multiple Data stream）は，複数のプロセッサーを用いて複数のデータを処理する，マルチプロセッサーを用いて並列実行を行う方式である。

　（D）MISD（Multiple Instruction stream Single Data stream）は，複数の命令を複数のプロセッサーで実行し，1 つのデータの処理を行う方式である。システムの信頼性を向上させる冗長性を高めるために用いられ，複数のプロセッサーで処理された値を比較し，発生した障害を検出するために用いられる。

12.2.4　プロセッサーの構成

　演算装置であるプロセッサーは，IC（Integrated Circuit）というパッケージの形で構成されている。IC の中には，プロセッサーの回路が構成された**半導体チップ**（semiconductor chip）が入っている。半導体チップは，**プロセッサーダイ**（processor die），**ダイ**（die）という。

　プロセッサーを構成する一式の回路は，**プロセッサーコア**（processor core）や，単に**コア**（core）という。プロセッサー 1 個に，1 つのコアが入ったものは，**ユニプロセッサー**（uni-processor）や**シングルプロセッサー**（single processor），**シングルコア**（single core）という。

演算を行う装置が1つであるため，プログラムは基本的に書かれた命令列に従い，逐次的に実行される。

シングルコアプロセッサーの性能向上は，クロック周波数の向上や，1クロック当たりの命令実行数の増加により実現される。性能向上を目的としたクロック周波数の向上は，消費電力と発熱量の対策も同時に必要となることから，近年では鈍化するようになった。クロック周波数と電源電圧の2乗に比例して消費電力は増加するためである。

近年では，複数のアプリケーションを同時に実行するマルチタスクOSが一般的となったため，複数のプロセッサーコアを組み合わせた**マルチコア**（multi-core）による性能向上が図られるようになった。シングルコアよりもクロック周波数と電源電圧を下げ，省電力を図りながら，クロック周波数当たりの性能を向上させている。

マルチコアは，コア1個のプロセッサーを複数搭載した**マルチソケット**（multi-socket）による方法と，複数コアを搭載したプロセッサーを用いる**マルチコアテクノロジー**（multi-core technology）による方法がある。実現方法は異なるが，どちらも複数個のプロセッサーで構成された**マルチプロセッサー**（multi-processor）である。近年のコンピュータは，マルチコアテクノロジーによるプロセッサーが一般的である。

複数のプロセッサーによる演算装置の構成は，同じ種類のプロセッサーを複数使う**ホモジーニアス**（homogeneous，同種）と，異なる種類のプロセッサーを混在して使う**ヘテロジーニアス**（heterogeneous，異種）がある。

ホモジーニアスは，同じ種類のプロセッサーで構成されたマルチコアプロセッサーによるプログラム実行で用いられる。命令実行を行うプロセッサーは，近年では，性能と省電力を両立させるためにヘテロジーニアス化されるようになってきた。処理性能重視の高性能コアであるPコ

ア（Performance core）と，省電力を重視した高効率コアであるEコ
ア（Efficient core）で構成される構造である。プロセッサーによって
は，さらに高効率のLP Eコア（Low Power E-Core）が組み合わされ
ることもある。OSが実行するプロセスを切り替える，**コンテキスト切
り替え**（context switch）によって，負荷に応じて最適となるプロセッ
サーへのプロセス実行の割り振りが行われ，性能と省電力の両立を実現
する。

　プロセッサーのコアの数に応じた呼称がある。2個をデュアルコア
（dual core），4個をクアッドコア（quad core），6個をヘキサコア
（hexa core），8個をオクタルコア（octal core），オクタコア（octa
core），オクトコア（octo core）という。コアが数十個搭載されたプロ
セッサーは，メニーコア（many core）という。メニーコア搭載のコン
ピュータは，インターネットでサービスを提供する仮想コンピュータの
構築で用いられる。

12.3　組み込みコンピュータの開発

　コンピュータは，ソフトウエアを動作させるハードウエアを持つ。組
み込みコンピュータのハードウエアで動作させるソフトウエアは，何ら
かのアルゴリズムを踏まえて作成される。組み込みコンピュータの開発
について考えよう。

12.3.1　ソフトウエアとハードウエアの役割

　図12.5を見ながら，コンピュータを使って，何らかのアルゴリズムを
搭載した機器の開発について考えよう。

　機器に組み込まれる組み込みコンピュータは，最初から組み込みコン
ピュータを使って開発が開始されることは少ない。製品に実装したい

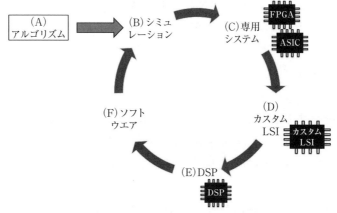

図12.5　組み込みコンピュータの開発

（A）アルゴリズムがある場合，PCなどのコンピュータでプログラムを作成し，ソフトウエアによる（B）シミュレーション（simulation）を行って，性能が検証される。コンピュータで動作するソフトウエアは，変更が容易であり，検証しやすいためである。

シミュレーションでアルゴリズムの動作が決まると，ハードウエアによる（C）専用システムが構築される。構築では，ハードウエアとして**FPGA**（Field Programmable Gate Array）や，**ASIC**（Application Specific Integrated Circuit）を用い，動作速度の検証などを行う。

FPGAは，英語を直訳すると「現場でプログラムできるゲートアレイ」である。ハードウエア記述言語（HDL: Hardware Description Language）を用いて回路設計ができるICである。ASICは，特定の機器や用途を実現するために，組み込みコンピュータとして必要な機能を組み合わせて構築したICである。ASICは，構築された構成を変更できないが，FPGAは，回路の書き換えによって仕様変更ができる。ASICやFPGAを使うと，開発期間が短くなる利点がある。製品とし

て提供が見込める場合は，ASIC や FPGA の検証結果に基づいて（D）カスタム LSI が構築される。数量が見込めない場合は ASIC や FPGA で提供されるが，数量が見込める場合はカスタム LSI によって安く大量に提供可能となる。

アルゴリズムが洗練され，（E）DSP の性能で実現できるようになると，DSP による実装が行われる。DSP は，プログラムに基づいて動作するため，プログラムを切り替えることでさまざまな複雑な機能を実現できるという利点がある。図12.1（B-2）専門処理のような機能である。

アルゴリズムの洗練化が進み，高速化の手法や最適な実装方法が知見として得られるようになると，コンピュータの CPU で動作する（F）ソフトウエアで提供することが可能になる。そして，コンピュータの性能向上とともに，アルゴリズムの機能強化や改善が図られるようになる。再びソフトウエアによる（B）シミュレーションがなされるようになり，図12.5にある開発のループが再び回される。

12.3.2　アルゴリズムの洗練化とソフトウエア

何らかの機能を提供するアルゴリズムは，ソフトウエアからハードウエアへ，ハードウエアからソフトウエアへというループを繰り返しながら，アルゴリズムの洗練化や機能強化が図られ，よりよい機能を持った製品の提供が行われる。一例として，オーディオや動画の取り扱いがある。従来は専用のハードウエアでしか対応できなかった機能が，コンピュータ上で対応可能となった。アルゴリズムの性能向上とともに，ハードウエアによるアクセラレーターも必要に応じて用いられ，ソフトウエアでさまざまな機能が実現されている。

第12章 サービス提供と演算装置 | **235**

演習問題 12 ――――――――――――――――――――――――――

【**1**】 コンピュータの性能を向上させるために搭載されるコプロセッサーと，プロセッサーである CPU の違いを説明しなさい。

【**2**】 コプロセッサーの搭載方法である CCC と LCC による動作の違いを説明しなさい。

【**3**】 コンピュータで提供するサービスに対応した半導体が開発されるようになった理由を説明しなさい。

【**4**】 モバイル向けのプロセッサーは，RISC 型プロセッサーが多い理由を説明しなさい。

【**5**】 コンピュータにおけるアクセラレーターとは何か説明しなさい。

【**6**】 コンピュータを用いたアルゴリズムの開発において，ハードウエアとソフトウエアによる実装の関係を説明しなさい。

参考文献 ▌

天野英晴（編）『FPGA の原理と構成』（オーム社，2016年）

小鷲英一『MMX テクノロジ最適化テクニック』（アスキー出版局，1997年）

清水洋治（著），株式会社テカナリエ（監修）『なぜ Apple は強いのか――製品分解からわかる真の技術力』（技術評論社，2023年）

山口晶大『はじめての DSP 活用大全：開発環境の用意から事例研究まで第 2 版』（CQ 出版社，2009年）

Hisa Ando『［増補改訂］GPU を支える技術超並列ハードウェアの快進撃［技術基礎］』（技術評論社，2021年）

Hisa Ando『コンピュータアーキテクチャ技術入門高速化の追求×消費電力の壁』（技術評論社，2014年）

13 | 記憶装置と半導体

《目標＆ポイント》　コンピュータに用いられる半導体メモリーについて考える。RAM，ROM，フラッシュメモリーといった半導体メモリーの種類について見たあと，補助記憶装置の種類について整理する。そして，補助記憶装置においてデータを取り扱う概念であるファイルや，データを記憶する領域であるボリューム，管理領域であるファイルシステムについて学ぶ。そののち，コンピュータを構成する半導体の種類と製造工程について説明し，SoC，SiP，チップレットといった，サービス提供に適した形の半導体について考える。

《キーワード》　半導体メモリー，RAM，ROM，フラッシュメモリー，補助記憶装置，半導体と製造工程，SoC，SiP，チップレット

13.1　さまざまな記憶装置

　コンピュータの世界では，メモリーというと，主記憶装置を意味することが多いが，コンピュータで用いられる記憶装置として，半導体メモリーが一般的に使われるようになった。USB メモリー，SSD（Solid State Drive），SD カード（SD card）など，ストレージとして，さまざまな記憶装置がある。

13.1.1　半導体メモリーの種類

　記憶装置としての半導体メモリーは，（A）RAM と，（B）ROM の2種類に大きく大別できる。

（A）RAM

RAM（Random Access Memory）は，任意の場所での読み書きが可能であり，電源を切ると記憶が失われる**揮発性メモリー**（volatile memory）である。主記憶装置や，一時的にデータを記憶しておくスタック，バッファーなどで用いられる。**RAM** は，記憶素子の違いから，SRAM と DRAM がある。

SRAM（Static Random Access Memory）は，2.2.1で学んだレジスターと同様，D型フリップフロップで構成される記憶装置である。4個以上のトランジスターを使って1 bit の記憶を行うため，DRAM よりも単位面積当たりの記憶容量が少なくなり，集積度を上げることが困難である。読み書きの速度は DRAM よりも高速であり，速度が要求される**キャッシュ**（cache）や，組み込みコンピュータの**作業メモリー**（working memory）などで用いられる。

SRAM は，DRAM のように記憶された内容を保持するリフレッシュが不要であるため，動作で用いる電力は低く，PC の基本的な動作を決める **BIOS**（Basic Input Output System）設定を記憶する**バッテリーバックアップ**（battery backup）用途で用いられることがある。

DRAM（Dynamic Random Access Memory）は，トランジスター1個とキャパシター1個を使って1 bit を記憶する。キャパシター（capacitor，コンデンサー: condenser）に蓄積された電荷（電気）が記憶される値に対応する。キャパシターに蓄えられた電荷は，時間が経過すると減少するため，一定時間ごとに蓄えた電荷を更新する**リフレッシュ**（refresh）が必要である。

DRAM は，記憶素子の構成がシンプルであり，高い集積度で作成できるという特徴がある。記憶領域に対してランダムに読み書きを行うことが可能であり，大容量の記憶装置を必要とするコンピュータの主記憶

装置やスタック，バッファーなどで用いられる。

　主記憶装置はプロセッサーの命令実行の作業領域として用いられることが一般的であるが，一部の領域を **RAMディスク**（RAM disk）という，ストレージとして用いることがある。高速に読み書きができるが，電源を切ると保存したデータが失われる揮発性を持つことから，OSやプログラムの実行に伴い作成される，一時的な作業ファイルであるキャッシュを保存する領域として用いられることが多い。RAMディスクは，OSにデバイスドライバーをOSに組み込むことで作成される。

（B）ROM

　ROM（Read Only Memory）は，電源を切ってもデータが残る**不揮発性メモリー**（non-volatile memory）である。読みだしのみに対応するため，原則として変更しないデータやプログラムの記憶などに用いられる。近年は，通常は読みだしのみであるが，特殊な動作モードにすることで，書き込みが可能となるフラッシュメモリーがROMとして搭載されることが一般的である。

　フラッシュメモリー（flash memory）は，フラッシュROM（flash ROM）とも呼ばれる。4 KB（4,096bytes）や，8 KB（8,192bytes）といった一定単位のブロック単位で消去を行い，大容量化と高速の書き込みを可能にしたROMである。「フラッシュ」と呼ばれる理由は，カメラのフラッシュのように記憶された内容を一括消去できることに由来し，開発者らによって名付けられたことにちなむ。

　フラッシュメモリーは，回路構成の違いにより，NOR型とNAND型がある。**NOR型**は，主記憶装置で用いられるRAMと同様，アドレスによるランダムアクセス（random access）が可能であるため，フラッシュメモリーにプログラムを置いたまま命令実行（execute in place）が可能という特徴がある。PCのBIOSやスマートフォン，タブ

レット，ルーター，プリンター，家電などの動作を決定づける，**ファームウエア**（firmware）の記憶に用いられる。フラッシュメモリーを用いることで利用者の手に渡ったあとでも機能追加や不具合修正の更新が可能となり，無線ネットワーク接続された機器では，無線通信によってソフトウエアの更新を行う**OTA**（Over The Air）技術の搭載が進んでいる。

　フラッシュメモリーの**NAND**型は，複数の記憶素子で構成されたページと呼ばれる単位で読みだしを行い，消去は複数ページで構成されたブロック単位で行うことで読み書きの高速化を図っている。シリアルアクセス（serial access）に対応しており，読みだすデータが連続したアドレスを持つ記憶素子に保存されている場合，高速に読みだすことができる。補助記憶装置のような，大容量データの読み書きに適しているため，USBメモリーやSSDなどに用いられる。

　半導体を使ったストレージの**SSD**（Solid State Drive）は，**Flash SSD**を略した表現である。従来のハードディスクドライブの代わりとして普及し，コンピュータ動作の高速化に一役買っている。

　フラッシュメモリーは，記憶素子の構造から，記憶された内容の消去や書き込みの回数に制限が存在する。記憶素子全体に対する消去や書き込みの回数ではなく，記憶素子1つに対する回数であるため，特定の記憶素子に集中して書き込みが行われると，該当素子が劣化し，結果として全体の寿命につながることがある。信頼性が要求されるSSDやUSBメモリーでは，読み書きが頻繁に行われることを考慮し，**ウエアレベリング**（wear leveling）という機能が搭載されることがある。特定の記憶素子に書き込みが偏らないように対策する機能であり，特定ブロックに書き込みが集中しないよう，ブロックへの書き込みや消去の回数を平均化するように制御し，寿命の延長を目的とした機能である。

13.1.2 補助記憶装置の種類

　次に，補助記憶装置について考えよう。半導体やハードディスクドライブ，光学ドライブなどで構築されるストレージである。

（A）データを読み書きする方法

　記憶装置がデータを読み書きする方法は，（1）**リードオンリー**（read only），（2）**ライトワンス**（write once），（3）読み書き可能という3種類に分類できる。

　（2）ライトワンスとなる，1回のみ記録可能の媒体は，追記が可能であることも多いため，追記型ともいう。データの書き換えができないため，誤って書き込みができないという利点がある。書き込みは1回であっても，読みだしは何度でも可能であるため，**ライトワンスリードメニー**（write once read many）ともいう。

　（3）読み書き可能に対応した，光ディスクであるCD-RWのような書き換え可能の媒体は，**リライタブル**（rewritable）ともいう。光ディスクは，**パケットライト**（packet write）と呼ばれる，データをパケットと呼ばれる単位に分割して記録する方式もある。書き込みに専用プログラムを使う必要がなく，一般的なストレージと同様にファイル単位での書き込みや消去が可能となり，利便性も高い。しかしながら，7.1.3で学んだファイルシステムが，通常の光ディスクと異なるため，書き込みで使用するプログラムによっては**互換性**（compatibility）の問題が生じることがある。コンピュータによっては，読みだしできない場合があることに注意が必要である。パケットライトは，OSに機能が組み込まれている場合もあるが，デバイスドライバーとして追加が要求される場合もある。

（B）リムーバブルメディア

コンピュータの補助記憶装置は，内蔵 SSD のように取り外しをしない装置と，USB メモリーや外付け SSD，CD-ROM のように，**リムーバブルメディア**（removable media）と呼ばれる，記憶媒体や装置などがコンピュータから取り外しできる装置がある。CD，DVD，Blu-Ray のような光ディスクや，SD カードのように，使われる記憶媒体は小型であることが多く，データの配布や受け渡しなどデータの持ち運びに使われることが多い。記憶媒体の交換ができるため，用途別に用意することも可能である。

CD や DVD のように，標準化された記憶媒体は，対応した装置であれば利用できるため，装置が故障しても交換すればデータを読みだすことができる。データのバックアップや，コンピュータの内蔵ストレージに記憶したデータを退避させ，容量を確保する場合にも利用できる。

USB ハードディスクドライブや USB メモリーのように，装置全体を取り外す装置は，7.3.4で学んだ**プラグアンドプレイ**（PnP: Plug and Play）や**ホットプラグ**（hot plug）により OS が認識し，利用可能となることが多い。装置は大きい場合もあるが，コンピュータに内蔵するハードディスクドライブや，SSD を構築する技術をそのまま転用できるため，大容量かつ高速アクセスの記憶装置の実現も可能である。

読み書き可能の記憶装置やメディアの一部は，書き込みや削除などを禁止し，読みだしのみを可能にする**ライトプロテクト**（write protect）というしくみを持つものもある。誤って記憶されたデータを消去することや，上書きを防ぐ工夫である。書き込み保護や書き込み禁止ともいう。

取り外しができる USB メモリーのような記憶装置は，**鍵**（key）として用いられる場合がある。あらかじめ鍵となる情報を書き込んでおき，コンピュータ利用時のパスワードと併用して認証で用いることや，**ハー**

ドウエアキー（hardware key）として，プログラム起動時に利用されることがある。

13.2 補助記憶装置とデータ

補助記憶装置に記憶されるデータは，6.3.6で学んだように，抽象化された**ファイル**（file）と呼ばれる実体で取り扱われる。

13.2.1 データを取り扱う概念であるファイル

ファイル（file）は，データを格納する容器（container）と捉えることができる。どこかに分散されて記憶されたデータを1つの塊として捉えるしくみであり，コンピュータを扱う上で欠かすことができない概念である。OSが実行するプログラムや，ワープロや表計算などのアプリケーションで作成された文章や計算結果のデータそのものは，記憶装置上では0と1の数値がバラバラに記憶されているが，ファイルという形で整理されることで，データの集まりとして捉えることができる。つまり，仮想的な実体である。

コンピュータを搭載した組み込み機器であるデジカメや携帯音楽プレーヤーなども，写真や音楽のデータはファイルの形で取り扱われている。デジカメで撮影された写真は，データ保存で用いるメモリーカードに，ファイルとして認識できる形で記憶され，さまざまな機器で写真の取り扱いがファイル単位で可能となっている。携帯音楽プレーヤーもデジカメと同様，音楽や映像などのコンテンツを，ファイル単位で取り扱えるようになっている。

ファイルとして表現されたデータは，どのように記憶されているのだろうか。主記憶装置やUSBメモリーのように，半導体で構成された記憶装置は，高低で表される電圧として記憶される。磁気を使って記憶す

るハードディスクドライブは，磁気ディスク上にN極とS極のパターンで記憶するなど，記憶装置によって異なる物理的な変化を利用してデータを記憶している。

データは，記憶装置では電圧や磁極のようにさまざまな物理的な変化であるが，コンピュータでは物理的な記録方式と切り離すために抽象化が行われ，0と1の値に変換されて取り扱われる。そして，0と1による数値の羅列は，数bitの塊に分割され，プログラムであれば命令語，データであれば最小単位（フレーム）に対応づけて扱われる。さらに，命令語やフレームといった最小単位の集まりを1つの塊に集約すると，何らかの動作を行うプログラムや，テキストや音声，動画などのコンテンツとなり，記憶装置ではファイルと捉えて取り扱っている。

13.2.2　データを記憶するボリューム

ファイルやフォルダーは，コンピュータに接続された補助記憶装置に記憶される。補助記憶装置は，コンピュータに接続するだけでは利用できない。接続方法や記録方式の違いをOSによって吸収し，ボリュームと呼ばれる記憶領域を作成した上で，利用するOSに対応したファイルシステムの構築によって利用可能になる。

コンピュータから接続された記憶装置を見ると，データを記憶するまとまった領域である，**ボリューム**（volume）が存在するように見える。記憶装置として売られているハードディスクドライブやSSD，メモリーカードは，出荷時にフォーマットと呼ばれる作業が行われていることが多く，購入時の状態で利用できることが多いが，フォーマットがなされていない新しいハードディスクドライブやSSD，メモリーカードなどでボリューム領域を確保するには，**フォーマット**（format）が必要となる。フォーマットは，日本語で**初期化**という。フォーマットを行う

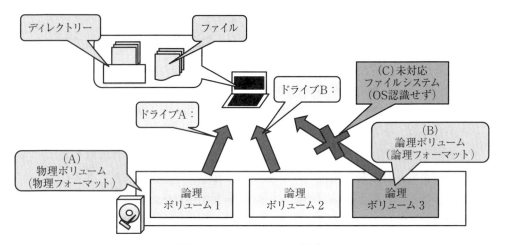

図13.1　ボリュームの構造

プログラムは，**フォーマッター**（formatter）という。

ボリュームについて，図13.1を見ながら考えよう。補助記憶装置であるストレージのハードウエアは，(A) 物理ボリュームが存在する。物理的に記憶する領域である。フォーマッターを使って，**物理フォーマット**（physical format）を行うと，記憶媒体を読み書きするための準備が行われ，**物理ボリューム**（physical volume）が作成される。

物理フォーマットは，物理的なデータ記憶領域の状況を確認しつつ，問題があれば**代替えセクター処理**（alternate sector processing）というエラー訂正処理を行うため，一般的に処理時間が長くなる。代替えセクター処理は，不良セクターと呼ばれる読み書きできなくなった書き込み領域の代わりに，記憶装置の中にあらかじめ確保してあった代替え領域にある，予備のセクターを割り当てる処理である。ストレージに存在する物理ボリュームの上に，(B) **論理ボリューム**（logical volume）を作成することが，**論理フォーマット**（logical format）である。論理

フォーマットは，物理ボリュームの上にデータを記録するための論理的な形式を整えることを目的とするため，フォーマッターにもよるが，物理フォーマットが完全に行われていることを前提として，データを記憶する領域の確認作業を省略する，**クイックフォーマット**（quick format）に対応することもある。論理フォーマットは，物理フォーマットよりも短時間で処理できることが多い。OSから認識できる**パーティション**（partition）と，6.3.3で学ぶファイルシステムが作成される。

13.2.3　論理ボリュームの認識と構成

　論理フォーマットは，OSによって異なるファイルやディレクトリーというデータを読み書きする管理方法に従って，物理ボリュームの記憶領域を整え，論理ボリュームとして管理領域を作成することである。物理ボリューム容量の範囲内であれば，図13.1のように論理ボリュームは任意の容量で作成でき，複数作成することも可能である。複数の論理ボリュームが記憶装置に存在すると，OSからは複数のボリュームが存在するように見えるため，物理ボリュームに作成される仮想記憶装置と捉えることができる。ただし，OSは対応するファイルシステムのみ論理ボリュームとして認識するため，（C）未対応のファイルシステムを持った論理ボリュームは，通常使用においてOSからは存在しないように見える。

　論理ボリュームは，複数の物理ボリュームを組み合わせて構築することも可能である。複数の記憶装置を束ねて1つの論理ボリュームを作成し，大容量の記憶装置を実現する。例えば，**RAID**（Redundant Arrays of Inexpensive Disks, Redundant Arrays of Independent Disks）という機能を用いると，複数の記憶装置を管理するソフトウエアやハードウエアを使って，アクセス速度の高速化や耐故障性の向上を狙った論理ボ

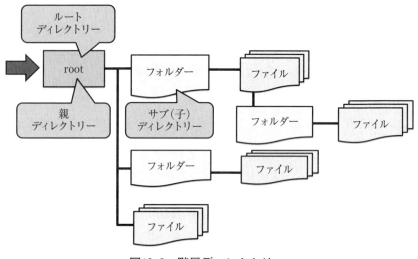

図13.2　階層ディレクトリー

リュームの構築が可能となっている。

13.2.4　ファイルシステム

ファイルシステム（file system）は，論理ボリュームに作成されるファイルやフォルダーを管理する機能である。OSが持つデータを取り扱う機能の一つであり，補助記憶装置を抽象化し，データをファイルとして取り扱うことを可能にする。取り扱いを容易にするため，ファイルに名前を付ける機能や，ファイルと記憶装置間での関連づけを行う機能がある。

ファイルは，提供される名前空間にある文字を使って名前が付けられる。コンピュータに接続されたデバイスの指定やアクセスでも用いられる。接続されたデバイスのやりとりを，抽象化によってファイルと同様の操作で取り扱うOSもある。

第13章 記憶装置と半導体 **247**

ファイルシステムは，図13.2のような，ルートディレクトリー（root directory）から経路をたどることで一意に表現できる，ツリー構造（tree structure，木構造）となった**階層ファイルシステム**（hierarchical file system）が一般的である。あるディレクトリーの上位に位置するディレクトリーを親ディレクトリー（parent directory），親ディレクトリーの下位に位置するディレクトリーをサブディレクトリー（sub directory），子ディレクトリー（child directory）という。

13.3　半導体の種類と製造工程

次に，コンピュータの性能や提供できるサービスを決定づける，半導体について考えよう。

13.3.1　半導体の種類

コンピュータを構成する集積回路は，電気をよく通す導体（conductor）と，電気をほとんど通さない絶縁体（insulator）の中間の性質を持った，**半導体**（semi-conductor）を加工して製造される。（1）ロジック半導体，（2）メモリー半導体，（3）アナログ半導体，（4）パワー半導体という4種類に分類して考えよう。

（1）**ロジック半導体**（logic semi-conductor）は，コンピュータの頭脳となるプロセッサーを構成する半導体である。12.1で学んだ，論理回路で構成される，CPU（Central Processing Unit，中央演算処理装置），GPU（Graphics Processing Unit），AIプロセッサーであるNPU（Neural Processing Unit）などがある。

（2）**メモリー半導体**（memory semi-conductor）は，13.1.1で学んだRAMやROMといった記憶装置を構成する半導体である。

（3）**アナログ半導体**（analog semi-conductor）は，センサーやア

クチュエーター，AD/DA 変換など，アナログ信号とデジタル信号の両方に関わる半導体である。センサーは検知した量や物体を電気信号に変換し，アクチュエーターは電気信号の変化量を何らかの動作に変換する装置である。

半導体回路の製造技術を使ってシリコンウエハーに構築する **MEMS**（Micro Electro Mechanical Systems，微小な電気機械システム）という技術が用いられた，小型のセンサーやアクチュエーターがコンピュータに搭載されるようになった。IoT に関連する機器や，スマートフォン，自動車，ドローンなど幅広く用いられる。

（4）**パワー半導体**（power semi-conductor）は，電力を制御して機器を動作させるために用いられる半導体である。電車や電気自動車などのモーターの駆動，家電，照明，電磁調理器，AC アダプターの電源などで用いられる。

半導体は，使用された半導体製造技術を表す目安として，**プロセスルール**（manufacturing process）が用いられる。回路を構成する配線の幅が狭いほど密度の高い半導体となり，消費電力を抑えつつ，高速な演算が可能となるためである。性能を求めるコンピュータのプロセッサーは，微細な最新プロセスが必要とされる一方で，性能を求めない家電などの機器は古いプロセスルールで製作されたプロセッサーが用いられることが多い。

13.3.2　半導体によるコンピュータの構築

コンピュータは，第1章，図1.5で見たように，いくつかの部品を組み合わせて構築される。構築の方法について考えよう。

（A）System on a Board（**SoB**）は，コンピュータを構成する要素となる半導体を選択し，基盤の上で組み合わせてハードウエアを構築す

第13章 記憶装置と半導体 | 249

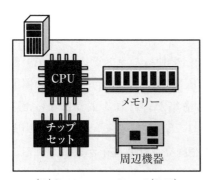
(A) System on a Board (SoB)

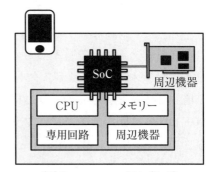
(B) System on a Chip (SoC)

図13.3 コンピュータの構成

る方法である。デスクトップPCのように，性能を追求し，ある程度の大きさが許容できるコンピュータで用いられる。デスクトップPCは，**マザーボード**（motherboard）と呼ばれる基盤の上に構築されることが多い。マザーボードは，チップセット（chipset）と呼ばれるコンピュータの基本機能を構成する回路をまとめたIC（Integrated Circuit）を搭載し，プロセッサー，メモリーモジュール，周辺機器を取り付けるソケットやスロット，コネクターが搭載されており，必要な性能を持った半導体を選んで装着して構成する。部品は既製品であるため，調達や変更は容易であり，ハードウエアの構築は行いやすいが，システムの小型化に限界がある。

（B）System on a Chip（**SoC**エスオーシー）は，コンピュータを構成する機能をまとめた，1個のICを中心にハードウエアを構築する方法である。SoBのチップセットに相当する専用回路，プロセッサーや記憶装置，周辺機器が統合される。機能がまとめられたICをSoCという。スマートフォンやタブレットなどのモバイル端末の主要機能を実現するSoCや，画像処理を行う機能を実現するもの，自動車向けなど，さまざまな

用途のものが開発されている。少ない数のICを使って小型化された
ハードウエアの構築が可能となる。

　スマートフォンの普及とともに，SoCを使ったシステム構築が一般
的となり，ノートPCやデスクトップPCにも，スマートフォンの開発
で培った技術を搭載した，SoCによる構築が行われるようになった。
ハードウエア面での**モバイルファースト**（mobile first）の動きといえ
る。スマートフォンは，省電力と性能を両立させる技術が搭載されるこ
とが一般的であり，ノートPCとの相性もよい。性能が考慮されるデス
クトップPCであっても，複数のSoCを組み合わせて性能を担保する
設計とするなど，カスタマイズできる個所は限られるものの，小型PC
を中心に用いられるようになった。

　SoCに類似した半導体として，$\overset{\text{エスアイピー}}{\textsf{SiP}}$（System in Package）がある。
1つのパッケージに複数のICを組み合わせてシステムを構築する方法
であり，SoCと記憶装置，周辺機器などが組み合わせられる。SoCは
作り込まれるために，製造された半導体に対して機能の追加や修正がで
きないが，SiPは，小型化を追求する端末に採用されることが多く，組
み合わせるICの変更によって機能変更への対応が柔軟に行えるという
利点がある。

13.3.3　半導体の製造工程

　半導体は，コンピュータの性能や小型化を決める大きな要素となった。
今後のIoT社会は，さまざまな場所で，さまざまなデバイスにコン
ピュータを搭載させて高度な処理を行うことが考えられている。より小
型のコンピュータを実現しつつ，性能を確保するために，半導体の製造
に工夫を凝らして対応がなされるようになった。

　図13.4を見ながら，半導体の製造工程の概要を考えよう。（A）設計

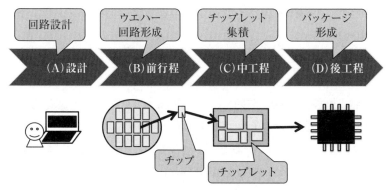

図13.4　半導体製造工程の概要

は，半導体製造に必要な回路を設計し，回路のパターンを構築する工程である．（B）前工程は，集積回路を構成するシリコンウエハーの表面上に回路を形成するまでの工程である．（C）中工程は，前工程で作成された回路の半導体チップ（chip）を切り出し，複数のチップを組み合わせて１つのチップのように扱う**チップレット**（chiplet）を構築する工程である．複数のチップを組み合わせる，MCP（Multi Chip Package）の一種である．中工程は，複数のチップを組み合わせないＳＣＰ（Single Chip Package）の場合はスキップされる．（D）後工程は，半導体として使用できるようにパッケージを作成する工程である．SCPの場合は前工程で作成されたシリコンウエハーをチップに切り出してパッケージを作成する．中工程がある場合は，作成されたチップレットをパッケージとして作成する．

　近年の半導体製造は，（A）設計のみを行い，半導体製造を請け負う企業に委託する企業と，設計は行わないが，製造を請け負う企業に分業されるようになった．設計のみを行う企業を，工場（fabrication facility）を持たないという意味を持つ，**ファブレス**（fabless）という．自社

で設計せず，半導体の製造を受託する製造専業の会社を**ファウンドリー**（foundry）という。

ファブレス企業は，半導体を使った製品の企画，設計，マーケティング，販売などに特化していることが多い。自社で製造施設を持たないことで，製造施設への投資が抑えられ，市場の変化に素早く対応した製品の設計に集中できるという利点がある。

ファウンドリー企業は，製造に特化しているため，生産設備や技術開発に投資が行いやすいという利点がある。半導体の種類によって要求される技術は異なり，ロジック半導体はプロセスルールの微細化が要求されるなど，技術開発によって製造できる製品に影響が出る。

13.3.4 チップレットによるシステム構築

SoC を用いたシステム構築は，少種多量生産となり，1度設計してしまうと変更が困難であった。一方，チップレットによるシステム構築は，提供される半導体を選択して組み合わせることから多種少量生産に対応し，柔軟に対応できるようになる。

ロジックやメモリー半導体など，半導体の種類によって最適なプロセスルールが異なる場合があり，全ての機能を1つのチップで製造するSoC は，製造しにくい場合もあった。チップレットは，種類の異なるチップを組み合わせて製造することから，その時々で必要となる性能を持った高性能，多機能の半導体が実現しやすくなる。

コンピュータの構成もチップレットによって変化する。2022年に，チップレットの相互接続を定義するオープン企画として Ｕ Ｃ Ｉ e（Universal Chiplet Interconnect Express）が登場した。異なるメーカーが製造した，多種多様なチップの選択によって必要な機能を搭載したSoC の構築も可能となる。

第13章 記憶装置と半導体 | **253**

　各チップを接続する工夫によって，コンピュータのアーキテクチャーも変化しつつある。コンピュータの主記憶装置は，周辺機器から直接読み書きできないため，図12.1（B-2）専用処理を行う，アクセラレーターとなるプロセッサーは，作業のためにコンピュータ本体のプロセッサーの主記憶装置とは異なる，アクセラレータ内の記憶装置を使って命令実行を行っている。チップレットによって主記憶装置との接続を工夫し，周辺機器を含む全てのプロセッサーが主記憶装置を共有して使用する，**ユニファイドメモリーアーキテクチャー**（UMA: Unified Memory Architecture）に基づくコンピュータも登場した。主記憶装置は，**ユニファイドメモリー**（unified memory）と呼ばれる。一般的なコンピュータより主記憶装置の容量が少なくても，快適な動作が見込める工夫である。

演習問題 13 ————————————————————————

【**1**】RAM に分類される SRAM と DRAM の用途の違いを説明しなさい。

【**2**】ROM に分類されるメモリーの特徴について述べるとともに，NAND 型や NOR 型のフラッシュメモリーの用途の違いについて説明しなさい。

【**3**】コンピュータで取り扱うデータをファイルとして取り扱い，フォルダーを使って整理する利点を説明しなさい。

【**4**】記憶装置をフォーマットして用いる理由を説明しなさい。

【**5**】MEMS 技術を用いたセンサーやアクチュエーターが普及するようになった理由を説明しなさい。

【6】 コンピュータシステムの構築において，SoC が中心となった理由を説明しなさい。

【7】 半導体性能に影響を与えるムーアの法則とは何か説明するとともに，影響を受ける，受けない半導体の種類について理由とともに説明しなさい。

【8】 チップレットにより半導体を構築する利点を説明しなさい。

参考文献

インターフェース編集部『フラッシュ・メモリ・カードの徹底研究』（CQ 出版社，2006年）

大澤範高『オペレーティングシステム』（コロナ社，2008年）

菊地正典『半導体産業のすべて 世界の先端企業から日本メーカーの展望まで』（ダイヤモンド社，2023年）

経済産業省『第4回国内投資拡大のための官民連携フォーラム』入手先：〈https://www.meti.go.jp/press/2023/12/20231221001/20231221001-4.pdf〉（参照2024/02/27）.

自動車用先端 SoC 技術研究組合 ASRA（Advanced SoC Research for Automotive），入手先：〈https://asra.jp/〉（参照2024/02/27）

前川守『オペレーティングシステム』（岩波書店，1988年）

14 | 計算機資源の保護とシステム開発

《目標＆ポイント》 IoT 社会においてコンピュータを活用する上で，計算機資源が不正に使用されることを防ぐために，コンピュータのアクセス制御を適切に設定することが必要である。ケーパビリティリストや，アクセス制御リストを用いた，ポリシーに基づくアクセス制御について考える。そののち，システムの構成，ソフトウエアの構築，開発環境といったシステム開発，プログラムの互換性や環境に依存しないプログラムのような動作環境について考える。そして，高度になったシステムとして自動車を例に考える。
《キーワード》 アクセス制御，ケーパビリティー，システム開発，ソフトウエアの再利用，プラットフォーム，互換性，抽象化，自動車の電動化，電子プラットフォーム，OTA

14.1 計算機資源の保護

IoT 社会は，多種多様のコンピュータがネットワークに接続され，人間とともに活躍する社会と想像される。1 人がコンピュータ 1 台を占有して使用していた時は，必要なときに必要なだけ計算機資源が使用できる状態であったが，不特定多数の人間が不特定多数のコンピュータを使用する中では，不必要に計算機資源を使用できるようにせず，管理された状態で利用できることが重要になる。計算機資源を管理する OS が提供する，資源の保護について考えよう。

14.1.1 アクセス制御の対象と主体

OS は，コンピュータの操作やアプリケーション実行で使用するハードウエアの資源を管理し，実行するアプリケーションが適切に資源を使用可能にするため，**アクセス制御**（access control）機能を持つ。

OS が提供する資源に対するアクセス制御は，資源を使用する利用者やプログラムなどの主体（subject）が，OS が管理する資源である対象（object）に対して行われる操作に対し，属性に基づき許可，不許可を行う機能である。属性と異なるアクセスが行われると，エラー発生などで操作が拒否されることで，資源の保護が実現される。

資源を使用する主体は，利用者やプログラム（プロセス，スレッド）といった，OS の操作や動作を行う何かである。アカウント管理で作成されるグループのように，複数の利用者や複数のプログラムなどをまとめた主体は，**保護ドメイン**（protection domain）という。単に**ドメイン**（domain，領域）とも呼ばれ，複数の主体を抽象化したものと捉えることができる。

OS が管理する資源の対象は，コンピュータに接続された周辺機器のように物理的なデバイスだけでなく，OS の上で取り扱われるファイルや，プログラムでネットワーク通信を行うために使われるポート（port）のような論理的な実体，OS がプログラム実行のために作成された**インスタンス**（instance）である**プロセス**（process）や**スレッド**（thread）などである。プロセスやスレッドは，コンピュータで動作中の他プロセスや他スレッドと同期などで通信する対象である。コンピュータの利用者も，コンピュータから見ると，資源と捉えられる。コンピュータに関係するすべてのものが資源の対象となる。

対象として，プログラム実行やデータの取り扱いで使用されるファイルを考えると，取り扱いを管理するために名前が付与できるだけなく，

第14章 計算機資源の保護とシステム開発 | **257**

表14.1 アクセス制御行列

主体 (domain)	対象 (object)						
	file (A)	file (B)	printer	α	β	γ	admin
α	R		W				
β	R/W	R					S
γ	R/X	R	W	S			
admin	R/W/X	R/W	W		S		

読みだし（read），書き込み（write），実行（execute）の属性を持ち，
OS の管理機能によって利用者のファイル操作が制限されることがアク
セス制限となる。

14.1.2 アクセス制御のポリシー

　アクセス制御は，対象が，どの主体から何の操作（operation）がで
きるかという，**ポリシー**（policy）に基づいて行われる。ポリシーの記
述方法の一つとして，アクセス操作の一覧を行列でまとめた，**アクセス
制御行列**（access control matrix）について考えよう。

　表14.1を例に，ドメイン α，β，γ，admin のアクセス制御行列に
ついて考えよう。行は主体であるドメイン（domain），列は対象である
オブジェクト（object）を表す。行と表が交わった場所は，ドメインが
オブジェクトに行うことができる操作への**アクセス権**（access right）
を表す。R は読みだし（Read），W は書き込み（Write），X は実行
（eXecute），S はドメインの変更（Switch）を表す。例えば，ドメイ
ン α を見ると，ファイル A への読みだし，プリンターへの印刷が可能と
なっている。

プログラムは，実行中，何らかの事情でドメインを変更して実行を行うことがある。例えば，ファイルは，何らかの事情で他の利用者と受け渡しをすることがある。受け渡しされると，所有権は受け取った利用者に変更する必要がある。元の所有者のままであると，使用者が権限の変更ができず，使用に制限が発生する可能性があるためである。

　コンピュータは，何らかの理由で利用者の代わりに，第三者による操作，管理を使用中に依頼することもある。この場合，使用中に一時的な利用者の変更，ユーザーID を変更した操作を可能にする機能が必要である。例えば，表14.1にあるドメインγは，αへのドメイン変更（switch）が許可されている。管理のためのコマンドを実行することにより，コンピュータを利用中にαへの変更が可能となる。γがαに変更されると，コンピュータをαとして操作することができる。

　システム管理では，アクセス制限を設定する管理者が利用者とは別になるように，アカウント登録を行うことが一般的である。表14.1は，管理者のアカウントである admin（administrator）がドメインに含まれている。管理者は，システム全体を管理する強い権限が与えられ，OSが持つ全対象への操作が可能となっていることが多い。このため，管理者への切り替えが可能となる利用者は，OSやコンピュータの知識がある，特定の利用者やドメインの利用者であることが多く，アカウントの登録時に特定の利用者に管理者への変更を許可するための権限登録が行われる。例えば，表14.1のβは，admin に変更可能になるように登録されている。βの利用者が管理者になって操作を行ったあと，βの権限に戻ることができるように，admin からβへの変更が可能となるように登録されている。利用者に適応されるアクセス制御行列は，利用者の切り替えなどに対応し，アクセス制御の範囲内で，プログラム実行とともに動的に変更される。

14.1.3 アクセス制御方法

アクセス制御行列は，主体と対象の全ての対応を表現することから，表14.1のように値を持たない箇所が多い。OS で対応表をそのまま記憶装置に表現すると，必要なデータ量が多くなり，利用効率が低いことから，ケーパビリティーリストやアクセス制御リストと呼ばれる，データ構造として工夫した内容で取り扱われる。なお，ケーパビリティーは，「能力」や「才能」という意味があり，資源へのアクセスをユーザーの能力に基づいて権限を設定することといえる。

ケーパビリティーリスト（capability list）は，各ドメインにアクセス制御行列の該当行をリスト化した**ケーパビリティー**（capability）を持たせ，アクセス制御を管理する方法である。ケーパビリティーリストは，対象とアクセス権が登録されたリストであるため，ドメインは，OS が持つ対象への操作を管理することになる。OS が管理するドメインが多い環境では，アクセス権の一括変更といった操作が困難となるため，アクセス制御リストが用いられることが多い。

アクセス制御リスト（ACL: Access Control List）は，各オブジェクトにアクセス制御行列の該当列をリスト化して持たせ，アクセス制御を管理する方法である。オブジェクトは各ドメインが操作可能のリストを持つため，ドメインや利用者が増えても，アクセス権の変更が容易である。UNIX 系 OS では，アクセス制御リスト方式を用いてファイルを管理しており，14.1.2で学んだように，所有者，グループ，その他の利用者に対して，読みだし，書き込み，実行のアクセス許可モードをそれぞれ設定することが可能となっている。

OS は，ファイルシステム以外に，記憶装置やプロセッサーそのものの動作にアクセス制御機能がある。9.2.3で学んだように，ページングなど主記憶装置の管理で使われるテーブルは，論理ページに対する読み

書きや，実行の許可，禁止のビットを持ち，**記憶保護**（protection feature）を提供している。さらに，OS によって独立した論理アドレスが空間をプロセスごとに提供されることも記憶保護といえる。

　プロセッサーは動作モードがあり，カーネルとユーザープログラムを実行する際，8.3.1で学んだように，プロセッサーの動作モードが変更される。ユーザーモードで動作するプログラムは，OS や別のプログラム実行に影響を与えないことも，資源を保護する機能の一つと捉えることができる。

14.2　システム開発

　プログラム開発では，OS の機能や，ライブラリー，ミドルウエアという，システム構築を支援する，何らかの機能が実現されたソフトウエアを組み合わせて作成される。これまで学んできた内容を踏まえて，プログラムの開発について考えよう。

14.2.1　システムの構成

　これまで，コンピュータのハードウエアのしくみ，ハードウエアを管理し，プログラムの実行を管理する OS について考えてきた。コンピュータを使ったシステムの構成は複雑であり，階層構造で整理され，図14.1のように表現される。

　（A）アプリケーションは，利用者がコンピュータを使う目的となる機能を提供するソフトウエアである。プログラマーがプログラミング言語を用い，何らかのアルゴリズムに従って記述し，コンピュータで目的となる動作を実現する。

　（B）**ミドルウエア**（middleware）は，（A）アプリケーションが共通で利用する機能を提供するソフトウエアである。OS はアプリケーションを実行するための基本的な機能として，主にハードウエアを管理

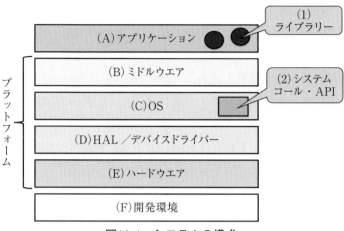

図14.1 システムの構成

する役割があるが，ミドルウエアは，アプリケーション動作で必要となる機能を提供することから，アプリケーションとOSの間に位置すると捉えられる。

アプリケーションを動作させる機能が，ハードウエアではなく，ソフトウエアで提供されたものと捉えることもある。**データベース管理システム**（**DBMS**: DataBase Management System）や，通信機能（TCP/IPやBluetoothのプロトコルスタックなど），音声認識や音声合成，動画などの圧縮や伸張，暗号ライブラリー，認証機能のように，実行が利用者から直接見えないソフトウエアがミドルウエアに分類される。

（C）OSは，ハードウエアを管理し，アプリケーション，ミドルウエアを実行する機能を提供するソフトウエアである。OSが持つ機能は，（3）システムコールや**API**（Application Programming Interface）によって提供される。

（D）HAL/デバイスドライバーは，コンピュータを構成するハード

ウエア仕様を抽象化するソフトウエアである。コンピュータの機能を整理し，多種多様なハードウエアに対応するために用いられる。HAL（Hardware Abstraction Layer，ハードウエア抽象化レイヤー）であり，プログラムの移植性を高めるために置かれる。ハードウエアを制御するレジスターをソフトウエアで直接操作せず，間接的に操作するように整理することである。OS でハードウエアを操作するとき，HAL で整理された内容を用いて操作することである。異なるハードウエアで動作するソフトウエアを作成する時，直接ハードウエアを呼び出していないため，HAL の部分を変更するだけで対応可能となる。ソフトウエアが HAL を使用すると，動作で用いるハードウエアに適した操作に変換して，ハードウエアに渡す働きを担当する。

　デバイスドライバー（device driver）は，周辺機器をコンピュータに接続し，OS による管理を実現するために用いられる。ハードウエアへの対応は HAL を用いて行われるため，周辺機器の操作方法は，類似する機器であっても異なっていることがあるが，デバイスドライバーを用いて OS から周辺機器を操作する方法を整える。

　手間や処理が必要となるが，HAL やデバイスドライバーを用いて，ハードウエアの違いを吸収することで，ハードウエアに依存するソフトウエアの量が少なくなる。より多くのハードウエアで動作できるようにソフトウエアを設計することで，柔軟なシステム開発が可能となる。

　（E）ハードウエアは，ソフトウエアを実行する物理的な実体である。PC やスマートフォンをはじめとするコンピュータは，ハードウエアの部品化が進んでおり，既製品の中から使用する用途に適したハードウエアを選択して構築する。近年では，アプリケーションの多様化やサービスの高度化もあり，図12.1（B—2）専用処理を担当するプロセッサーがアプリケーションの動作に不可欠となりつつある。

14.2.2 ソフトウエアの構築

ソフトウエアの開発は，9.3.1で学んだ**モジュール**（module）や**オブジェクト**（object）のように，機能単位で分割し，組み合わせて構築される。

実現したいプログラムを機能単位に分割して構築することで，別のプログラムへの転用ができるモジュールやオブジェクトも数多く出てくる。過去に作成したプログラムを，別のプログラム開発に適用することを，**ソフトウエアの再利用**（software reuse）という。コンピュータのシステム開発は，再利用を必要に応じて行い，アプリケーションとして実現したい機能が効率よく構築できることを考慮されている。図14.1を見ながら考えよう。

（A）アプリケーションは，プログラマーが実現したい動作をすべて記述することは少なく，使いたい機能が集まったソフトウエアの部品である（1）**ライブラリー**（library）を基に構築されることが多い。つまり，プログラマーは重要な部分の開発に注力し，他はライブラリーが提供する機能で実現される。

ライブラリーは，さまざまなプログラムで利用できる汎用性の高い単純な機能を持ったプログラムの集まりである。提供される API を使って呼び出して利用する。グラフィック描画や，ファイル操作，マルチメディア機能の実現といったさまざま種類が存在し，その規模もさまざまである。OS やミドルウエア，ライブラリーが提供する機能を，使いやすくとりまとめてライブラリーとして用いることもある。

（C）OS の中にも，ライブラリーに相当するプログラムがある。シングルタスク OS でのプログラム開発は，直接ハードウエア制御を行うことが一般的であったが，近年の高機能となったマルチタスク OS は，ウィンドウの作成など，プログラム構築での決まり事も多く，グラ

フィック描画，マルチメディア機能など，提供される多種多彩な API を使って開発を進める。OS が提供する機能は，ライブラリーと同じく，API を呼び出して用いることが多く，**システムコール**（system call）を呼び出す関数などがある。

（E）ハードウエアに注目すると，PC など汎用コンピュータは規格に基づいた既製品から組み合わせて構築されるが，組み込みコンピュータは，**リファレンスボード**（reference board，評価ボード）という，メーカーが提供する性能や機能などを評価する基盤を用いて初期の開発が行われることが多い。

ハードウエアだけ提供されても，開発は困難であるため，提供される（F）開発環境とともに用いられることが多い。開発環境は，OS，ミドルウエアなど，開発に必要となる機能がほとんどすべて含まれた，**ＳＤＫ**（Software Development Kit）が用いられる。SDK は，コンパイラーなど開発で不可欠なソフトウエアがまとまったものである。評価ボードを提供する会社によって提供されることも多いが，インターネット上でオープンソースとして配布されていることもある。

ハードウエアや OS，ミドルウエアなど，何らかのシステムを動作させる基盤となるセットを，**プラットフォーム**（platform）という。開発は，プラットフォームに必要となる機能を追加することといえる。

14.2.3　システムの開発環境

プログラム開発は，開発環境となる**ホスト環境**（host environment）と，動作環境となる**ターゲット環境**（target environment）の組で行われる。PC は開発する環境と動作環境が同一となる，**セルフ開発**（self development）である。

組み込みコンピュータは，動作環境がキーボードのような入力イン

ターフェースを持たず，動作状況を確認するモニターを持たないことも
ある。コンパイラーの動作がプロセッサーの能力や主記憶装置の容量か
ら困難となることもあるため，ホスト環境とターゲット環境を異にする
クロス開発（cross development）が行われる。完成したプログラムは，
最終的に開発するターゲット環境に移して確認する。

　開発はコマンドの入力を伴う**コマンドライン**（command line）で行
われることもあるが，**統合開発環境**（ＩＤＥ: Integrated Development
Environment）という，アプリケーション上で行われることも多くなっ
た。統合開発環境は，GUI操作により開発ツールの操作が可能であり，
プログラム入力支援機能がついたエディターも提供されることが多い。

　クロス開発は，コンパイラーとして，ターゲット環境のプロセッサー
で実行可能な機械語を出力する，**クロスコンパイラー**（cross compiler）
を用いる。アセンブラー（assembler）も同様であり，**クロスアセンブ
ラー**（cross assembler）が用いられる。セルフ開発で使うコンパイ
ラーやアセンブラーは，**セルフコンパイラー**（self compiler），**セルフ
アセンブラー**（self assembler）という。

　クロス環境を行うとき，開発環境で動作確認を行うために**エミュレー
ター**（emulator）が使われることがある。ターゲット環境とほぼ同様
の動作確認に適した環境を，ソフトウエアを使ってホスト環境の上で仮
想的に実現するツールであるが，完全に物理ハードウエアと同一にはな
らないため，最後の動作確認はターゲット環境で行う必要がある。

14.3　プログラムの動作環境

　プログラムの動作について考えよう。プログラムは，動作を行う環境
に応じて作成されることが多く，ある環境で開発したプログラムは，
ハードウエアが異なるため，そのまま他の環境に持って行っても動作し

ないことが多い。さまざまな環境でプログラムを動作させるための工夫や，変化するインターネットなど変化が激しいサービスに対応するための工夫について考えよう。

14.3.1　プログラムの互換性

　ある環境で作成されたプログラムが，他の環境で利用できることを，**互換性**（compatibility）があるという。互換性がある環境は，プロセッサーの**命令セット**（instruction set）が同一であることが多く，同等のAPI が提供されることが多い。

　時間の経過とともにハードウエアの機能強化や新しいサービスに対応したOS が登場する。新しいOS は，古いOS で提供されていたシステムコールや API の提供を行うことで，アプリケーションの動作において，古いバージョンと互換性を保持させることが多い。利用者が持つ過去のソフトウエア資産を生かすことは，OS の重要な機能の一つといえる。特に業務で利用するプログラムが新しいOS で利用できない場合は，あえて移行せず，古い OS のまま使い続ける選択がなされることもある。

　アプリケーションは，機械語で構成された実行ファイルであることが多い。実行ファイルの互換性は，**バイナリーレベル互換**（binary level compatibility）という。**バイナリー互換**（binary compatible）ともいう。新しいOS でそのまま実行できることもあれば，エミュレーションを用いて他の環境を実現して動作させるプログラムもある。

　実行ファイルではなく，ソースコードを使って互換性を保つ方法もある。**ソースレベル互換**（source level compatibility）という。**ソース互換**（source compatibility）ともいう。ソースファイルを，複数の環境でコンパイルできるように記述し，目的とする環境でコンパイルを行って実行ファイルを作成することで互換性を保つ方法である。プロセッ

第14章　計算機資源の保護とシステム開発　**267**

サーの命令セットや，異なる OS であっても，ソースファイルとコンパイルを行う開発ツールがあれば，目的とするプログラムを利用したい環境で構築できる。

　バイナリーレベル互換やソースレベル互換を持たないプログラムを他の環境で利用したい場合は，ソースファイルそのものを変更した対応が必要となる。プログラムを変更する作業を，**移植**（porting）という。

　プログラムを移植作業で書き換える箇所は，ハードウエアの読み書きのように，動作していた環境に依存する箇所であることが多く，少ない変更箇所で移植できるプログラムは，**移植性が高い**（highly portability）という。移植性の高いプログラムは，プログラミング言語が持つ共通仕様の機能を多用したり，多くの環境で提供されるミドルウエアやライブラリーを使用するといった工夫が行われる。

　コンピュータの登場から時間が経過し，コンピュータの普及が進むようになった近年では，ソフトウエア資産の維持が課題となりつつある。使用環境の変化によるセキュリティーへの対応や，新しい機能の追加とともに動作しない機能も増えつつあること，互換性を維持する設計を行う手間が膨大となりつつあるためである。プロセッサーにおいても，互換性を維持するために過去の命令実行に対応するように回路設計がなされていたが，ほとんど使用されない命令セットや動作モードの削除が行われるようになった。

　互換性の維持は，過去の技術に縛られることになるため，変化に対応したサービス展開の足かせになる場合があるためである。定期的に見直しを行い，仕切り直して新しい技術に移行することも，今後の高度な情報化社会のサービスを適切に得るために求められるようになったといえる。4.3.3で学んだ**レガシーフリー**（legacy free）への対応である。

14.3.2 環境に依存しないプログラム

実行する環境に依存しないプログラムについて考えよう。スマートフォン，タブレットのアプリケーションのように，OSやハードウエアが異なる環境でも同様に動作するプログラムである。実行するOSに，共通仕様の**仮想マシン**（**VM**: Virtual Machine）を構築し，1つのプログラムをさまざまな環境で実行可能にするプログラミング言語である。**Java**というプログラミング言語が代表的である。Javaを動作する仮想マシンを **Java VM**（Java仮想マシン）といい，さまざまな環境で提供されている。

Javaは，ソースファイルを作成してコンパイルを行うと，仮想マシンで実行できる機械語に相当する**中間コード**（intermediate code）のファイルを作成する。中間コードの拡張子がclassとなるため，クラスファイル（class file）と呼ばれることもある。仮想マシンは中間コードを読みだし，実行環境のプロセッサーで実行できる機械語に変換しながら実行する。

14.4　高度になったシステム

コンピュータの進化は著しい。近年の高度になったシステム開発について，自動車を例に考えよう。

14.4.1　システムとプログラミング言語

コンピュータでは，さまざまなアプリケーションが実行され，私たちに何らかのサービスを提供する。コンピュータで構成されたシステムが提供するサービスとプログラミング言語について，図14.2を見ながら考えよう。

これまで学んできたように，コンピュータはハードウエアで命令を実

第14章　計算機資源の保護とシステム開発　| 269

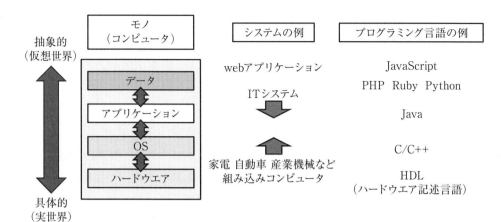

図14.2　システムとプログラミング言語

行する装置である。家電，自動車，産業機械などに搭載された，組み込みコンピュータによって提供される機能は，私たちの生活する実世界に直接影響することが多い。

　コンピュータで行う処理は，具体的な操作に対応した動作であり，具体的な操作を記述することに適したC/C++や，ハードウエアそのものの動作を記述するＨＤＬ（ハードウエア記述言語）が用いられる。ハードウエアで対応するOSの上で直接動作するアプリケーションは，**ネイティブ・アプリケーション**（native application）という。実行環境が持つ性能を十分発揮したプログラム作成が行いやすい。

　一方，抽象化されたサービス，情報を取り扱う抽象度が高いwebアプリケーションなどのITシステムは，Javaのように環境を選ばず動作する言語や，PHP，Ruby，Pyhon，JavaScriptといったスクリプト言語が用いられることが多い。C/C++を用いても記述することはできるが，アルゴリズム以外にも記述が必要となる内容が多く，手間を要する

ためである。

Java やスクリプト言語のように，実行に VM の用意や，インタプリターが必要になるようなアプリケーションは，**非ネイティブ・アプリケーション**（non-native application）という。VM やインタープリターで解釈しながら実行するため，動作は遅いが，コンピュータの性能向上によって実用上は問題がない程度になっている。

近年では，コンピュータ性能の向上やネットワークサービスの発達によって，家電であっても IT システムを構築する技術を使って実現することが増えてきた。さまざまなシステムの実現で，高いコンピュータ性能が求められるようになっている。求められる機能が高度化されるようになり，組み込みコンピュータや IT システムの垣根が曖昧となりつつある。

14.4.2　IoT に対応したシステム

インターネットなどのネットワーク技術が発達し，常時ネットワークに接続されるコンピュータが多くなった。ネットワークで提供されるサービスは今もなお発展途上であり，今後も新しいサービスの登場や，サービス内容の変更も随時行われていくと予測される。

近年の OS は，ネットワーク接続の利点を生かし，随時，開発メーカーが提供する新しい機能や修正プログラムを確認してダウンロードし，インストールできる機能を持つようになった。セキュリティー対策や，新しい機能，新しいサービスへの対応などが目的である。

PC だけでなく，組み込みコンピュータにおいても，プログラムへの機能追加や修正のために新しいファームウエアがネットワークで提供され，操作によって更新に対応する端末が多くなりつつある。特に無線通信を使って，OS やファームウエアの更新，データ同期，コンテンツのダウンロードなどを行うことを，**OTA**（Over The Air）という。

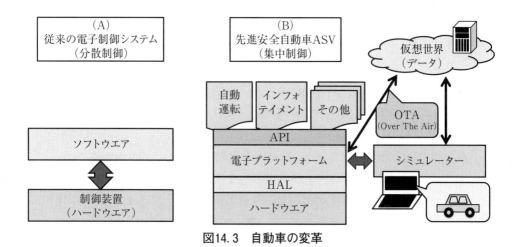

図14.3　自動車の変革

特にインターネットと親和性が高いスマートフォンやタブレットは，インターネットのサービスの変化に対応するため，メーカーが機能の追加や変更を行ったファームウエアが定期的に提供されることも多い。ネットワーク経由でダウンロードし，端末の容易な操作で更新ができる工夫がなされている。

サービスと連動してOS機能の追加や変更を行うことは，変化の速いネットワークのサービスを活用する環境づくりといえる。ネットワークで公開されるプログラムやファームウエアの変更内容を確認し，必要なものは随時取り入れ，必要となるサービスを利用することが，今後のコンピュータやネットワークの活用に重要となっている。

14.4.3　自動車の電動化と構築方法の変革

安全運転支援機能や，自動運転技術を搭載するようになった自動車を例に，組み込みコンピュータの変化について，図14.3を見ながら考えてみよう。

自動車に搭載された（1）従来の電子制御システムは，自動車の各所に存在するエンジンやトランスミッションなどの装置を，それぞれ組み込みコンピュータを使って最適に動作するように制御していた。それぞれのコンピュータは，車載ネットワークで接続され，データのやりとりを踏まえて連携して動作する分散制御であった。

　近年の自動車は，先進技術を搭載してドライバーの安全運転を支援するシステムを搭載した，（B）**先進安全自動車**（ASV: Advanced Safety Vehicle）に移行しつつある。運転手を支援するために，新たに搭載されたセンサーを使って周辺の状況を自動車が認識し，自動車がその時その時で必要な支援を判断しながら状況を運転手に伝えるだけでなく，自動ブレーキをはじめとして，自動車の操作自体に介入した支援が求められるようになった。

　その時々の状況を判断するには，自動車の位置把握を基本として，周辺の状況と人間の操作を踏まえて次にどのような動作をするか，判断を随時行うことが求められる。人間の頭脳に相当する処理であり，処理を行うためには性能の高い計算機資源が必要となる。このため，先進安全自動車は，高性能のコンピュータが搭載された**電子プラットフォーム**（electronic platform）を中心とした構成となった。

　自動車は，車種によって異なるエンジンやトランスミッションなどの装置は，HAL（Hardware Abstraction Layer，ハードウエア抽象化層）で違いを吸収して取り扱う。電子プラットフォームは，スマートフォンのように，自動運転や，車内のメーターやオーディオなどの**インフォテイメント**（infotainment）などのアプリケーションを追加することができる。アプリケーションと自動車のシステムは，APIを介して連携を取り動作する。

　電子プラットフォームは，**OTA**（Over The Air）機能を持ち，携帯

第14章　計算機資源の保護とシステム開発　**273**

電話網を介してインターネット上で管理を行うサーバーと通信を行う機能を持つ。運転が行われたときの運転手の操作や，自動車の動作に関するデータがアップロードされる。メーカーは，アップロードされたデータを踏まえて自動車を制御するソフトウエアの改善を行い，定期的にアップデートを提供し，性能の改善が図られる。

　電子プラットフォームは，自動車の開発にも影響を与えている。自動車の動作をコンピュータに反映させて判断するしくみを持つことから，コンピュータ上で動作するシミュレーターと連携させて，実際の自動車の動きを仮想的に再現し，検証することが可能となった。物理的なモノを制作せずにシミュレーションを基に検証を行う開発が行われるようになった。

演習問題 14 ―――――――――――――――――――――――――――

【1】ファイルに設定できるアクセス許可モードを調べ，それぞれどのようなときに用いるのか説明しなさい。

【2】計算機資源の保護が必要となる理由を説明し，あなたが使うパソコンのセキュリティーポリシーを考え，アクセス制限の設定について説明しなさい。

【3】プラットフォームを用いたソフトウエア開発の利点を説明しなさい。

【4】コンピュータのハードウエアやソフトウエアは，互換性を考慮して作成されることが多い理由を説明しなさい。

【5】互換性を考慮する一方で，レガシーフリーが注目されるようになった理由を説明しなさい。

【6】高度なコンピュータシステムは，計算機能力と消費電力のバラン

スを考慮して構築する必要があることを説明しなさい。

参考文献

インターフェース編集部『改訂新版 USB ハード＆ソフト開発のすべて』（CQ 出版社，2005年）

インターフェース編集部『組み込み機器への USB ホスト実装技法』（CQ 出版社，2008年）

インターフェース編集部『Ethernet のしくみとハードウェア設計技法』（CQ 出版社，2006年）

大澤範高『オペレーティングシステム』（コロナ社，2008年）

『組み込みプレス Vol.20』pp.1—32（技術評論社，2010年）

河野健二『オペレーティングシステムの仕組み』（朝倉書店，2007年）

国土交通省自動車総合安全情報 ASV（先進安全自動車），入手先：〈https://www.mlit.go.jp/jidosha/anzen/01asv/index.html〉　　　　　　　（参照2024/02/27）

坂井弘亮『12ステップで作る組込み OS 自作入門』（カットシステム，2010年）

社団法人組込みシステム技術協会エンベデッド技術者育成委員会『組込みシステム開発のためのエンベデッド技術』（電波新聞社，2003年）

武井正彦，中島敏彦『図解 μ ITRON による組込みシステム入門』（森北出版，2008年）

野口健一郎『IT Text オペレーティングシステム』（オーム社，2002年）

星野香保子，並木秀明，菊池宜志，日比野吉弘『組込みソフトウェア開発入門～組み込みシステムの基本をハードウェアとソフトウェアの両面から学ぶ！』（技術評論社，2008年）

米持幸寿『Java でなぜつくるのか知っておきたい Java プログラミングの基礎知識』（日経 BP，2005年）

米田聡『はじめる組込み Linux H 8 マイコン× uClinux で学べるマイコン開発の面白さ』（ソフトバンククリエイティブ，2007年）

15 | 今後の展望

《**目標&ポイント**》 本科目のまとめとして，今後の展望について考える。まず，コンピュータを柔軟に利用する方法として，ソフトウエアでOSを動作させる仮想化技術について紹介する。そして，Society 5.0を踏まえつつ，多様化したコンピュータを用いて目指す世界について考える。そのあと，コンピュータを使ってモノを取り扱う上で必要となるモデルについて，物理法則によるモデル駆動と，大量のデータに基づくデータ駆動について紹介し，計算機資源の性能向上とともに，実世界のさまざまな事象をデータ化して取り扱われるようになったことに注目する。そして，IoT社会で提供されるさまざまなサービスや，IoT社会におけるシステム開発の変化や，ソフトウエア定義による開発などについて紹介する。

《**キーワード**》 仮想化技術，Society 5.0，仮想世界，多様なモノ，モデル駆動とデータ駆動，モデル化，仮想空間，ソフトウエア定義

15.1 仮想化技術

本科目で学習してきた内容を踏まえ，現在の通信について整理しつつ，今後の展望について考えよう。

15.1.1 仮想化技術

ハードウエアの性能向上とともに，**仮想化技術**（virtualization technology）の利用が一般的になった。1台のコンピュータの中で複数のOSを同時に動作させる**プラットフォーム仮想化**（platform virtualization）である。**仮想計算機や仮想マシン**（**VM**: Virtual Machine）とも

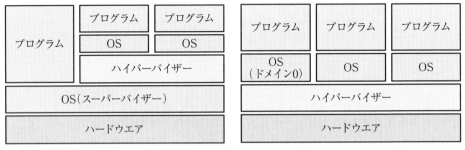

図15.1　仮想化の方式

いう．仮想化技術について考えよう．

　プラットフォーム仮想化は，OS が実現するアプリケーションに対する仮想コンピュータや，Java の実行で用いる VM（Virtual Machine）と異なり，Windows や Linux のような OS を，ソフトウエア上で独立した形で動作させることを可能にする環境である．PC で考えると，通常は Windows を利用しているが，ソフトウエアの動作確認で古い OS や異なる OS を使いたい場合や，異なる OS が一時的に必要となる場合などに用いられる．

　仮想化されたハードウエアを提供する方法は，図15.1のように，ホスト OS 型とハイパーバイザー型の2種類に分類される．仮想化されたハードウエアは，**ハイパーバイザー**（hypervisor）というプログラムの実行によって提供される．7.2.2で学んだように，OS はアプリケーション実行を監督することから，スーパーバイザーという．ハイパーバイザーは，OS の実行を監督することにちなんだ表現である．

　（A）**ホスト OS 型**は，ハイパーバイザーをコンピュータで動作する OS のアプリケーションとして実行する方式である．図15.1（A）のように，利用中の OS（ホスト OS，host OS）である**スーパーバイザー**

（supervisor）にハイパーバイザーをインストールし，作成された仮想ハードウエア上で別の OS（ゲスト OS, guest OS）を動作させてプログラムを利用する方式である。ホスト OS の上で動作するため，ホスト OS が実行を管理する他のプログラムやホスト OS 自身の影響を受けることがある。

　（B）**ハイパーバイザー型**は，図15.1（B）のように，ハードウエアで，OS の代わりにハイパーバイザーを動作させ，作成された仮想ハードウエア上でゲスト OS を動作させる方法である。ホスト OS 型に比べると，仮想化に特化した機能が提供され，ハードウエア資源の管理が柔軟に行えることから，パフォーマンスは良いものとなる。ハイパーバイザーは，実行させる OS の動作を管理することから，**仮想計算機モニター**（virtual machine control program）ともいう。

　ハイパーバイザーの動作について考えよう。ハイパーバイザーが作成する仮想マシンは，プロセスやスレッドへのプロセッサーの割り当てと同様，複数の仮想マシンを短い時間単位で分割して実プロセッサーに割り当てを行う。**時分割多重化**（**ＴＤＭ**: Time Division Multiplex）などによる切り替え機能を用い，実際のプロセッサーで用いるコンテキスト空間を仮想計算機が持つように見せかけることで（シミュレート，simulate），プロセッサー仮想化が行われる。

　OS は，8.3.1で学んだように，特権モードで動作するが，ハイパーバイザーが存在する場合，最も高い特権モードのレベルをハイパーバイザーに与え，OS はハイパーバイザーよりも低い特権モードを用いる。ハイパーバイザーが管理するレジスターなどを操作すると，特権命令違反例外が発生し，ハイパーバイザーが必要な処理を行ったあとに，制御が OS に戻るため，OS はハイパーバイザーの存在を意識することなく実行できる。

仮想化技術を用いると，ハードウエアと全く異なるプロセッサーや計算機環境を構築することもできる。14.2.3で学んだ**エミュレーター**（emulator）と同様であり，**ソフトウエアシミュレーション**（software simulation）と呼ばれる。**クロスプラットフォーム仮想化**（cross-platform virtualization）と呼ばれることもある。プロセッサー命令の変換を伴うため，本来実行を行う環境のプロセッサーと同様の性能を持つプロセッサーを用いると，実行速度は遅くなることが一般的である。

15.1.2 完全仮想化と準仮想化

ハイパーバイザー型は，ハードウエアに搭載されるデバイスドライバーの扱いによって，**完全仮想化**（full-virtualization）と**準仮想化**（paravirtualization）の2種類がある。

完全仮想化は，ハイパーバイザーがハードウエアに備わる機器全てを含む仮想ハードウエアをゲストOSに提供し，ゲストOSが持つデバイスドライバーによって仮想ハードウエアへのアクセスを行う方法である。ハイパーバイザー自身もデバイスドライバーを持つが，ゲストOSのデバイス管理を行うためしくみが複雑になる。また，ハードウエアに搭載される機器をハイパーバイザーで利用するには，専用のデバイスドライバーを必要とするため，利用できるハードウエアが限定されることもある。

より多くのデバイスドライバーに対応したハイパーバイザーを実現するため，図15.1（B）の左端のドメイン0のOSのように，デバイスドライバーを管理するゲストOSを用意し，他のゲストOSは，ドメイン0のデバイスドライバーを利用するハイパーバイザーもある。

完全仮想化は，デバイスを実現する方法が複雑であるため，ゲストOSをハイパーバイザーに対応させることで，デバイスへのアクセスを

行う準仮想化が登場した。仮想ハードウエアの構築により実現するため，完全仮想化よりもデバイスへのアクセスがシンプルとなり，ゲストOSに専用ドライバーを要求するものの，パフォーマンスは良くなる。ただし，専用ドライバーが存在しない機器は，完全仮想化と同じ方法で対応する。

準仮想化は，ハイパーバイザーがハードウエアのデバイスに対応した仮想ハードウエアを構築し，各OSは，ハイパーバイザーの仮想ハードウエアにアクセスを行う方式である。デバイスを全て仮想化して準備して各OSゲストに提供する方式よりも，デバイス提供に必要となる処理のオーバーヘッド（overhead）を減らすことができる。ハイパーバイザー上で動作するOSからのハードウエアアクセスをとりまとめて管理し，リアルタイムOSの動作に支障を与えないように工夫されている。このことで，ハードウエアからの応答時間の最悪値の保証が実現される。

15.2　コンピュータの多様化と仮想世界

次に，コンピュータの応用について考えよう。実世界のデータをコンピュータで取り扱い，仮想世界でさまざまな試みが行われるようになった。

15.2.1　コンピュータの多様化

我が国が目指すべき未来社会の姿として提唱されるSociety 5.0にあるように，実世界と仮想世界を高度に融合させたシステムの実現を目指してさまざまな取り組みが行われている。IoT（Internet of Things）によって全てのヒトとモノがつながり，さまざまな知識や情報が共有され，今までにない新たな価値を生み出すことで，課題や困難を克服する社会である。人工知能AIによって，必要な情報が必要なときに提供され，

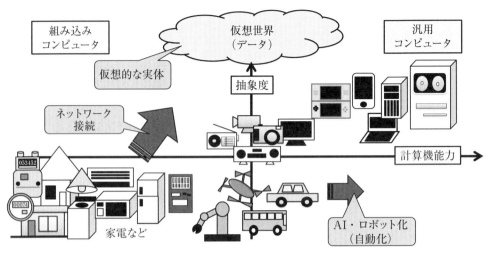

図15.2　コンピュータ活用の拡大と仮想世界

　ロボットや自動走行車などの技術で，少子高齢化，地方の過疎化，貧富の格差などの課題を解決することを目指している。

　コンピュータを搭載した端末は，計算機能力の低い組み込みコンピュータと計算機能力の高い汎用コンピュータに大別されるが，図15.2のように多種多様となった。IoT技術の進展によって，計算機能力の増強とともにネットワークへの対応が進むようになり，仮想世界にさまざまなデータが蓄積されるようになった。蓄積されたデータは，実世界の端末の動作状況を反映したデータであり，ネットワークに接続されたコンピュータからは，仮想的な実体として取り扱うことができる。

　人工知能AIは，さまざまなコンピュータに搭載されるようになった。自動車，公共交通機関のように移動する乗り物は，人工知能AIによって自律的に動作する装置へと変化しつつある。人工知能AIに対応する性能を持ったGPUやNPUといったアクセラレーターを持つコン

ピュータが搭載され，汎用コンピュータのような強力な計算機能力で実現される。14.4で学んだように，OTAで運用状況は管理されているため，搭載された多数のセンサーによる使用状況のデータを用いて動作が検証され，アルゴリズムの改善や不具合修正が随時行われる。産業用ロボットやドローンなども同様であり，AI搭載によって自律的な動作となり，計算機能力と対応するアルゴリズムによって，ロボット化，自動化が進みつつある。

　家電の中でも，デジタルカメラやテレビ，オーディオなどの黒物家電は，私たちが認識する音声や音楽，写真，映像という，抽象度の高いデータを取り扱う。搭載されるコンピュータもASICで構成されるなど，高い性能を持ったものが多く，汎用コンピュータとの親和性が高いため，ネットワーク接続やスマートフォンとの連携による利便性を高めるサービスが実現されている。

　汎用コンピュータは，アプリケーションの追加や変更，削除によって多種多様な用途に用いられる端末である。コンピュータの性能向上によって，マルチメディアやwebなどに蓄積された大量のデータを取り扱うことが可能となり，実世界のさまざまな情報がデータとして取り扱われるようになった。データを取り扱うアプリケーションの用途や，アルゴリズムがある程度確立されたことから，NPUやGPUのような専用処理を行うアクセラレーターの搭載が進むようになった。

　汎用コンピュータで取り扱う内容は，組み込みコンピュータよりも抽象度が高いデータである。人間が見ることで理解できるテキストや写真，音楽や動画といったマルチメディアコンテンツや，実世界の多種多様のデータを取り扱う。ゲームのように，実世界とは異なった別の世界を構築し，利用者がゲーム機やPCを使ってゲームの世界観に没入することも可能となっている。ゲームのアプリケーションは，実世界のような

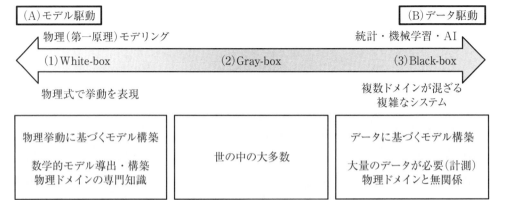

図15.3 モデル駆動とデータ駆動

　CG を提供するために，プロセッサーだけでなく GPU 性能も要求される。ゲームの中では，構築された仮想世界の中のルールで動作し，人間が操作するキャラクターだけでなく，人工知能 AI による意識を持ったキャラクターも存在し，それぞれがコミュニケーションを取りながら自律的に動作する。

15.2.2　大量のデータとモデル化

　コンピュータ技術の進展とともに，従来では考えられないほどの大量のデータを取り扱うことが可能となった。大量のデータは，一つ一つ確認することはできないため，統計解析（statistical analysis）や機械学習（machine learning），人工知能（AI: Artificial Intelligence）を用いた解析を行い，大量のデータから特徴を抽出することで取り扱う。

　何らかの事象を取り扱う時に必要になるのが**モデル**（model）である。事象を解析，評価，制御するときの基準であり，モデルの構築を行うことを**モデリング**（modeling）という。目的によって構築されるモデル

は異なる。

シミュレーションや評価は，システムを忠実に表現された詳細モデルが求められるが，複雑過ぎるとシステム構築が困難となるため，制御などでは近似を行うなど簡易的なモデルの利用が適することになる。実世界の事象は，非線形であるなど複雑であるためである。実際の動作との違いを**モデル化誤差**（modeling error）という。詳細モデルはモデル化誤差が可能な限り小さく，簡易的なモデルは実用上問題ないモデル化誤差が許容されたモデルとなる。

モデリングの方法について，図15.3を見ながら考えよう。モデリングは，モデルの構造を何らかの値や数式などのパラメーターで表現する作業である。物理現象のように，方程式を利用して構築されるモデルを物理モデルという。物理モデルは，構造や機能が全て既知となり，システムの振る舞いを忠実に再現できることから，（A）**モデル駆動**（model-driven），（1）**ホワイトボックスモデリング**（white-box modeling）という。

実世界の現象は，構造や機能が全くわからない場合も多く，データから統計解析や機械学習，人工知能 AI を用いてモデルの構造や機能が構築されることがある。データからモデルが構築され，システムの構造や機能が未知であるため，（B）**データ駆動**（data-driven），（3）**ブラックボックスモデリング**（black-box modeling）という。物理的な領域とは無関係なデータ処理であり，コンピュータの性能向上に伴う大量データの取り扱いによって，仮想世界上で実世界のさまざまな現象を取り扱うために多用されつつある。

構造がわかっても，機能の一部がわからない事象は，ブラックボックスモデリングと同様，データにより補って用いられる。ホワイトボックスモデリングとブラックボックスモデリングの間に位置づけられるため，

（2）**グレーボックスモデリング**（gray-box modeling）という。世の中の大多数の事象がグレーボックスであり，事象によってグレーの度合いは異なる。実世界と仮想世界を高度に融合させて多種多様なサービスを構築するには，コンピュータの中に対応するモデルを構築する必要がある。多種多様なコンピュータのネットワーク接続が当たり前になった今，インターネットに構築される仮想世界には，スマートフォンやPCの使用履歴だけでなく，図15.2に示すように，多種多様のコンピュータから多種多様のデータが蓄積され，**ビッグデータ**（big data）が形成される。膨大なデータはブラックボックスモデルであることが多く，複数のモデルを作成して用いることになる。

　大量のデータを使って学習を行い，独自のデータを生成する人工知能AIを，**生成AI**（generative AI）という。学習されたデータを活用して新たなデータを生み出すことが可能であり，テキストだけでなく，画像，音声，動画などが生成できる。テキストの一種であるプログラミングも可能であり，自動プログラミングへの応用も進むようになった。システム開発を容易にする工夫といえる。

　データを使ったモデル構築に基づく製品開発も行われている。従来から，物理モデルを用いたシミュレーションを行い，実験結果と照合しながら製品を構築するということは行われていたが，従来の**CAE**（Computer Aided Engineering，コンピュータ支援エンジニアリング）では対応が困難であったことから，実験データを用いてモデルを構築して用いる，**モデルベース開発**が提案され，（**MBD**: Model Based Development）が自動車業界を中心に普及が進んでいる。

15.2.3　実世界のデータとモデル化

　近年では，多種多様なモノのデータが解析され，巨大なデータベース

に登録されるようになった。ヒトゲノムや，さまざまな物質の化学構造，植物や動物の遺伝子などである。解析された遺伝子情報があれば，病気のなりやすさなどの潜在要因を明らかにできる。製薬においても，目的の遺伝子やその遺伝子が作るたんぱく質の情報を調べ，対応する分子や抗体に反応する物質を作ることで病気の発現に対応できる。植物や動物の品種改良であれば，目的の特性の遺伝子を持った掛け合わせを検討することで，データから得られる結果が予測できるようになり，経験と勘に頼った方法よりも短期間で良い品種を生み出すことが可能となる。

　特定のウイルスを対象としたワクチン等の製薬においても，対象となるウイルスのゲノム解析がなされれば，コンピュータでシミュレーションを行って対応するワクチンとなる物質を特定し，物質の合成ができれば対応できることになる。

　素材や材料開発では，**マテリアルズ・インフォマティクス**（**MI**: Materials Informatics）によって，有機材料，無機材料，金属材料，化学薬品や石油を原料とした製品開発のような，さまざまな材料開発の効率を高める取り組みが行われている。人工知能 AI や機械学習などを用いて進められる。

　従来の経験や知識，スキル，勘に頼ることなく，実世界のさまざまな物質や事象を，仮想世界を取り扱うコンピュータの中で試行錯誤を伴った検討，設計が可能となっている。コンピュータでシミュレーションを行って試行錯誤を行い，最適となる物質を検討し，探し出すことができる。実験がシミュレーションで可能となるため，従来の検討と実験を繰り返す時間を短縮することができる。そして，コンピュータで作成したデータに基づいて実世界を操作することで，世界のさまざまな事象に対応することができる。

15.2.4 IoT 社会とサービス

IoT 社会において，仮想世界はさまざまなサービスを提供し，実世界の私たちが快適な日々を過ごすための支援を提供する。住宅，医療，物流，教育，交通，農業，土木，自動車，店舗，電力，保険，警備など，適応される範囲は広い。従来からある web サービスや，スマートフォンのアプリケーションによってサービスの利用が可能となる。

例えば，教育現場では ICT を活用した教育が進められており，学習者のシステム使用履歴を解析し，学習改善を行う**学習解析**（**LA**: Learning Analytics）という取り組みが進められている。モデル化された学習者の振る舞いを基に，実際の学生の学習状況の分析や成績予測を行い，データに基づいた，よりよい学習に導くためのしかけを提供する。

仮想世界で提供されるサービスだけでなく，IoT 社会では，さまざまな場所で用いられるコンピュータが，ニーズや利用状況に応じて柔軟に対応したサービスが提供できるように，システムごとに OS が提供される。

自動車は，図14.3（B）にあるように，電子プラットフォームが搭載されるが，アプリケーションを追加して必要な機能が追加できる**車載OS**（vehicle OS）である。自動運転や，ＥＤＲ（Event Data Recorder, 事故記録装置）による自動車の動作記録，インフォテイメント，メンテナンスの記録など，自動車に関するさまざまなサービスが考えられている。

住宅 OS は，物理的に安心・安全な空間を提供していた従来の住宅に，IoT 技術の適用による付加価値を実現する。居住者のニーズや生活状況に対応するアプリケーションが考えられている。家電や住宅設備の管理，家事代行サービスの依頼，ホームセキュリティーの管理，電気や水道などエネルギーの制御や，オンライン診療や遠隔介護との連携などである。

さらに規模を発展させて，市町村のサービスでの使用が検討される都市 OS もある。市民に提供される地域のさまざまなサービスを，利便性向上を目的としてワンストップで実現することや，ID で市民の情報を結びつけて情報管理の簡略化や，サービスのお知らせなど，市民の利便性向上が考慮されている。このほか，データを使用する部署間の連携を実現し，管理の効率化も考慮されている。

15.2.5 仮想世界の中にある仮想空間

インターネットにある仮想世界は，データにより構成される世界である。インターネット上に構築された三次元の仮想空間（3 DCG 仮想空間，3 -Dimensional Computer Graphics Virtual Space）を，**メタバース**（metaverse）という。

ネットワーク接続された端末によって認識できる三次元の仮想空間であり，アバター（avatar）を使って自在に空間を動くことができる。多人数が参加できるため，自分自身のアバターのほかに，近くにいる他人のアバターを見ることができ，アバターを介して他者と交流ができる。空間は，利用者が過ごす場所であり，実世界を模した空間や，空想の世界を構築した空間もある。移動を行って旅行や会議を行うことや，広告を出したり，商品を展示して売買するなど幅広い用途で使うことができる。

メタバースは，映像で構成された空間による **VR**（Virtual Reality，仮想現実）や，CG を重ね合わせて実世界に仮想空間を作り出す **AR**（Augmented Reality，拡張現実），実世界と仮想世界が融合した空間である **MR**（Mixed Reality，複合現実）を用いて表現される。スマートフォンを装着して使用する VR ゴーグル（VR goggles）や，PC やゲーム機などと接続して使用する VR ヘッドセット（VR headset）と

いった没入感のあるメガネのような**VRデバイス**（VR device）だけでなく，スマートフォン，PC，ゲーム機など，利用者が持つさまざまなデバイスで使用できる**マルチデバイス**（multi-device）対応となっている。映像やCGによる表現が主となるため，動作にはGPU性能も不可欠である。

メタバースで扱うコンテンツは，**NFT**（Non-Fungible Token: 非代替性トークン）を用いたブロックチェーン技術による著作権を保護するしくみで守ることも可能である。ブロックチェーンは，暗号技術を用いて取り引きの記録を分散的に処理，記録するデータベースである。ブロックという一定単位でデータを管理し，チェーンのように連結させてデータを管理する技術である。

メタバースは，アバターを用いて人間の存在を仮想空間で表現することから，人間の物理的・精神的な存在の限界を取り払う。実世界における理想の自分や体験を仮想空間に転写することであり，実世界の人間が行う仮想空間に存在するアバター操作の工夫や，仮想空間の体験を実世界の自分に五感を伴う再現を可能にすることで，人間の拡張に期待できる。また，仮想空間の体験を踏まえた人間の教育にも期待できる。

メタバースの入り口は，主に3DCGを用いたゲームである。コミュニケーションの基盤となっており，SNS（Social Networking Service）の要素と相性がよいためである。また，多人数同時接続が可能であり，MMO（Massively Multiplayer Online）のように，大人数が一度に同じサーバーにログインして，同じ空間を共有して遊ぶインフラが構築されているためである。

15.3 IoT 社会への対応

今後のコンピュータに基づく IoT 社会について考えよう。

15.3.1 システム開発の変化

近年のコンピュータを搭載した端末は，13.3.2で学んだ，SoC（System on a Chip）や，SiP（System in Package）を用途別に用意して構築されるようになった。例えば，スマートフォン，ノート PC，ヘッドフォン，スマートウォッチ向けなどのシリーズがある。アプリケーションを動作させる半導体は，製品の差別化のために独自で設計・開発したものを用いるメーカーが増えつつある。OS やコンピュータを開発するメーカーは設計のみを行うファブレス企業であり，製造はファウンドリー企業に委託される。独自で設計・開発すると外部から調達するよりもコストを要するため，複数の製品に搭載して使用する数を増やし，量産効果でコスト削減を図っている。

近年では，人工知能 AI に対応した NPU 搭載による PC やスマートフォン向けの SoC や，OS との組み合わせで何らかのサービス提供に適したコンピュータ動作を実現する SoC も登場している。ヘッドフォン向けでは，頭の動きをセンサーで捉えて音の発する方向を変化させつつ，音が聞こえる方向や音響特性などを踏まえた信号処理を行い，リアリティーのある音を提供する空間オーディオ（spatial audio），没入感の高いイマーシブオーディオ（immersive audio）を実現する信号処理向けに，CPU だけでなく GPU が搭載され，信号処理が行われるようになった。つまり，製品が提供するサービスと半導体が密接に対応し，用途に応じたアクセラレーターが選択され，搭載されるようになった。

OS を開発する企業であっても，最適なサービス提供を実現する独自

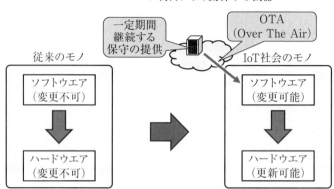

図15.4 モノとソフトウエア

チップを戦略的に設計, 開発し, ハードウエアと一体となった OS の提供により, 開発企業が目指したサービス提供が行われるようになりつつある。半導体をより柔軟に設計可能とするために, **チップレット**（chiplet）に注目が集まっている。

15.3.2 ソフトウエア定義による開発

自動車のように複雑なモノは, ソフトウエア定義によるシステム開発が行われるようになった。**SDV**（エスディーブイ）(Software Defined Vehicle, ソフトウエア定義型自動車）である。従来はハードウエアとなるエンジンやトランスミッションなどの部品を構築し, 組み合わせて構築していた。ハードウエア主体の開発は, それぞれの部品ごとに仕様が異なるため, 個別の対応が必要となり, 異なる車種への拡張性も乏しかった。

自動車のしくみから必要なソフトウエアの機能を定義した, ソフトウエア重視の構造に切り替えることで, さまざまな車種への展開も容易と

なる。図14.3（B）先進安全自動車の電子プラットフォームであり，自動車によって異なる各部のハードウエアを，HALによって抽象化し，集中制御にて管理する。OTAのような全ての自動車が共通して持つ機能は，全ての自動車で用いることができる。

開発は，モデルベース開発によって行われる。挙動が解析されたモデルを用いて，コンピュータ上でシミュレーションしながら進める。実際のハードウエアでは困難な検証にも対応する。作成したモデルを用いて自動的にコードを生成できるため，効率よく開発を進めることができる。

現在は，従来の開発で構築されたシステムが多く残っており，多くは特定のハードウエアに依存したソフトウエアで動作する。特定のハードウエアの提供がなされなくなると，新たな開発の手間や代替えハードウエアへの移植作業が必要であったが，モデルベース開発では自動的にコードが生成できるため，対応するコンピュータを用いればよいことになり，特定のハードウエアへの依存度が減少するという利点もある。使い続けられてきたハードウエアの置き換えがなされるようになり，自動車においても**レガシーフリー**（legacy free）が進みつつある。

15.3.3　重要度を増したソフトウエア

IoT社会のモノは，図15.4のように，ネットワークに接続され，OTAによって一定期間の更新がなされるモノとなった。従来のモノは，動作するソフトウエアやハードウエアの変更を考慮していなかったが，IoT社会のモノは，ネットワークサービスと連携して動作することから，ハードウエアやソフトウエアがその時々のサービス内容に応じて変更可能に設計されたためである。**フラッシュメモリー**（flash memory）や**FPGA**（エフピージーエー）の搭載のように，あとからソフトウエアだけでなく，ハードウエアの変更に対応するしくみに変化しつつある。

ソフトウエア定義自動車（SDV）のように，使用状況等を踏まえて継続して更新を提供していくことを，**ソフトウエアファースト**（software first）という。利用者の手に渡ったのちも，保守の提供期間中であれば，機能の強化や，利用者へのカスタマイズのようなサービスを柔軟に提供できる。従来は何らかの機能を提供するハードウエアが重視されていたが，ソフトウエアによってさまざまな対応を柔軟に行うことが可能となったことから，ソフトウエアの重要度がハードウエアより高くなっている。ハードウエアは，サービスとして実現したい機能や，一定期間の間に提供される機能強化に見合った性能があればよいことになる。

演習問題 15

【1】 仮想コンピュータが広く用いられるようになった理由を，仮想化の方式を例にあげながら説明しなさい。

【2】 Linux のプログラムを Windows 10/11上で実行するためのしくみである WSL（Windows Subsystem for Linux）をインストールし，仮想コンピュータを体験してみよう。

【3】 モノのインターネットによる私たちの生活の変化について，小型コンピュータ活用を踏まえつつ説明しなさい。

【4】 IoT 社会のサービスの多様化に対応し，多様な端末に搭載されたコンピュータが変化しつつある理由を説明しなさい。

【5】 コンピュータによって大量のデータを処理するためにモデルの構築が重要となる理由を説明しなさい。

【6】 データによって生物，医療，植物，物質，仮想空間など，コンピュータで多様なモノを取り扱うことができる理由を説明しなさい。

【**7**】ソフトウエア定義によってモノを開発するようになった理由を，従来の開発方法と比較して説明しなさい。

【**8**】10年後のコンピュータ，コンピュータを搭載した機器はどのように変化していくのか，自分の考えをまとめなさい。

参考文献

青山公士『ドラゴンクエストXを支える技術——大規模オンラインRPGの舞台裏』（技術評論社，2018年）

天羽健介，増田雅史（編著）『NFTの教科書ビジネス・ブロックチェーン・法律・会計までデジタルデータが資産になる未来』（朝日新聞出版，2021年）

伊藤聡（編）『マテリアルズインフォマティクス』（共立出版，2022年）

岩崎悠真『マテリアルズ・インフォマティクス材料開発のための機械学習超入門』（日刊工業新聞社，2019年）

エイミー・ウエブ，アンドリュー・ヘッセル（著），関谷冬華（訳）『The Genesis Machine 合成生物学が開く人類第2の創世記』（日経ナショナルジオグラフィック，2022年）

MBD推進センター，入手先：〈https://www.jambe.jp/〉（参照2024/02/28）

NRIセキュアテクノロジーズ編『クラウド時代の情報セキュリティ』（日経BP社，2010年）

NHK「ゲノム編集」取材班『ゲノム編集の衝撃「神の領域」に迫るテクノロジー』（NHK出版，2016年）

及川卓也『ソフトウェア・ファーストあらゆるビジネスを一変させる最強戦略』（日経BP，2019年）

大澤範高『オペレーティングシステム』（コロナ社，2008年）

坂村健『ユビキタス、TRONに出会う「どこでもコンピュータ」の時代へ』（NTT出版，2004年）

佐藤航陽『世界2.0メタバースの歩き方と創り方』（幻冬舎，2022年）

ジョー・ミラー，エズレム・テュレジ，ウール・シャヒン（著），石井健（監修）
『mRNA ワクチンの衝撃：コロナ制圧と医療の未来』（早川書房，2021年）

清野克行『仮想化の基本と技術』（翔泳社，2011年）

田口善弘『生命はデジタルでできている情報から見た新しい生命像』（講談社，
2020年）

玉城絵美『新しいヒューマンコンピュータインタラクションの教科書基礎から実践
まで』（講談社，2023年）

デビッド・A・シンクレア，マシュー・D・ラプラント（著），梶山あゆみ（訳）
『LIFESPAN: 老いなき世界』（東洋経済，2020年）

中嶋謙互『クラウドゲームをつくる技術——マルチプレイゲーム開発の新戦力』
（技術評論社，2018年）

日本ロボット学会（監修），香月理絵（編著）『自動運転技術入門：AI ×ロボティク
スによる自動車の進化』（オーム社，2021年）

日高洋祐，牧村和彦，井上岳一，井上佳三『Beyond MaaS 日本から始まる新モビ
リティ革命—移動と都市の未来—』（日経 BP，2020年）

平野徹，安武健司，片山達也，岡田浩『〈解析塾秘伝〉AI と CAE を用いた実用化
設計』（日刊工業新聞社，2021年）

三宅陽一郎『戦略ゲーム AI 解体新書ストラテジー＆シミュレーションゲームから
学ぶ最先端アルゴリズム』（翔泳社，2021年）

山中浩之『マツダ心を燃やす逆転の経営』（日経 BP，2019年）

山本透（編著）『改訂実習で学ぶモデルベース開発：「モデル」を共通言語とするV
字開発プロセス』（コロナ社，2023年）

和田山正『モデルベース深層学習と深層展開』（森北出版，2023年）

あとがき

　学生の時に，MMX 対応 Pentium というプロセッサーが登場しました。マルチメディア拡張命令が追加されたプログラム実行が可能となるプロセッサーです。当時のコンピュータは，現在のように高品質な動画や音楽を取り扱う性能はありませんでしたが，命令の追加によって，コンピュータがマルチメディアに対応する準備が行われたという印象がありました。

　今，大量のデータを取り扱うために，新たに AI プロセッサーの搭載が進むようになりましたが，MMX 対応 Pentium が登場したときのような，新たなコンピュータ活用に向けた展開がなされそうな印象があります。

　当時のコース主任の依頼により，2 冊同時制作という殺人的スケジュールで進めた2020年度科目の制作から始まり，それが尾を引き，早く研究にシフトしたいと思えど，研究に時間が割けない悔しい思いをずっとしてきました。研究室に泊まった日も数知れず，ひとまずここで区切りということで，押し殺してきた思いをここに記しておきたいと思います。あの日のあの顔は永遠に忘れないでしょうね。

　技術は日進月歩です。私たちの生活は気づかないうちに少しずつ変わっていきます。登場してくる技術は数あれど，長期的な視点を持って残る基本的な技術に注目していくことが重要です。

　本テキストでまず基本的な内容を学び，物足りないと感じれば，参考文献などを手がかりに学習を深化させていくことをお勧めします。これから10年後，私たちの生活はどうなっているでしょうか。想像しながら学習を進めてください。より専門性の高い書籍などによる学習に挑戦するきっかけになれば，筆者としては望外の喜びです。

筆者記す

演習問題解答例

　演習問題の解答例を示す。テキストや資料，web上の情報などを調査し，自分の言葉で書けるように努力してほしい。

第1章

【1】モノのインターネット（IoT）を実現する技術は，（A）デバイス，（B）センサー，（C）ネットワーク，（D）アプリケーションという4つの要素で構成される。（A）デバイスは，家電やスマートフォン，さまざまな場所に置かれた装置や自動車などである。（B）センサーは，デバイスに搭載され，状況を把握するデータを測定するために用いられる。温度，湿度，圧力，光，地磁気，加速，音などの検知で用いられる。（C）ネットワークは，デバイスをネットワークに接続して通信を実現することである。センサーで取得したデータをクラウドに送信したり，クラウドからデータをスマートフォンなどのデバイスに送信するために用いる。Wi—Fiや移動体通信網だけでなく，デバイスの用途に対応したさまざまな通信方法が用意される。（D）アプリケーションは，センサーで取得したデータを解析し，デバイスの使用方法を最適化するためのしくみである。膨大に存在するデータをグラフや図示などを行って可視化し，デバイスの使用を改善するために用いられる。

　つまり，モノのインターネットは，使用者の利用状況がわかるセンサーが搭載されたデバイスを用いて行われる作業から得られたデータを基に，必要に応じてデバイスの改善を行い，目的とするデバイスの使用方法を最適化することといえる。ネットワークに接続されたデバイスは，取得したデータをネットワークでクラウドに送信してデータを蓄積・分

析し，デバイスの提供者によってアプリケーションでデータを可視化され，デバイスの使用方法が解析される。

【2】スマートフォンや PC を利用する際に，さまざまなアプリケーションやデータを使用するようになった。例えば，ネットワークで提供される SNS や web サービスの利用，アプリケーションの取得，アプリケーションで利用するデータ，OS や端末そのものの更新である。快適にスマートフォンや PC を利用する上でネットワーク接続が不可欠であり，サービスを提供するしくみであるプラットフォームなしにスマートフォンや PC の利用が成り立たない状態となっているためである。

【3】PC はマイクロプロセッサー（CPU）が用いられる。性能を優先するデスクトップ PC は，プロセッサーのみで単独の集積回路となっていることが多く，ノート PC のように省電力や小型化が考慮されたコンピュータは，コンピュータを構成する回路がまとまった SoC が用いられることが多くなった。スマートフォンの普及によって，小型化かつ高性能な SoC が開発されるようになり，近年のコンピュータ構築では SoC が広く用いられるようになった。

　コンピュータが提供するサービスの変化によって，プログラムを実行する CPU だけでなく，画像や動画のようなマルチメディア処理に適した GPU や，AI 処理に適した NPU，データ処理を行う DPU といった特定用途のプロセッサーも搭載されるようになった。CPU は大量の計算を高速に行うことが不得意であるためである。また，GPU は消費電力が大きいことから，AI に最適化された NPU が開発されるようになるなど，アプリケーションで行われる計算に応じて，プロセッサーが使い分けられるようになった。

【4】スマートフォンは，個人が所有して生活とともに用いられるコンピュータといえる。電話やメール，SNS のようなコミュニケーション

だけでなく，メモ帳，スケジュール管理，地図，電車や飛行機の乗り換えや予約，通販など，持ち運んで使うことを考慮した日常生活で活用できるサービスが多く提供されるようになったためである。所有者が置かれた状況を取得するセンサーも多数搭載されるようになり，スマートフォンの性能向上とともに，生活に役立つ高度なサービスが提供されるようになりつつある。

【5】CADは，何らかの製品を作る際に用いる，図面を描くためのソフトウエアである。CADによる設計を用いて，工作機械を使って製品を作ることになる。

　CAMは，製品を作るための準備を行うことである。CADで設計した図は，工作機械を動作させるプログラムではなく，そのままでは工作機械に適用することができないため，CAMのツールを使って，工作機械が理解できるNCプログラムに変換する。CADデータをCAMで確認し，原点や素材などの加工条件を設定して，使用する工具や作業を行う経路を設定する。そして，CAMデータを工作機械が読み取りできるNCデータに変換する。

　CAEは，コンピュータシミュレーションである。CADで設計したデータを使って，実際に作る前に検証をすることといえる。CAEが活用されている分野は，試作や実験による負荷が大きい自動車業界や，電磁波のように目に見えない分布や変化を可視化して確認することが必要となる電子機器の開発，物質の変化を検討するような分野である。このほか，手術のシミュレーション，ウィルスなどの飛沫拡散の解析などで用いられる。実際のモノづくりの活用を調べてみよう。

【6】コンピュータの五大装置は，（A）演算装置，（B）制御装置，（C）記憶装置，（D）入力装置，（E）出力装置の5つである。（A）演算装置は，命令実行で必要となる演算を行う装置である。（B）制御

装置は，コンピュータで動作する命令を解釈して必要な装置を制御する装置である。（C）記憶装置は，命令の集まりであるプログラムやデータを記憶する主記憶装置や補助記憶装置である。（D）入力装置は，キーボードやマウスのようなコンピュータに入力を伝える装置である。（E）出力装置は，コンピュータが処理した結果を表示するプリンターやモニターのような装置である。

第2章

【1】クロックは，コンピュータを構成する多数の電子回路を連携して動作させるきっかけとなる信号であり，一定時間にクロックの変化が多い（周波数が高い）ほど，電子回路の動作が多く行われることになる。同一の電子回路であれば，クロックの周波数が高いほど処理が多く行われるため，コンピュータの性能指標の1つとなっている。

【2】汎用レジスターは，プロセッサーで行われる演算で用いられる記憶装置であり，複数用意されている。計算を行う値を記憶し，演算途中の値や，演算結果の記憶を行う役割がある。制御レジスターは，プロセッサーの動作に影響する値の記憶装置であり，演算では用いられないという違いがある。

【3】プログラムカウンターは，プロセッサーが実行する主記憶装置上の命令位置（アドレス）を記憶する制御レジスターであり，次に主記憶装置上の命令を実行するアドレスを示す値である。プログラムカウンターの初期値は0であり，命令実行は一つ一つ順に行われていくため，プログラムカウンターの値も命令実行とともに一つ一つ加算されて行く。命令の中で，プログラムの流れを変化させるジャンプや条件判定のような命令は，プログラムカウンターの値は指定されたアドレスに不連続に変更されることになる。

【4】 プロセッサーで命令を実行することは，プロセッサーの中にある命令に対応した電子回路を選択して動作させることといえる。つまり，主記憶装置に記憶された命令は，プロセッサーの中にある電子回路を切り替えるスイッチであり，命令実行は電子回路を切り替えながら行われているといえる。

【5】 コンテキスト空間は，プロセッサーの状態を表現した値の集まりである。プロセッサーは制御レジスターによって動作が管理され，命令実行は汎用レジスターに基づいて行われる。このため，コンテキスト空間は，制御レジスターと汎用レジスターを構成する全てのレジスターによって構成される。

第3章

【1】 プロセッサーの bit 数は，一般的に一度に演算できる bit 数を意味することが多い。ALU が 1 回で演算できる bit 数である。bit 数が大きいほど演算能力が高くなるが，配線が多くなるために回路のサイズも大きくなるため，製造コストが上がることになる。このため，性能が必要となる用途には32bit や64bit，性能がそれほど必要ではない場合は16bit，家電など低速でもよい場合は 8 bit と，使い分けられている。

【2】 プロセッサーは，命令実行によってコンピュータの基本的な動作と処理を行う。表3.1にあるように，転送命令や演算命令などでレジスターや主記憶装置の値を変化させ，順序制御によって命令実行の流れを変化させる，という動作を実現している。このように，コンピュータは，命令実行による演算を行って動作しているが，そのままでは人間の生活で用いることができないため，出力装置を通して私たちが認識できる実世界の何らかの事象に変換され，複雑な情報処理に用いられている。

【3】 キャリーフラグは，プロセッサーを管理する制御レジスターの一

つであり，ALU で行われる加算で発生する桁上げの値を記憶する 1 bit のレジスターである。キャリーフラグの値は演算結果に応じて常に変化する。加算だけでなく，減算の桁を借りる負の繰り上がり操作（ボロー，borrow）や，条件比較などでも利用される。

【4】パイプライン処理は，命令実行で行われる処理を段階ごとに分割し，同時に進行させて流れ作業で複雑な命令処理を行う方法である。流れ処理として分割して処理できるようにするため，分割された処理がほぼ均一となる処理時間で，あるステージの命令が待機状態にならないことが重要となる。このため，命令実行に必要となるハードウエアリソースの競合がない（構造ハザード，Structural Hazard），計算結果など他の命令実行の結果の待機がない（データハザード，Data Hazard），分岐命令など命令の実行順序の変更がない（制御ハザード，Control Hazard）ことが重要となる。

【5】パイプライン処理が一般的となったプロセッサーを命令実行で高速化するには，できるだけパイプライン処理から外れないような対策が必要となる。このため，データハザードを防ぐため，依存関係のない命令を実行順序を変更して実行する out-of-order 実行や，制御ハザードを回避するために，条件分岐などの結果をプロセッサーが予測して命令実行を行う投機的実行といった工夫が行われている。

第 4 章

【1】コンピュータを高速に動作させるには，プロセッサーと記憶装置が高速に動作する必要があるが，全てを高速に動作させることは困難である。高速に動作するメモリーほど一般的に値段が高く，記憶容量を小さくせざるを得ないため，大きい記憶容量は，値段の安い記憶装置で実現されることが多い。このため，プロセッサー周辺に高速に動作する記

憶装置を配置し，全体として必要な速度と記憶容量を持った装置を実現する記憶階層の構造をとっている。

例えば，図4.9に示されるように，演算処理を行うプロセッサーには最も高速動作を行うD型フリップフロップで構成されたレジスターが搭載され，コンピュータの動作に影響するプロセッサー近辺のアクセスが高速になるようにキャッシュが搭載される。そして，プロセッサーと主記憶装置の間や，ハードディスクドライブやSSDと主記憶装置の間に，対象とする記憶装置よりも高速に動作するバッファーやキャッシュを配置し，大きい記憶容量を持つ装置を使用しつつ全体として高速化が図られた記憶装置が構築される。

【2】RAMは，任意の場所への読み書きが可能で，電源を切るとデータも消えるため，主記憶装置に用いられる半導体メモリーである。一方，ROMは，基本的に書き込みができず，読みだしだけができる半導体メモリーである。任意の場所のデータの読みだしができるROMや，一定単位でのデータの読みだしができるROMもある。近年は，ROMといいながら，特殊なモードにすることで書き込みが可能となるフラッシュメモリーが用いられることが多くなった。

主記憶装置は，プロセッサーが実行する命令を読み書きする装置である。主記憶装置は，電源を入れた直後に実行するプログラムがROMにより置かれているが，ほとんどの領域は，実行するプログラムや実行に伴うデータを一時的に配置するために用いられることから，ほとんどの領域がRAMで構成されており，コンピュータの作業領域といわれる。

補助記憶装置は，実行するプログラムや必要となるデータを保存する記憶装置であり，電源を切っても書き込まれたデータが消えない不揮発性という特性を持つ。従来はハードディスクドライブのような物理的な記憶装置を用いていたが，半導体メモリーの低価格化，大容量化が進み，

ハードディスクドライブよりも高速動作するフラッシュメモリーが補助記憶装置として用いられるようになった。コンピュータとはインターフェースを介して接続され，プロセッサーが直接データを読み書きすることがないため，主記憶装置とは異なり，任意の場所にあるデータの読み書きを実現するランダムアクセスはできないことが多い。

【3】主記憶装置は，命令やデータをプロセッサーが直接読み書きするため，読み書きする場所を特定するアドレスが存在する。一方，補助記憶装置は，プロセッサーが直接読み書きできないために必要なプログラムやデータを読み書きできればよいため，データの流れとしてプログラムやデータを読み書きすることで用いられる。

【4】I/O空間は，入出力装置，周辺機器を接続し，データのやりとりを行うための窓口となる領域である。プログラムから周辺機器とやりとりを行うために設けられ，プロセッサーで実行する命令で取り扱いしやすい場所に設けられる。窓口を主記憶装置上に設けるメモリーマップドI/Oと，I/O空間を独立させて持つポートマップドI/Oという2種類がある。どちらにするかは，プロセッサーやハードウエアの設計によって決められる。

　メモリーマップドI/Oは，主記憶装置の一部のアドレスに入出力ポートを割り当てて，周辺機器と通信を行う方式である。メモリーを操作する命令を使って周辺機器と値の入出力を行う。一方，ポートマップドI/Oは，専用のアドレスを持ったI/O空間に入出力ポートを割り当てる方式である。I/O空間にアクセスする専用の命令を使って値の入出力を行う。

【5】コンピュータに接続される周辺機器は，あとから追加されることや，変更されることも多い。専用のインターフェースを使って接続することもできるが，他に転用できないという欠点がある。バスは，さまざ

まな周辺機器を接続することが可能であり，変更にも柔軟に対応できるために使用される。

【6】コンピュータで取り扱うデータの大容量化とともに，周辺機器と一定量のデータを交換することが増加し，プロセッサーによる命令実行を使ったデータ転送による負荷の増加を避けるため，データ転送を担当する専用のプロセッサーであるDMAを用いたDMA転送が用いられるようになった。DMA転送によって，プロセッサーの負荷を増加させることなくデータ転送が可能となる。

【7】記憶装置など周辺機器は，コンピュータの動作よりも低速に動作することが多く，データのやりとりを行う際に，データの読み取りが完了するまでの待機や，書き込みが完了するまでの待機といった待ちが発生し，コンピュータの動作に影響を与えることが多い。待ちをできるだけ少なくするために，コンピュータと周辺機器の間にバッファーやキャッシュメモリーを設け，周辺機器の動作を調整して見かけ上の高速化を図っている。

【8】メモリーの動作速度はそれぞれ決まっており，メモリーで高速化の工夫を行うことは困難である。コンピュータの主記憶装置への読み書きに注目すると，アクセスを行う短時間において，連続したアドレスを持つ狭いアドレス空間に集中しがち，というメモリーアクセスの局所性という特徴がある。このため，メモリーインターリーブは，複数のメモリーを組み合わせて読み書きする領域を分散させることで，読み書きの対応を分散させ，全体としてメモリーのデータ転送レートを高めるという工夫である。

第5章

【1】機械語は，数値の並びで命令を表現するため，人間が理解しにく

く，覚えにくいものとなっている。このため，人間が用いる言語に近い
プログラミング言語が開発され，用いられるようになった。近年ではソ
フトウエアの規模も大きくなり，コンピュータの性能も高まったことか
ら，保守性や拡張性を高めるためにも書きやすさを考慮したプログラミ
ング言語が選定されることもある。プログラミング言語によって書きや
すさや特徴があるため，目的や用途によって使い分けられている。

【2】プログラミング言語を機械語に変換するときに，記述された内容
を検討し，高速化を目的として実行する内容を変更しない範囲でプログ
ラムを書き換える最適化機能がコンパイラーやインタープリターに搭載
されているためである。

　また，プロセッサーでプログラムの順番どおりに命令を実行する方法
を in-order 実行というが，近年では命令実行を高速化することを目的
に，実行する命令列を最適化する機能がプロセッサーに搭載されている。
実行される命令の順番がプロセッサーによって変更されて実行されるこ
とも多いため，プログラミング言語の記述が対応しなくても問題ないと
いえる。

【3】FIFO や LIFO はコンピュータでデータを取り扱うためのデータ
構造の一種である。それぞれのデータの取り扱いを図に書いて整理して
おこう。

　FIFO は，先に入ったデータを先に出す動作を行う。日常生活での例
としては，スーパーマーケットのレジで人が並ぶ列や，新しいものをう
しろに，古いものを前に配置する商品の陳列がある。

　LIFO は，あとに入ったデータを先に出す動作を行う。日常生活での
例としては，積み重ねたお皿で，最後に乗せた一番上にある皿から使う
ことや，ブラウザーの戻るボタンのように，最後に開いたページから順
に戻るような動作がある。

【4】日常生活で発生する割り込みの例としては，電話の着信や，来客，緊急事態への対応がある。

電話の着信への対応は，行っていた作業を一時中断して応答に対応し，電話が終われば作業を再開する。来客は，呼び出しがあったら，作業を一時中断し，来客に対応する。対応が終わると，行っていた作業を再開する。緊急事態への対応は，行っていた作業を取りやめ，直ちに安全な行動を取り，安全確保を最優先する行動を取る必要がある。

割り込みが発生すると，その対応を行い，対応が終わると以前行っていた作業を再開するというのが基本的な対応であるが，緊急事態へは特別な対応が行われる。

【5】繁忙待機は，実行する通常のプログラムの中で，特定の条件になるまで確認を行う方法である。プログラム実行の流れの中で周辺機器を制御する方法といえる。特定の条件を判定するのは，命令が実行されたときであるため，実行されたタイミングによって変化が取り込めない，取りこぼしが発生することもある。一方，割り込みは，プログラムの初期実行時に設定を行い，対象とする周辺機器が設定した条件になったときに割り込みという特別な状態を発生させ，あらかじめ割り当てておいた対応を行う方法である。ハードウエアで周辺機器の状態変化を監視するため，状態変化の取りこぼしが少ないという利点がある。

割り込みは，プログラムの実行状況にかかわらず，状態変化に対応できるという利点がある。コンピュータの状態変化が発生するときは，さまざまな動作が完了したときや，異常動作など，コンピュータの動作で注目するべき状態であることが多い。

割り込みを使うことで，コンピュータの動作を管理する上で重要な状態変化を察知することが可能となり，その対応を迅速に行うことができるため，コンピュータの動作を管理する基本として割り込みが用いられ

る。組み込み機器のようにプロセッサーの性能が低いコンピュータであっても，状態の変化を確実に捉えて対応するリアルタイム性を実現することができる。

第6章

【1】シングルタスクは，1度に1つのプログラムが実行されることである。コンピュータ上で，何も管理せずにプログラム実行を行うと，基本的にシングルタスクとなる。従来用いられていたMS-DOSなどのOSはシングルタスクOSであり，使用したいアプリケーションを呼び出す機能を持ち，アプリケーションが実行されるとOSからアプリケーションにプログラム実行が移るしくみとなっていた。つまり，1つのプログラムのみが実行され，終了となるまで他のプログラムは実行できないしくみとなっていた。OSは，プロセッサーの割り当てやメモリー空間，計算機資源の管理のようなプログラム実行そのものを管理する機能は持たず，アプリケーションで必要となる機能のAPIによる提供や，OS実行中にコンピュータで用いるコンソールや記憶装置などを管理する機能が提供される。

　マルチタスクは，複数のタスク，プログラム実行を同時に行うことである。コンピュータそのものは，シングルタスクを行うしくみとなっているため，OSがプログラム実行を管理する機能を持ち，実行中の複数のプログラムに順にプロセッサーを割り当てて実行するスケジューリング機能を持つ。実行で用いるメモリー空間や計算機資源もOSによって管理され，実行中のプログラムに計算機資源の公平な配分と競合の解決が行われる。

【2】プログラムの移植性は，開発された環境だけでなく，異なる環境やOSでの動作可能性をいう。

移植性を高めるためには，開発の際に注意してプログラミングを行い，多様な環境で動作できるプログラムを構築することで対応する。OSやハードウエアに依存するコードと，一般的な動作のコードを明確に分離して，変更に対応しやすくしておくことが重要である。

移植性を高くすることで，プログラムの再利用性が高くなり，さまざまなOSや環境で動作する可能性を高くできる。異なる環境で同様の機能を実現するために新たにコードを大幅に書く必要がないため，開発コストを下げることができる。新たなOSが登場した場合でも，対応がしやすく，技術の進化にも対応しやすいという利点があるため，移植性が考慮されたプログラミングが重要視されている。

【3】物理的な実体は，物理的に存在するプロセッサーや主記憶装置のような装置を意味する言葉である。一方，論理的な実体は，物理的な実体を整理した，コンピュータの操作や，プログラムから捉えることができる実体である。

プログラム実行で物理的な実体をそのまま利用しない理由は，物理的な実体は変更が困難であり，物理的な制約をそのまま利用しないといけないためである。例えば，主記憶装置の物理アドレスは，物理的なメモリーの配置や使用状況などをそのまま表す。直接使用すると，物理的に構成されたメモリー空間そのままを利用することになる。何らかの都合で内容を変更したい場合は，物理的に内容を移動させるなどの作業が必要となり，コンピュータの動作に支障が出る場合もある。一方，論理アドレスを利用すると，物理アドレスとの対応表さえ変更すれば，物理メモリーの状況にかかわらずに連続した空き領域を容易に作り出すことが可能となる。また，物理アドレスとの対応表を複数用意することで，複数のメモリー空間を仮想的に用意できるなど，コンピュータの資源を便利に使用することができるため，論理的な実体が用いられる。

【4】抽象化は，さまざまな機能を持つハードウエアやソフトウエアの機能を整理することである。同じ機能を持った機器で，同一の機能を実現する場合であっても，ハードウエアによって異なる操作が必要となることもあるが，抽象化を行うことで，同じ操作で操作できるように整理が行われる。このほか，プログラムで同様の機能を使いやすいように整理することも抽象化である。抽象化を行うことで，共通の機能をまとめて再利用をしやすくし，プログラムの詳細を隠蔽しつつ，コードの読みやすさを向上できることが利点である。

【5】計算機資源の仮想化は，物理的に備わる資源をそのまま使わず，抽象化して管理を行い，複数の利用者や複数のプログラムが同時に実行できるようにすることである。物理的な計算機資源をそのままプログラムに提供する場合は，実行するプログラムそのものが計算機資源の全てを管理するため，仮想化は行われない。一方で，計算機資源の仮想化はOSが担当するため，マルチタスクOSは，仮想化によって管理された計算機資源を必要とする実行中のプログラムに提供することが可能となり，複数の利用者や複数のプログラムが同時に実行できる環境を提供する。

第7章

【1】開発するソフトウエアは，独自の機能だけでなく，さまざまなソフトウエアで共通で用いることができる機能も含むことが多い。それぞれの機能を部品化して切り出し，共通で使用できる機能を別のソフトウエアに適用することが再利用である。特にハードウエアを操作する部分や画面の表示機能などは，抽象化によって使用しやすくなるため，再利用されることが多い。

【2】ソフトウエア開発は，複雑なシステムの集合体を構築するような

ものである。ハードウエアの操作のような部分から，何らかの計算を行うアルゴリズムを処理する部分，人間が操作するGUIの対応のような部分まで，さまざまな機能を構築する必要がある。抽象化レベルは，ソフトウエアの構成要素がどの程度具体的なものかを表す指標であり，コンピュータのハードウエアに近い具体的な操作からはじまり，プログラムによって徐々に抽象化が行われ，人間が理解できるGUIの表現のような部分までの度合いを表す。つまり，ソフトウエア開発では，複雑なシステムの集合体を構築するために，必要となるソフトウエアの部品の抽象度を考え，配置を検討しながら，目的とする機能を構築するために抽象化が重要である。

【3】OSの構造において，カーネルは機能の中核部分となる部分であり，実行するアプリケーションとハードウエアの間を取り持つ機能を実現している。シングルタスクOSは，プログラムを選択して実行する機能が中心であるが，マルチタスクOSは，計算機資源を仮想化して管理し，実行するプログラムに実行のための計算機資源を提供する機能を持つ。

　カーネルは，ハードウエアに依存しないように構築されることが一般的であり，ハードウエアとのアクセスは，ハードウエア抽象化層を経由して行われる。動作させるハードウエアを抽象化することで，ハードウエア抽象化層だけをハードウエアに対応するように変更すれば，カーネルを変更することなく動作させられるようになる。つまり，カーネルがさまざまなハードウエアに対応できるように，ハードウエア抽象化層が置かれている。

【4】多くの人がコンピュータを利用しやすくするために，プラグアンドプレイ，ホットスワップという機能が搭載されるようになった。プラグアンドプレイ，ホットスワップは，周辺機器を管理するOSと，対応

するハードウエアとの組み合わせで実現される。

　プラグアンドプレイは，コンピュータに接続した周辺機器を自動的に認識し，必要な計算機資源の割り当てやデバイスドライバーの導入を行い，利用者が何もしなくても機器を利用できるようにするしくみである。また，ホットスワップは，コンピュータの電源が入った使用状態で，ストレージなどの部品や，ケーブルを抜き差しすることを実現する機能である。故障した部品を使用中に取り外したり，新たな周辺機器を使用状態のまま追加することが可能となる。サーバーなどでシステムを停止することなく，迅速にメンテナンスやアップグレードを行うための機能ともいえる。

第 8 章

【1】プロセスは，プログラム実行のためにコンピュータで構築される実行の実体である。プログラムのインスタンスともいう。一方，スレッドは，プロセスの中に存在する命令実行の単位である。プロセスの中にスレッドは 1 つ以上存在する。

　コンテキスト切り替えは，OS が実行するプロセスを切り替える作業である。プロセスを切り替えるコンテキスト切り替えは，対象とするメモリー空間の切り替えなど，異なるプログラムを実行するための準備を全て行う必要がある。一方，スレッドのコンテキスト切り替えは，同じプロセスの中での切り替えとなるため，実行するプログラムそのものを切り替える処理が不要となる。このため，プロセスよりもスレッドのコンテキスト切り替えが高速となる。

【2】例えば，Windows であれば，タスクマネージャーを実行することで，プロセスによる CPU，メモリー，ストレージ，ネットワーク，GPU といった計算機資源の使用状況を確認できる。Mac においても，

アクティビティモニタを用いることで確認できる。

【3】コンピュータに物理的に搭載されたプロセッサーが物理プロセッサーである。物理プロセッサーをコンピュータの動作を管理するOSから見ると，構成された論理回路によって，1つまたは複数存在するように見えるが，そのOSから見えるプロセッサーが，論理プロセッサーである。OSは，論理プロセッサーを使ってプログラムを実行する。論理プロセッサーはOSによって管理され，OSが実行するプロセスに割り当てられたと捉えられるプロセッサーを仮想プロセッサーという。

【4】常駐プログラムは，通常のプログラムとは異なり，コンピュータの起動時やログイン時に自動的に起動されるプログラムである。バックグラウンドという利用者の見えないところで実行される。通常のプログラムは，利用者の操作によって何らかの処理を行うが，常駐プログラムは，利用者が直接操作することなく，OSなどの機能を提供したり，メールやSNSの着信など常に待機して確認するような，特定のタスクを常に待機して実行するために用いられる。

　常駐プログラムは，メールやSNSなど利用者の要求にすぐに対応できる即時性や利便性を向上させる。そして，ウイルス対策ソフトウエアのように，利用者のわからないところで自動的にシステムを保護する機能や，ネットワークやプリンター，バッテリー残量のようなシステム管理を容易にするほか，バックアップやアップデートなど，定期的に必要な処理を自動的に行うために用いられる。

【5】マルチスレッドによる命令実行は，複数のタスクを同時に処理するアプリケーションで用いられる。webサーバーのように同時に複数のクライアントからの要求を受け付ける場合や，画面表示を行うUIと内部処理の分割による対応や，リアルタイム処理，マルチメディアなど大量のデータ処理などのアプリケーションで用いられる。

【6】特権命令は，マルチタスク OS のように，プログラム実行を管理するソフトウエアから用いられる命令である。通常のプログラム実行を行うユーザーモードとは異なり，特権命令によってプロセッサーのステータスや，周辺機器への入出力のように，管理を要する命令実行ができる。ユーザーモードで特権命令を実行しようとすると，特権違反の例外が発生し，何らかの管理が必要となることがわかるようになっている。つまり，誤動作や悪意のあるソフトウエアによる誤った命令実行によるシステム環境の破壊を防ぎ，システムの安定性を確保するために特権命令が存在する。

　近年では，プログラム実行を管理する OS（スーパーバイザー）だけでなく，OS そのものの実行を管理するハイパーバイザーも一般的に用いられるようになるなど，実行するソフトウエアの管理が階層構造を構成するようになった。このため，特権命令にいくつかの階層構造を持たせるようになった。もっとも上位のハイパーバイザーには高いレベルを持たせ，その下に OS のレベルを配置するように割り当てが行われる。管理の上位に位置するソフトウエアが下位に位置するソフトウエアでの特権命令の実行を把握できるようにしている。

【7】OS がプログラム実行の管理を行うスケジューリングアルゴリズムは，限られたプロセッサーの性能をプログラム実行にどのように使うかという観点で選択される。例えば，汎用 OS のように全てのプログラムを公平に実行するラウンドロビン方式のアルゴリズムは，何らかのイベントに対応した特定のプログラムを優先して実行することが苦手であり，リアルタイム処理のような特定の処理への対応が困難となりがちである。一方で，優先度順方式では，何らかのイベントが発生したら，イベントに対応するプログラムをすぐに最優先で実行するしくみとなっており，何らかの課題にすぐに対応させるような機器に適することになる。

スケジューリングアルゴリズムは，リアルタイム性など適応する機器の動作を踏まえて選択される。このため，用途によってはラウンドロビン方式と優先度順方式を組み合わせて用いることもある。詳細は，第11章で学ぶ。

【8】キュー（行列）は，先に入れられたデータを先に出す動作を行うデータ構造である。4.3.2で学んだFIFOと同様の動作であるが，優先させるデータがある場合は，他のデータよりも優先させて取り出す機能を持つこともある。データの流れを図に描いて整理しておこう。

【9】スーパーバイザーは「監督者，管理者」を意味する言葉であり，コンピュータにおいては「プログラム実行を監督する」という意味となるためOSを意味する。一方で，ハイパーバイザーは，「スーパーバイザーを監督する」という意味で用いられる単語であり，コンピュータにおいては「OSの実行を監督するプログラム」を意味する。ハイパーバイザーは，OSを動作させる環境となるコンピュータのハードウエアをソフトウエアで作り出し，複数のOS実行を監督するソフトウエアである。

第9章

【1】プログラム実行を実際に行うことで作成されるプログラムの実行単位がプロセスである。複数のプログラムがOSで実行されると，同じファイルや周辺機器を使用する場合もあるため，データの整合性や周辺機器などの資源の競合状態の回避の観点からプロセスの実行に関して同期が必要となる。

　資源の競合状態が発生すると，永遠に資源を待ち続けるデッドロックが発生することもあるが，プロセスの同期とともに，スケジューリングの工夫や，セマフォなどでリソースの順番待ちを適正に管理する必要が

ある。

【2】割り込み禁止による管理は，実現も管理も容易という利点がある。しかしながら，割り込み禁止期間に発生した割り込みが受け付けられないという欠点があるほか，同時に複数の命令実行を行うマルチプロセッサーでは対応が困難となる欠点がある。

　セマフォによる管理は，同時に複数のプロセスから同一の資源を使用させない排他制御を実現するしくみを，計算機資源ごとに用意して管理する方法である。同時に複数のプロセスから利用可能となる資源にも対応できるという利点がある。同一の資源を用いる複数のプロセス実行の足並みを，セマフォ変数を使って揃える（プロセスの同期を行う）ことで，マルチプロセッサーであっても競合状態を回避しながら実行を行うことができる利点がある。

【3】物理アドレスは，物理的に存在するメモリー空間のアドレスを意味し，実際にデータを読み書きするために用いるアドレスである。物理的アドレスであるため，提供されるメモリーをそのまま利用することになる。

　論理アドレスは，物理アドレスとの対応付けによって，実際に存在するように扱うことができるメモリー空間に付与されるアドレスである。物理メモリーを必要とする論理アドレスに割り当てることで作成されるため，物理メモリーの使用状況にかかわらず，対応付けによって連続した空き領域を作り出すことや，プログラムごとに専用のメモリー空間を作成するといった柔軟性が生まれる。また，論理アドレス（仮想アドレス）によって広大なメモリー空間を用意しておき，実際に使用する領域にだけ物理メモリーを割り当て，ストレージなどと組み合わせて記憶領域をやりくりすることで，物理的な制約をなくし，仮想的に広大なメモリー空間が存在するような記憶装置を構築できるという利点がある。

【4】 オーバーレイは，プログラムをモジュールに分割して制作し，必要となるモジュールをメモリーに随時読みだしながらプログラム実行を行う方式である。限られたメモリー空間を有効に使って大きなプログラムを実行する工夫であり，大きなプログラムをいくつかのモジュールに分割し，切り替えながら実行する。一方，仮想メモリーは，OS により構築された論理アドレスによるメモリー空間でプログラム実行を行うことである。広大なメモリー領域がプログラム実行のために提供されるため，大きなプログラムをそのままメモリーにロードして実行できるという利点がある。つまり，仮想メモリーを作り出すしくみの構築は複雑となる欠点があるが，オーバーレイのようにプログラムの作り方に制約がないため作りやすく，大きなプログラムを特別に加工することなくそのままロードして実行できるという利点がある。

【5】 仮想メモリーは，物理メモリーの割り当てによって構築されるメモリー空間である。コンピュータは，いつも搭載された物理メモリー容量を全て使い切っているわけではなく，その時必要とされる量の物理メモリーが使用されている状態となっている。つまり，物理メモリーが十分に確保されており，複数のアプリケーションを起動している状態や，メモリーを大量に必要とするアプリケーションを使用していない状態でなければ，未割り当ての物理メモリーが存在することがある。未割り当ての物理メモリーが存在する状態であれば，ページングファイルを使用しなくても物理メモリーだけのやりくりで使用ができることになる。このため，物理メモリーが十分に確保されている場合は，仮想メモリーのページングファイルを確保しなくても使用に支障がないことになる。ページングファイルが作成される領域は，ハードディスクドライブやSSD といった RAM より低速であるため，ページングファイルを使用しない方が高速動作につながるという利点がある。

第10章

【1】コンピュータの電源を入れると，搭載されているプロセッサーやメモリー，周辺機器などのハードウエアが正常かどうかを確認する自己診断が行われる。そののち，BIOSが起動し，10.1.2にあるような，OSを読み込む作業によって起動の処理が行われる。

【2】コンピュータは，電源を入れると，メモリー空間に記憶された命令を実行するようにできている。つまり，電源を入れると，ROM（BIOS）に記憶されたプログラムが実行されるが，OSのような規模の大きなプログラムを記憶しておくことができない。ROMにOSをあらかじめ記憶させておくと，OSの交換や，複数のOSをインストールして起動時に切り替えることも不可能であり，コンピュータを柔軟に利用できないためである。

このため，OSよりもずっと小さなプログラムサイズで，ハードディスクドライブやSSDなどの補助記憶装置からプログラムを読みだし，実行を行うブートローダーが用いられる。ROMに記憶されたブートローダーは，プログラムが小さいために読み込むプログラムサイズに制約があるため，補助記憶装置に記憶されたOSのプログラムを何段かに分けてロードし，最終的にOSの起動を行う。途中のブートローダーにOSの切り替え機能を持たせることで，複数のOSをインストールした場合，起動時に選択することも可能となる。

【3】コンピュータはプログラム実行を行う装置であるが，プログラム実行を監督するOSは，プログラムが実行されていなくても計算機資源を管理し，プログラム実行を快適に行えるように支援するプログラムを実行している。強制終了すると，OSが管理するファイルキャッシュが正常に書き込まれないまま終了となることや，周辺機器の終了動作が行われず，次の起動時に動作がおかしくなる場合がある。このため，やむ

を得ない場合を除き，コンピュータの動作中に，強制的に電源を切ることはよくないといえる。

【4】組み込みコンピュータは，何らかの機器を動作させるためにリアルタイム性が重視される。一方で，コンピュータの性能向上に伴い，汎用コンピュータであってもリアルタイム性への対応が可能となる性能を持つようになった。従来よりも高度なタスクや処理を処理することが要求されるようになったこともあり，リアルタイム OS の代わりに汎用OS が用いられることや，汎用 OS 上にリアルタイム OS を動作させることが多くなり，組み込みコンピュータであっても汎用コンピュータに近くなりつつある。

第11章

【1】タイムシェアリング OS は，複数の利用者やプログラムが計算機資源を共有して，同時に利用できることに注目した OS である。プロセッサーの処理時間を短い単位に分割して，それぞれのプログラムに順番に割り当てて多くのプログラムが同時に利用できる環境を実現する。大型コンピュータやサーバー，パソコンなど，マルチタスク環境で複数のプログラムを同時に実行するような用途に適している。一方，リアルタイム OS は，決められた時間内でタスクを確実に完了させることに注目した OS であり，特定の作業を行う組み込み機器に適した OS である。自動車のエンジン制御，医療機器，ロボット等に用いられる。

【2】メモリー常駐で動作するコンピュータは，PC のような一般的なコンピュータと比べて，ストレージを持たない機器が多い。主記憶装置に ROM として OS やアプリケーションを搭載しておき，電源を入れると ROM から高速に起動するという特徴を持つ。近年では，スマートフォンのように，メモリー常駐で動作しつつ，PC のような性能を持つ

ようなコンピュータも増えてきた。一般的なコンピュータは，ストレージに OS を記憶することから，OS を変更することも容易であるが，メモリー常駐で動作するコンピュータは，メモリー上に記憶させることから OS の変更が困難という特徴がある。

【3】周期プロセスは，同じような動作を繰り返すプロセスである。第8章で学んだ常駐プログラムのように，利用者にその動作は見えないが，OS で提供する機能や，アプリケーション実行で必要となる支援機能を提供するために用いられることが多い。

【4】スマートフォンが爆発的に普及し，PC を持たず，モバイルデバイスを使うという利用者が増えてきた。モバイルデバイスは，小さな1画面のタッチパネルで完結するようにアプリを制作する必要があり，PC とは違う操作性を持つ。従来は，PC での処理が一般的であったために，PC の開発を先に行ってスマートフォンなどのモバイルデバイス向けを開発していたが，モバイルデバイスが一般的となったため，先にモバイルデバイスの開発が行われるようになったことから，モバイルファーストという考え方が登場した。ハードウエア面でも，モバイルデバイス向けに開発したものが PC 等に用いられることも増えており，モバイルファーストが進みつつある。

【5】スケーラビリティーが高い OS は，システムの変化に柔軟に対応できる，高い拡張性を持つことが利点である。これまで蓄積したソフトウエア資産を生かしつつ，さまざまな機器で動作するプログラムの作成が容易という利点がある。大型コンピュータなどは従来，専用 OS が用いられていたが，インターネット上に多く存在するオープンソースソフトウエアの利用を可能とするため，Linux のようなさまざまなコンピュータ上で動作するスケーラビリティが高い OS を搭載することが増えてきた。

第12章

【1】 コプロセッサーは，特定用途の演算などの処理を専門に担当する
プロセッサーである。コンピュータの頭脳であるプロセッサー（CPU）
のようにプログラム実行には直接影響しないが，必要に応じてコプロ
セッサーに処理を担当させることで，プロセッサーの負担を軽減させて
システム全体の性能を向上させることができる。例えば，GPU は表示
部分を担当するコプロセッサーであり，プロセッサーからの指示を受け
つつ，画面描画に必要となる処理を担当することで，コンピュータの表
示性能を向上させる。

【2】 CCC（Closely-Coupled Co-processor）は，プログラム実行に影響
するプロセッサーそのものの命令を強化する方法である。実行するプロ
グラムにコプロセッサーの命令を含めることができるため，プログラ
マーがコプロセッサーの命令を使って直接プログラミングできる。一方，
LCC（Loosely-Coupled Co-prosessor）は，実行されるプログラムとは
別で動作するコプロセッサーにより機能を強化する方法である。リアル
タイム OS が動作する組み込みコンピュータのように，プロセッサーで
実行するプログラムからコプロセッサーに処理する内容を送ることで動
作し，割り込みで処理結果が通知される。

【3】 近年のコンピュータが提供するサービスは，大量データの処理や，
機械学習，AI といった処理のように，従来以上にコンピュータの性能
を要求されるようになった。性能の高いハードウエアが必要となると同
時に，データや機械学習，AI の処理に対応したコプロセッサーが必要
となったことから，サービスに対応した半導体が開発され，用いられる
ようになった。

【4】 モバイルコンピュータは，バッテリーで動作することから性能と
省電力という相反する条件をクリアする必要がある。CISC 型プロセッ

サーは，搭載される命令の数が多いことから回路が複雑で規模が大きく，トランジスターの数が多くなりがちであるため，消費電力も増加しがちである。RISC 型プロセッサーは命令が限定されていることから回路規模も小規模となり，低消費電力に適した構成となるため，モバイル向けのプロセッサーは RISC 型プロセッサーが多くなっている。

【5】アクセラレーター（accelerator）には，「加速装置」という意味がある。このため，コンピュータに搭載されるアクセラレーターは，「コンピュータの特定機能を強化する装置」という意味となる。コプロセッサーのように，特定用途の機能を実現し，機能強化するプロセッサーのようなハードウエアであることや，何らかの機能を実現するソフトウエアであることもある。

【6】コンピュータにおいて，ハードウエアの開発は手間がかかるため，ソフトウエアで試行錯誤を行って完成度を高めてからハードウエアで実現することになる。また，時間が経過してハードウエアの性能が進むと，ソフトウエアで実行する方が適するようになり，アルゴリズムの強化を行って機能強化を進めることが可能となる。つまり，コンピュータを用いたアルゴリズムの開発では，ソフトウエアからハードウエアへ，ハードウエアからソフトウエアへというループによって開発が進む。ハードウエアは変更が困難であるため，開発が進むまではソフトウエアで検討を進め，完成度を高めることが重要といえる。

第13章

【1】SRAM はトランジスターを用いたフリップフロップ回路により構成されるため，高速アクセスが可能であり，プロセッサーのレジスターに用いられる。また，省電力であるため，設定を記憶するためのメモリーとしても用いられる。

DRAM は，コンデンサーを用いてデータを保持するため，定期的に蓄えられた電気を補充するためにリフレッシュ作業が必要となる。SRAM よりも動作速度は遅いものの，低いコストで大容量のメモリーを構築できるため，コンピュータの主記憶装置に用いられる。

【2】ROM は，読みだし専用の半導体記憶装置である。不揮発性で電源を切っても情報を保持するという特徴がある。しかし，技術の進歩と共に特定の方法で情報を書き換えることができる ROM が登場し，その中の一つがフラッシュメモリーである。NAND 型や NOR 型はフラッシュメモリーの種類である。NAND 型は，ハードディスクドライブや SSD，SD カード，USB メモリーのような大容量ストレージに適している。一定のデータ単位で高速に読み書き，消去ができるため，安価に大容量化できるが，ランダムアクセスは苦手である。NOR 型は，読み取り速度が速く，ランダムアクセスができるため，主記憶装置に配置する ROM として，ファームウエアの格納や実行で用いられる。コンピュータの BIOS，ルーター，プリンター，デジタルカメラ，スマートフォンなど，さまざまな機器に用いられている。

【3】ストレージの中にある保存されたデータは，ばらばらに記憶されているため，データの断片から 1 つのデータとしてとりまとめる処理を行うことで，1 つのデータとして取りだし，扱うことができるようになる。つまり，OS は，ストレージに分散して保存されたデータをとりまとめ，復元されたデータをファイルとして抽象化して取り扱うことを実現しており，データを取り扱いしやすくしている。ファイルとしてデータを取り扱うことで，ストレージにデータが保存される状態を意識することなく，データを読み書きする命令を用いるだけでファイルとして一塊のデータの取り出しや，書き込みが容易となることが利点である。また，コンピュータそのものの動作には不要であるが，フォルダーという

階層構造で取り扱うしくみを使うことで，データの整理や位置づけがわかりやすくなるという利点がある。

【4】記憶装置は，OSによってデータの保存方法が異なるため，管理領域となるファイルシステムを作成するために論理フォーマットが必要である。また，記憶装置を構成する物理領域を確認し，エラー部分を確認するなどの処理を行うために，物理フォーマットが必要となる。

　記憶装置は，OSによって管理のために用いるファイルシステムが異なるため，必要に応じて論理フォーマットが行われる。一般的にフォーマットというと，論理フォーマットを意味することが多く，物理的なエラー修正を目的に行う場合は明示的に物理フォーマットを行う必要がある。物理フォーマットは記憶領域全てを物理的に確認するため，容量に応じて時間を要することに注意が必要である。また，確実なデータ消去の目的で，フォーマットを行う場合は，物理フォーマットの実施が適切である。

【5】MEMSは，半導体回路の製造技術を用いて構築される微小な電気機械システムである。半導体製造装置は既に多く用いられているため，製造装置を転用して作りやすいという利点がある。IoT技術の進展とともにセンサーやアクチュエーターがシステム構築で必須となり，MEMS技術を用いたさまざまなセンサーやアクチュエーターが登場するようになり，普及が進むようになった。MEMS技術を用いたセンサーやアクチュエーターは，プリンターヘッドや，自動車のエアバッグ，スマートフォン，ゲーム機，プロジェクター，自動車など，さまざまな機器に搭載されている。

【6】モバイルファーストという考え方が登場したように，モバイルデバイスの開発が優先されるようになり，複数の機能を搭載したさまざまなSoCが開発されるようになった。モバイル向けということで当初は

性能が低いものであったが，モバイルデバイスの普及とともに要求されるサービスも高度なものとなり，必要とされる計算機の性能も高いものとなった。このため，近年のSoCは，従来のさまざまなコンピュータに適用できるだけの性能を持ったものとなったため，PCの構築などさまざまなコンピュータシステムに転用されるようになった。また，構築する機器によって適した性能を持ったSoCを用意し，目的とするサービスを提供することも行われている。

【7】ムーアの法則は，半導体の集積回路に実装されるトランジスターの数が，18カ月または2年ごとに倍増するというインテル社のゴードン・ムーア氏によって1965年に提唱された経験則である。回路の微細化とチップ面積の増大が進むと，加速度的に素子数が増加し，半導体メモリーの大容量化や，プロセッサーの性能向上につながるという法則である。半導体の回路をk分の1に微細化すると，動作速度がk倍上がり，回路の集積度はkの2乗になるが，消費電力がk分の1に下がるというスケーリング則から，コンピュータの高速化や高機能化，小型化，省電力化，大容量化，低価格化が進んできた。

　回路の微細化によって高速，省電力につながることから，性能が要求されるコンピュータのプロセッサーはムーアの法則の影響を受けてきた。一方で，性能を要求されないプロセッサーや，アナログデバイスやパワーデバイスのような半導体は，高速化を考慮する必要がないため，ムーアの法則の影響を受けにくいものとなっている。

【8】チップレットは，コンピュータを構成する半導体をそれぞれ構築し，寄せ集めて1つのSoCを構築することである。通常のSoCを1個製造する場合，1つのプロセスルールを用いることになるため，構成する要素によっては適切ではない場合もあるが，チップレットは要素を別々に構築してまとめるため，適切な機能を持ったチップを組み合わせ

325

て製造することができる。また，異なるメーカーの半導体も組み合わせ
ることが可能であるなど，柔軟に SoC を構築できる利点がある。

第14章

【1】ファイルは，ストレージに保存するデータである。設定できるア
クセス許可モードは，ファイルシステムによって異なるが，主に読みだ
し，書き込み，実行，変更という4種類がある。読みだし，書き込みは，
ファイルをデータとして取り扱う方法を表し，実行は，プログラムとし
て実行できるかを表す。変更は，ファイルの移動や削除などができるか
を表す。アクセス許可モードは，ファイルをどのように取り扱うかを表
すフラグともいえる。ファイルシステムや OS によっては，実行はファ
イルの最後に付ける拡張子で表現されることもある。

【2】計算機資源を保護する理由は，データの機密性，完全性，可用性
を確保するためである。データ漏えいやサービスの中断，不正アクセス
を防ぎ，システムの信頼性を維持することが目的である。

セキュリティーポリシーやアクセス制限の例については省略。

【3】プラットフォームは，ソフトウエアやハードウエアなど，共通に
用いることができる基盤のことである。ある程度共通で利用できる機能
が実現されているため，開発を行う際に全てを開発しなくてよいという
利点がある。近年のコンピュータは高度な機能を実現するため，基本的
な機能はプラットフォームに任せ，必要な部分を開発するようになって
きている。

【4】新しいコンピュータに買い換えた際など，今まで利用していたソ
フトウエア（プログラムやファイル），ハードウエア（プリンターやス
キャナーなどの周辺機器）が利用できなくなることがある。新しいコン
ピュータは，OS やハードウエア構造などにより，これまでユーザーが

持つソフトウエアやハードウエアの資産を引き継ぐことが困難となり，解決策として，利用できない資産はユーザーに負担を求め，対応するハードウエアやソフトウエアへの買い替えが必要とされることがある。これまで蓄積してきたソフトウエアやハードウエアの資産が利用できなくなるのは，金銭面の負担や利用面でのノウハウの消失などユーザーにとって不利になる面が多く，新しいOSやハードウエアへの移行をためらう要因の一つとなりがちであるため，従来のOSやハードウエアとの互換性（compatibility）を重視して新しいOSやハードウエアが作成されることが多い。

【5】レガシーフリーが注目されるようになった理由は，最新の技術やシステムへの迅速な適応が必要になったことがある。これまで使ってきたソフトウエアやハードウエアを引き継いで利用できる互換性によって，従来の資産を利用できることは重要なことではあるが，新しい技術やアイデアを適応するための障害になることがある。新しい技術に移行し，互換性を重視するためにつぎはぎになったシステムのメンテナンスを容易にするためなどの理由で，近年のコンピュータシステムは，レガシーフリーが進められつつある。

【6】コンピュータシステムの性能は，計算機能力が高くなるほど消費電力が増加する。近年の自動運転のように高度な処理を必要とする機器には高い性能を持つコンピュータが搭載され，従来以上に消費電力が増加するようになった。データセンターにおいても，データの流通量やサービスの高度化によって消費電力が増加している。継続して高度な機能を利用できるようにするためにも，専用のコプロセッサーによって消費電力を落としつつ性能を向上させるなど，さまざまな工夫を行って計算機能力と消費電力のバランスを考えながら，システムを構築することが必要になりつつある。

第15章

【1】 仮想コンピュータは，ハードウエアが持つ計算機資源をハイパーバイザーが管理して作り出すコンピュータである。物理的に用意されるコンピュータは，台数を揃えることが困難となる場合や，運用中にコンピュータ台数の変更やハードウエア性能の調整が困難であるため，ハードウエア資源を柔軟に用いて必要に応じてコンピュータを作成できるハイパーバイザー型による仮想コンピュータが用いられるようになった。仮想コンピュータでは，運用中にコンピュータ台数やハードウエア性能を変更することが容易である。

　また，ホスト OS の上でハイパーバイザーをソフトウエアとして実行することで，通常は Windows を使用しながら必要に応じて Linux を用いることができる。OS によって提供されるサービスが異なるため，組み合わせて用いることで便利に利用できる。仮想化によって，負荷に応じた構成変更や資源の追加，削減が可能となり，サービス運用を柔軟に行えるため，仮想コンピュータが広く用いられるようになった。

【2―4】 省略。

【5】 さまざまなデータは，無秩序に発生しているのではなく，何らかの規則を持って生じていることが多い。大量のデータに規則を適応し，今後のデータの予測や分類を進めるために，適したモデルの構築が重要になる。解は１つではなく，同じデータの中にさまざまなモデルが潜んでいることも多い。

【6】 一見コンピュータと無関係な多様なものであるが，DNA や RNA，分子と分子の組み合わせなど，何らかの符号や組み合わせなどに置き換え，コンピュータで取り扱いができる設計図に基づいて動作していることが多い。符号や組み合わせに置き換えると，計算機でパターンを検証することが容易となり，コンピュータで検証やシュミレーション，デー

タから予測を行うことができる。

【7】 従来の開発は，制御の前提となるハードウエアの設計を行い，ハードウエアをうまく動作させるためにソフトウエアを用いていたため，時間とコストを要するハードウエアの構築が不可欠となっていた。一方，ソフトウエア定義は，ソフトウエアで柔軟に動作を制御できるハードウエアを前提として開発が行われるため，コンピュータ上でシミュレーションを行って動作を検討することも可能である。ハードウエアを変更せずにソフトウエアの変更によってハードウエアの動作が変更され，機能の追加，変更，削除ができるため，モノの設計や機能のカスタマイズが容易という利点がある。

【8】 省略。

索引

●配列：英字はアルファベット順，和文は50音順。

●数　字

1bit　31
2進セマフォ　169

....

●英　字

AI　18
AI エッジ　11
AI プロセッサー　22, 229
ALU　27, 46
Android　210
API　261
AR　287
BIOS　133, 188, 197, 237
CAD　18
CAM　19
CAE　19, 284
CCC　222
CISC　226
CNC　19
CPI　31
CPU　22, 27
CPU 時間　147
CUI　136
DBMS　261
DMA コントローラー　68
DMA 転送　68, 101
DRAM　81, 237
DSP　229
DX　20
D 型フリップフロップ　31
EDF　216
FIFO　71, 103
Flash SSD　239
FP　233

FPGA　291
GPGPU　229
GPU　22, 229
GPU 汎用計算　229
GUI　136
HAL　134, 139, 262
HDD　24
IDE　265
in-order 実行　54
Input/Output port　59, 60
iOS　209
IoT　10
I/O 空間　59
I/O デバイス　23
IPC　135, 170
ITRON　212
Java　176, 268
Java VM　268
L2キャッシュ　75
LCC　223
LIFO　103, 147
Linux　208
LRU　76
macOS　209
MBD　284
MEMS　248
MIMD　230
MISD　230
MMU　177
MR　287
NAND 型　239
NC　19
NFT　288
NIC　189

NOR 型　238
NPU　229, 230
OS　12
OTA　14, 239, 270, 272
out-of-order 実行　54, 90
PIO　68, 100
PMU　201
PSW　29, 102, 179
PSW 退避サイクル　103
PSW ロードサイクル　103
RAID　245
RAM　56, 78, 237
RAM ディスク　238
RISC　226
RMS　216
ROM　57, 133
RR　214
RTOS　215
SDK　264
SDV　290
SIMD　229
SIMD 拡張命令　225
SIMD 命令　223
SIMT　229
SiP　22, 250, 289
SISD　228
SoB　248
SoC　22, 249, 289
SRAM　75, 237
SSD　24, 239
SSD キャッシュ　80
SVC　135
TDM　277
TRON　212
TSS　215
UEFI　197

UI　136
UNIX　207
VM　10, 268, 275
VR　287
VR デバイス　288
Windows　209
Windows Server　206

....

●あ　行

アーキテクチャー　28, 134, 224
アクセス違反例外　180
アクセス権　257
アクセス制御　256
アクセス制御行列　257
アクセス制御リスト　259
アクセラレーター　221
アセンブラー　88
アセンブリー言語　88
アセンブル　88
アドレス　29, 58
アドレスバス　63
アナログ半導体　247
アプリ　11
アプリケーション　11, 12
アプリストア　13
アルゴリズム　51
異常終了　148
移植　267
移植性　112
移植性が高い　267
一次記憶装置　78
イベント　97, 115
イベントドリブン　216
イベントドリブン・スケジューリング　216
イミディエイトデータ　43
インスタンス　130, 145, 256

索引 | **331**

インスタンス化 130
インストール 13
インターフェース 119, 126
インタープリター 89
インフォテイメント 272
隠蔽 119, 129
インラインアセンブラー 90
ウエアレベリング 239
ウエイト 66
ウォームスタート 191
エッジコンピューティング 11, 229
エミュレーター 265, 278
演算サイクル 45
演算装置 23
応答時間 161
オーバーヘッド 136, 154
オーバーレイ 182
オーバーレイローダー 182
オブジェクト 129, 263
オブジェクト指向プログラミング 129
オペコード 43
オペランドフェッチサイクル 45
オペレーションコード 43
オペランド部 42

●か 行
カーネル 133
カーネル再構築 141
カーネルパニック 135
カーネルモード 158
ガーベージコレクション 176
下位アドレス 146
階層ファイルシステム 247
外部回路操作命令 51
外部記憶装置 80
外部バス 64

外部割り込み 97
カウントアップ 38
鍵 241
書き込みサイクル 45
学習解析 286
拡張バス 64
仮想アドレス 124, 183
仮想化 120, 122
仮想化技術 275
仮想記憶 123, 183
仮想記憶システム 183
仮想計算機 275
仮想計算機モニター 277
仮想世界 16
仮想プロセッサ 123, 149
仮想マシン 10, 268, 275
仮想メモリー 123, 183
カプセル化 119, 129
可変長命令 226
ガラホ 210
関心の分離 128
関数 129
間接通信方式 171
完全仮想化 278
記憶階層 74
記憶保護 260
記憶保護例外 99, 180
機械学習 18
機械語 43
飢餓状態 161
疑似並列 149, 224
起床 156
起動 145
揮発性 78
揮発性メモリー 237, 238
キャッシュ 237

キャッシュヒット　77
キャッシュヒット率　77
キャッシュミス　77
キャッシュメモリー　74
キャラクター型デバイス　70
キャリーフラグ　46, 47
休止状態　192
競合状態　165
強制終了　148
クイックフォーマット　245
空間　28
組み込み Linux　212
組み込み OS　198
組み込み機器　110, 198
組み込みコンピュータ　21, 110
クラウドコンピューティング　110, 209
クラス　130
クラスドライバー　143
クリティカルセクション　167
グレーボックスモデリング　284
グローバル変数　200
クロスアセンブラー　265
クロス開発　265
クロスコンパイラー　265
クロスプラットフォーム仮想化　278
クロック　29
クロックサイクル　30
クロックジェネレーター　29
クロック周波数　30, 53
計算機資源　10, 26, 116, 147
継承　130
計数セマフォ　169
軽量プロセス　154
ケーパビリティー　259
ケーパビリティーリスト　259
コア　230

高級言語　87
構造化　121
構造化プログラミング　129
高速スタートアップ　195
公平性　161
コード領域　146
コールドスタート　190
互換 CPU　225
互換性　240, 266
互換プロセッサー　225
コプロセッサー　222
個別最適化　13
個別ポート　62
コマンドバス　63
コマンドライン　265
コマンドレジスター　67
コンテキストアウエアネス　17
コンテキスト切り替え　152, 224, 232
コンテキスト空間　28, 150
コントロールバス　64
コンパイラー　88
コンパイル　88
コンパクション　175
コンピュータ支援設計　18
コンピュータの五大装置　24
コンピュータ本体　22

●さ　行
サービスプロセス　153
再起動　191
サイクルタイム　52
最適化　54, 89, 90
再利用　129
作業メモリー　200, 237
サスペンド　192
サブルーチン　50, 92, 129, 147

算術演算　49
算術論理演算回路　27
参照ビット　179
時間的局所性　77
しきい値電圧　31
資源　26, 116
システムコール　99, 135, 264
システムサーバー　135
システムサポートプロセス　153
実行可能状態　155
実行形式　88, 145
実行サイクル　45
実行状態　155
実行ファイル　145
実時間　217
実時間処理　217
実世界　16
実装　119
実体　116
シフト命令　49
時分割多重化　277
締め切り順スケジューリング　216
車載 OS　286
シャットダウン　194
周期スレッド　216
周期プロセス　216
周辺機器　22, 61
主記憶装置　23
縮小命令セットコンピュータ　227
出力装置　23, 61
準仮想化　278
順序制御命令　50
上位アドレス　146
常駐プログラム　153
初期化　243
初期プログラムローダー　189

シングルコア　230
シングルタスク　111, 123
シングルプロセッサー　230
人工言語　86
人工知能　18
スーパースカラー　54
スーパーバイザー　133, 276
スーパーバイザーコール　158
スーパーバイザー呼び出し　158
スクリプト言語　89
スケーラビリティー　208
スケジューラー　160
スケジューリング　115, 160
スタック　51, 103
スタック領域　147
ステータスレジスター　67
ストール　148
ストレージ　24
スマートフォン　206
スループット　160
スレッド　153, 256
スワップアウト　184
スワップイン　184
スワップファイル　125, 184
制御装置　23
制御バス　64
制御命令　51
制御レジスター　28
正常終了　148
生成 AI　284
セグメンテーション　180
セグメンテーションフォルト　99, 181
セグメント　180
セマフォ　168
セルフアセンブラー　265
セルフ開発　264

セルフコンパイラー　265
セルフリフレッシュ　202
先進安全自動車　272
占有　166
専用コンピュータ　110
相互排除　166
ソースコード　88
ソース互換　266
ソースファイル　87
ソースレベル互換　266
即値データ　43
ソフトウエア　12
ソフトウエアシミュレーション　278
ソフトウエア定義　15
ソフトウエアの再利用　263
ソフトウエアファースト　292
ソフトウエア割り込み　99
ソフトリアルタイム　217
存在ビット　179
ゾンビプロセス　148

●た　行
ターゲット環境　264
ダーティビット　180
ダイ　230
代替えセクター処理　244
タイムシェアリング OS　215
タイムシェアリングシステム　215
タイムスライス　214
多重プログラミング　149
多重レベル割り込み　107
タスク　145
立ち上がり　31
立ち下がり　31
単層カーネル　135
断片化　174

逐次的　155, 164
チップセット　221
チップレット　251, 290
中央演算処理装置　22
中間コード　268
抽象化　118, 122
抽象化レベル　132
直接通信方式　171
低級言語　86
ディスクキャッシュ　79
ディスパッチ　156
ディスパッチャー　156
ディレクトリー　125
データ駆動　283
データ語長　42
データセレクター　47
データセンター　22
データバス　64
データベース管理システム　261
データ領域　146
データレジスター　29, 67
デーモン　153
テキスト領域　146
デコーダーユニット　45
デコードサイクル　45
テザリング　210
トランスフォーメーション　20
手続き　129
デッドロック　169
デバイス　23
デバイス ID　138
デバイスクラス　142
デバイスコントローラー　62
デバイスドライバー　13, 126, 137, 138, 262
デマンドページング　184
電子プラットフォーム　272

索引 | **335**

転送命令　48
同期式　171
投機的実行　54, 90
統計解析　18
統合開発環境　265
動作周波数　30
動作モード　157
特権命令　158
特権モード　157
ドメイン　256
ドライバー　122, 137
トランジスター　31
トリガー　32
取りこぼし　95
トレードオフ　211

●**な　行**

内部記憶装置　57, 79
内部バス　64
内部割り込み　97
ニーモニック　44
二次記憶装置　79
二次ブートローダー　189
入出力制御装置　23
入出力装置　61
入出力デバイス　23
入力装置　23, 61
ネットワークカード　188
ネットワークブート　188
ノンブロッキング型通信　171

●**は　行**

パーティション　245
ハードウエア　12
ハードウエア仮想化　159
ハードウエアキー　241

ハードウエア抽象化　119
ハードウエア抽象化層　134, 139, 197
ハードウエア割り込み　97
ハードコーディング　140, 175
ハードリアルタイム　217
ハードワイヤードロジック　227
バイナリ互換　266
バイナリレベル互換　266
ハイパーバイザー　159, 276
ハイパーバイザー型　277
ハイバネーション　192
パイプライン処理　52, 90
ハイブリッドカーネル　136
ハイブリッドスリープ　193
バグ　136
パケット　73
パケットライト　240
バス　27, 63
バスアービタ　70
バスシステム　62
バススレーブ　69
バス調停　70
バスマスター　69
バッキングストア　183
バッテリーバックアップ　237
バッファー　54, 71, 171
パルス信号　29
パワー半導体　248
ハングアップ　148
番地　58
半導体　247
半導体チップ　230
繁忙待機　94
汎用 OS　196
汎用コンピュータ　21, 110, 196
汎用レジスター　28

ヒープ領域　146
ビッグデータ　17, 284
ビット長　42
非同期イベント　94
非同期方式　171
非特権モード　158
非ネイティブ・アプリケーション　270
ファームウエア　14, 57, 133, 188, 197, 198, 207, 239
ファイル　125, 242
ファイルシステム　246
ファウンドリー　252
ファブレス　251
封鎖　166, 171
ブータブル CD/DVD　188
ブータブル USB　188
ブート　188
ブートストラップ　188
ブートローダー　190, 197
フェッチサイクル　45
フォーマッター　244
フォーマット　243
フォルダー　125
不可分命令　168
不揮発性　24, 79
物理アドレス　124, 174
物理的資源　26, 116
物理フォーマット　244
物理ボリューム　244
浮動小数点ユニット　222
部品化　129
フラグ　29, 38, 167
プラグアンドプレイ　73, 141, 241
ブラックボックスモデリング　283
フラッシュメモリー　238, 291
プラットフォーム　14, 212, 264

プラットフォーム仮想化　275
フリーズ　148
ブルースクリーン　135
フレーム　176
プログラマビリティ　220
プログラムカウンター　29, 38
プログラムコード　146
プロセス　145, 256
プロセス間通信　135, 170
プロセス切り替え　153
プロセススワッピング　184
プロセスルール　248
プロセッサー　22, 27
プロセッサー・ステータス・ワード　29
プロセッサーコア　230
プロセッサー時間　147
プロセッサーダイ　230
プロセッサーファミリー　225
プロセッサー利用率　161
ブロッキング型通信　171
ブロック型デバイス　71
プロトコルスタック　140
並行処理　149
並行プログラム　164
並列処理　149
ページ　176
ページアウト　185
ページイン　185
ページ置き換え　185
ページテーブル　177
ページファイル　125, 184
ページフォルト　99, 180
ページ枠　176
ページング　176
ページングファイル　125, 184
ベクター割り込み　104

ヘテロジーニアス　231
ヘテロジーニアスコンピューティング　11
変更ビット　179
ポインティングデバイス　136
ポートマップド I/O　60
ポーリング　94, 106
ポーリング割り込み　106
保護機能　135
保護ドメイン　256
補助記憶装置　23, 79
ホスト OS 型　276
ホスト環境　264
ホットスワップ　142
ホットプラグ　142, 241
ボトルネック　74
ホモジーニアス　231
ポリシー　257
ボリューム　243
ホワイトボックスモデリング　283

●ま　行
マイクロカーネル　135
マイクロコード　226
マイクロコントローラー　21
マイクロプロセッサー　21
マザーボード　249
マシン語　43
マシンサイクル　44
マスク　107
待ち行列　157
待ち状態　156
マテリアルズ・インフォマティクス　285
マルチコア　231
マルチコアテクノロジー　231
マルチスレッド　154
マルチソケット　231

マルチタスク　114, 149
マルチタスク OS　78, 113
マルチデバイス　288
マルチプレクサー　47
マルチプロセッサー　78, 224, 231
マルチメディア拡張命令　225
ミドルウエア　260
無限ループ　160
命令解読器　45
命令カウンター　29
命令語　42
命令語長　42, 227
命令サイクル　30, 44
命令セット　27, 225, 266
命令セット空間　27, 48, 100
命令長　37
命令デコーダー　46
命令部　42
命令フェッチ　45
命令フェッチサイクル　45
メインメモリー　56
メタバース　287
メッセージパッシング　170
メモリー　56
メモリーインターリーブ　82
メモリー管理ユニット　177
メモリー空間　58
メモリー常駐　199
メモリースロット　81
メモリーバンク　83
メモリー半導体　247
メモリーマップド I/O　60
モジュール　129, 181, 263
モジュール化　129
モデリング　19, 282
モデル　17, 18, 130, 282

モデル化誤差　283
モデル駆動　283
モデルベース開発　284
モノのインターネット　10
モノリシックカーネル　135
モバイルファースト　210, 250

●や　行
有効ビット　179
ユーザーインターフェース　136
ユーザーモード　158
優先度キュー　160
優先度順方式　215
ユニファイドメモリー　253
ユニファイドメモリーアーキテクチャー　253
ユニプロセッサー　230
横取り　161

●ら／わ　行
ライトスルーキャッシュ　77, 194
ライトバックキャッシュ　78, 195
ライトプロテクト　241
ライトワンス　240
ライトワンスリードメニー　240
ラウンドロビン・スケジューリング　214
ランダムアクセス　59
リアルタイム　217
リアルタイム OS　215
リアルタイム処理　212, 215
リードオンリー　240
リセット　39
リソース　26, 116
リファレンスボード　264
リフレッシュ　237
リムーバブルメディア　24, 80, 241
リライタブル　240

リロケータブル　175
リング保護　158
ルートモジュール　182
例外　98
レート・モノトニック・スケジューリング
　216
レガシーデバイス　73
レガシーフリー　73, 267, 291
レジスター　28, 31, 74
レジューム　194
レディキュー　157
連結命令　50
ロード　145
ロジック半導体　247
ロック　166
論理アドレス　124, 176
論理演算　49
論理的資源　116
論理的な実体　116
論理フォーマット　244
論理ボリューム　244
ワード　42
ワード長　42
ワイヤードロジック　227
割り込み　39, 51, 69, 95, 97
割り込み禁止　106
割り込みサイクル　102
割り込み処理ルーチン　96
割り込み信号　95
割り込み番号　104
割り込みハンドラー　96
割り込みベクター　105
割り込みマスクレジスター　104
割り込みレベル　107
割り出し　51, 98

著者紹介

葉田　善章（はだ・よしあき）

1975年	徳島県に生まれる
1998年	徳島大学工学部知能情報工学科卒業
	徳島大学大学院工学研究科博士後期課程修了
	日本学術振興会特別研究員
	メディア教育開発センター助手などを経て
現在	放送大学准教授・博士（工学）
専攻	情報工学，教育工学
主な著書	ユビキタスの基礎技術（共著　NTT出版）
	コンピュータの動作と管理（単著　放送大学教育振興会）
	身近なネットワークサービス（単著　放送大学教育振興会）
	コンピュータ通信概論（単著　放送大学教育振興会）

放送大学教材　1579479-1-2511（テレビ）

生活を支えるコンピュータ技術

発　行　　2025年3月20日　第1刷
著　者　　葉田善章
発行所　　一般財団法人　放送大学教育振興会
　　　　　〒105-0001　東京都港区虎ノ門1-14-1　郵政福祉琴平ビル
　　　　　電話　03（3502）2750

市販用は放送大学教材と同じ内容です。定価はカバーに表示してあります。
落丁本・乱丁本はお取り替えいたします。

Printed in Japan　ISBN978-4-595-32528-1　C1355